机械工程测控技术

主　编　周自强
副主编　王荣林　张翔燕

国防工业出版社
·北京·

内容简介

本书介绍了控制工程的相关原理、方法，以及测试技术的常用传感器、数据采集等知识，还通过一定的案例进行了说明。本书是在应用型本科教育的指导思想下编写的一本专业教材。全书共分9章：第1章是绪论；第2章是数学模型；第3章是时间响应分析；第4章是频域响应分析；第5章是系统校正与PID控制；第6章是传感器与测试技术；第7章是设计与应用实例。

本书可作为机械制造及相关专业的本科生教材，也可供相关专业工程技术人员参考使用。

图书在版编目(CIP)数据

机械工程测控技术/周自强主编. —北京：国防工业出版社，2016.3

ISBN 978-7-118-10774-6

Ⅰ.①机… Ⅱ.①周… Ⅲ.①机械工程-计算机控制系统-高等学校-教材 Ⅳ.①TP273

中国版本图书馆CIP数据核字(2016)第047178号

※

国防工业出版社出版发行

（北京市海淀区紫竹院南路23号 邮政编码100048）

腾飞印务有限公司印刷

新华书店经售

*

开本 787×1092 1/16 **印张** 13 **字数** 290千字

2016年3月第1版第1次印刷 **印数** 1—4000册 **定价** 36.00元

（本书如有印装错误，我社负责调换）

国防书店：(010)88540777 发行邮购：(010)88540776

发行传真：(010)88540755 发行业务：(010)88540717

前　　言

应用型本科教育是目前社会所关注的热点，如何按照社会的需求进行应用型本科教育也是目前教育改革的探索方向之一。本书试图从应用型本科教育的角度出发，从课程与教学的角度做一些尝试。在机械工程的传统教学中，“控制工程基础”与“机械工程测试技术”是作为两门课程来进行的，对应用型本科高校来说，这种教学模式存在着知识点分散、难以培养应用能力的问题。因此，本书以课程群和应用导向为出发点，梳理了相关的知识点，重新编排和组织了教学内容。

本书在编写过程中，主要从以下方面进行了考虑：

(1) 尽量以应用作为教学的导入方法。在应用型本科高校中，学生普遍存在着理论上的畏难情绪，本书尽量通过应用问题，以感性的方式引入理论知识的教学。

(2) 以应用作为知识关联的纽带。在相关的章节中，融入了“单片机原理”“电气控制与 PLC”等课程的知识，其目的是通过应用将这些知识串联起来，帮助学生建立自己的知识体系。

(3) 以应用作为教学的目的。本书通过机械工程中的若干应用问题和应用实例，分析了解决问题的思路、方法，帮助学生认识到相关课程学习的目的及其工程意义。

本书由周自强主编，参加编写工作的有：南京理工大学泰州科技学院王荣林（第 4 章，第 5 章），中国矿业大学张翔燕（第 3 章），常熟理工学院周自强（第 1 章，第 2 章，第 6 章，第 7 章）。全书由周自强修改定稿。

由于编者水平所限，书中难免存在错误和不足，恳请广大读者予以批评指正。

作　者

2015 年 12 月

目　　录

第1章　绪　论

机械工程测控技术是在机械测试技术和控制技术的基础上形成的综合理论与技术，在机电一体化、机械制造、自动化装备等领域中都起着十分重要的作用。本章主要从总体上介绍机械工程测控技术的构成和基本概念，以及机械工程的主要类型、工作原理和基本要求。

1.1　机械测控系统的结构与工作原理

1.1.1　控制系统在工程中的应用与发展

控制理论是在产业革命的背景下，在生产和军事要求的刺激下，自动控制、电子技术、计算机科学等多学科相互交叉的产物。控制论的奠基人美国科学家维纳（N. Wiener）从1919年开始萌发了控制论的思想，1940年提出了数字电子计算机设计的5点建议。第二次世界大战期间，维纳参加了火炮自动控制的研究工作，他把火炮自动打飞机的动作与人的狩猎行为做了对比，并且提炼出了控制理论中最基本和最重要的反馈概念。他提出，准确控制的方法可以把运动结果所决定的量作为信息再反馈回控制仪器中，这就是著名的负反馈概念。驾驶车辆也是由人参与的负反馈调节的。人们不是盲目地按着预定不变的模式来操纵车上的驾驶盘，而是发现靠左了就向右边做一个修正，反之亦然。因此他认为，目的性行为可以引作反馈，可以把目的性行为这个生物所特有的概念赋予机器。于是，维纳等在1943年发表了"行为、目的和目的论"一文。同时，火炮自动控制的研制获得成功，这些是控制论萌芽的重要实物标志。1948年，维纳所著《控制论》的出版，标志着这门科学的正式诞生。

20世纪50年代以后，一方面在控制理论的指导下，火炮及导弹控制技术极大发展，数控、电力、冶金自动化技术突飞猛进；另一方面在自动控制装备的需求和发展的基础上，控制理论也不断向纵深发展。1954年，我国科学家钱学森在美国运用控制论的思想和方法，用英文出版了《工程控制论》，首先把控制论推广到工程技术领域。接着在短短的几十年里，在各国科学家和科学技术人员的努力下，又相继出现了生物控制论、经济控制论和社会控制论等，控制理论已经渗透到各个领域，并伴随着其他科学技术的发展，极大地改变了整个世界。控制理论自身也在创造人类文明中不断向前发展。控制理论的中心思想是通过信息的传递、加工处理并加以反馈来进行控制，控制理论也是信息学科的重要组成方面。

半个世纪以来，控制理论从主要依靠手工计算的经典控制理论发展到依赖计算机的现代控制理论，发展了最优控制、自适应控制、智能控制。智能控制中，学习控制技术从简单的参数学习向较为复杂的结构学习、环境学习和复杂对象学习的方向发展，并发展了模糊控制、神经网络控制、遗传算法、混沌控制、专家系统、鲁棒控制与 H_{∞} 控制等理论和技术。同时,还开发了 MATLAB(matrix laboratory)等控制系统计算机辅助分析和设计工具,使控制理论在工程上的应用更加方便。

目前,随着智能制造和智能装备的不断发展,集传感、测试、控制于一体的生产装备、仪器仪表在社会生产、生活中发挥着越来越重要的作用,学习面向机械工程的测控技术对于这些装备的设计、制造、使用都具有十分重要的作用和意义。

1.1.2 控制系统的基本概念

所谓自动控制,就是在没有人直接参与的情况下,使被控对象的某些物理量准确地按照预期规律变化。例如,数控加工中心能够按照预先排定的工艺程序自动地进刀切削,加工出预期的几何形状;焊接机器人可以按工艺要求焊接流水线上的各个机械部件;温度控制系统能保持恒温等等。所有这些系统都有一个共同点,即它们都是一个或一些被控制的物理量按照给定量的变化而变化,给定量可以是具体的物理量,如电压、位移、角度等,也可以是数字量。一般来说,如何使被控制量按照给定量的变化规律而变化,就是控制系统要完成的基本任务。

系统的输入就是控制量,它是作用在系统的激励信号。其中,使系统具有预定性能的输入信号称为控制输入、指令输入或参考输入,而干扰或破坏系统预定性能的输入信号则称为扰动。系统的输出也称为被控制量,它表征控制对象或过程的状态和性能。

图 1-1 说明了人工操作水箱水位的基本过程,同时也说明了一个测控系统的基本组成部分。

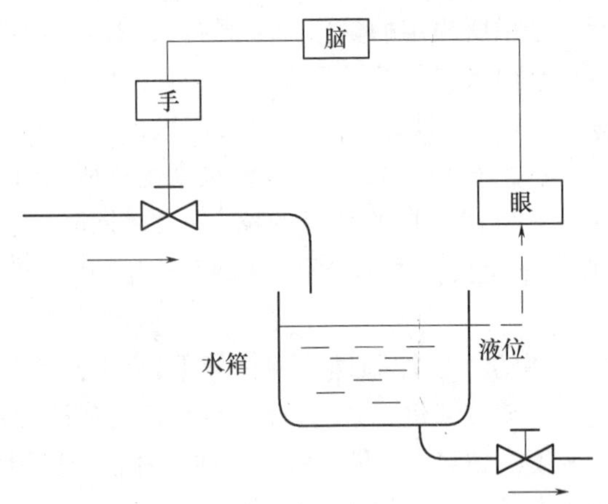

图 1-1 人工操作控制水箱水位

被控制对象或对象——这些需要控制的工作机器、装备称为被控制对象或对象。

输出量(被控制量)——将表征这些机器装备工作状态需要加以控制的物理参量称为被控制量(输出量)。

输入量(控制量)——将要求这些机器装备工作状态应保持的数值,或者说,为了保证对象的行为达到所要求的目标而输入的量,称为输入量(控制量)。

扰动量——使输出量偏离所要求的目标或妨碍达到目标所作用的物理量称为扰动量。

控制的任务实际上就是形成控制作用的规律，使不管是否存在扰动，均能使被控制对象的输出量满足给定值的要求。

自动控制的基本原理如下：

(1) 检测输出量的实际值；

(2) 将实际值与给定值(输入量)进行比较得出偏差值；

(3) 用偏差值产生控制调节作用去消除偏差。

1.1.3 开环控制系统和闭环控制系统

1. 开环控制

系统只是根据输入量和干扰量进行控制，而输出端和输入端之间不存在反馈回路，输出量在整个控制过程中对系统的控制不产生任何影响，这样的系统称为开环控制系统。如图 1-2 所示的数控机床工作台进给系统，由于没有反馈通道，所以是一个开环控制系统。系统的输出量仅受输入量的控制。

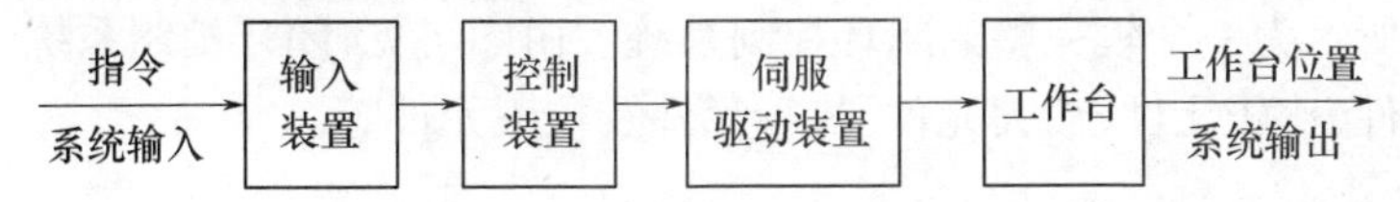

图 1-2 数控机床工作台进给系统

开环控制系统的输入量与输出量之间有明确的对应关系，但如果在某种干扰的作用下，使得系统的输出偏离了原始值，则由于不存在反馈，控制器无法获得关于输出量的实际状态，系统将无法自动纠偏，所以，开环系统的控制精度通常较低。但是如果组成系统的元件特性和参数值比较稳定，而且外界的干扰也比较小，则这种控制系统也可以保证一定的精度。开环控制系统的最大优点是系统简单，一般都能稳定、可靠地工作，因此对于要求不高的系统可以采用。开环控制系统的一般结构如图 1-3 所示。

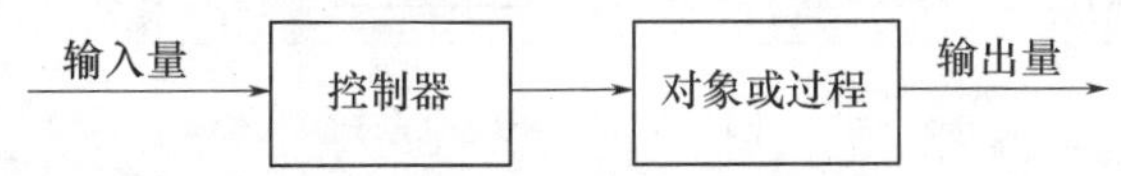

图 1-3 开环控制系统的一般结构

2. 闭环控制系统

如果系统的输出端和输入端之间存在反馈回路，输出量对控制过程产生直接影响，这种系统称为闭环控制系统，如前述的恒温箱自动控制系统就是一个闭环控制系统。闭环控制系统的一般结构如图 1-4 所示。

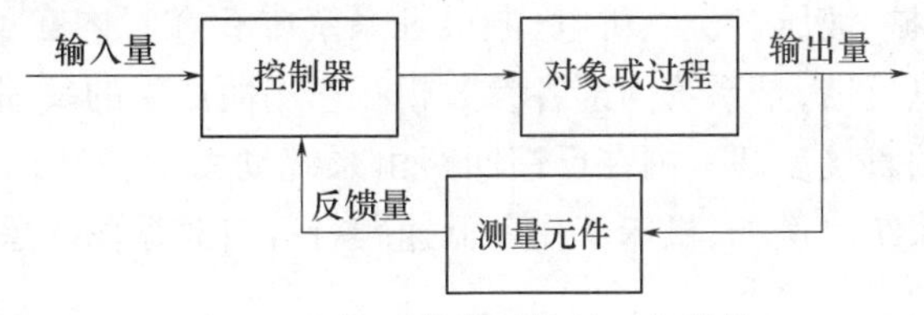

图 1-4 闭环控制系统的一般结构

闭环控制系统的突出优点是不管遇到什么干扰，只要被控制量的实际值偏离给定值，闭环控制就会自动产生控制作用来减小这一偏差，因此，闭环控制精度通常较高。

闭环控制系统也有它的缺点，这类系统是靠偏差进行控制的，因此，在整个控制过程中始终存在着偏差，由于元件的惯性（如负载的惯性），若参数配置不当，很容易引起振荡，使系统不稳定而无法工作。

3. 半闭环控制系统

如果控制系统的反馈信号不是直接从系统的输出端引出，而是间接地取自中间的测量元件，例如在数控机床的进给伺服系统中，若将位置检测装置安装在传动丝杆的端部，间接测量工作台的实际位移，则这种系统称为半闭环控制系统。

半闭环控制系统一般可以获得比开环系统更高的控制精度，但由于只存在局部反馈，在局部反馈之外的部分所导致的输出扰动将无法通过自动调节的方式消除，因此，其精度往往比闭环系统要低；但与闭环系统相比，它易于实现系统的稳定。目前，大多数数控机床都采用这种半闭环控制进给伺服系统。

1.1.4 闭环控制系统的组成

图 1－5 所示为一个较完整的闭环控制系统。由图可见，闭环控制系统一般包括给定元件、反馈元件、比较元件、放大元件、执行元件及校正元件等。

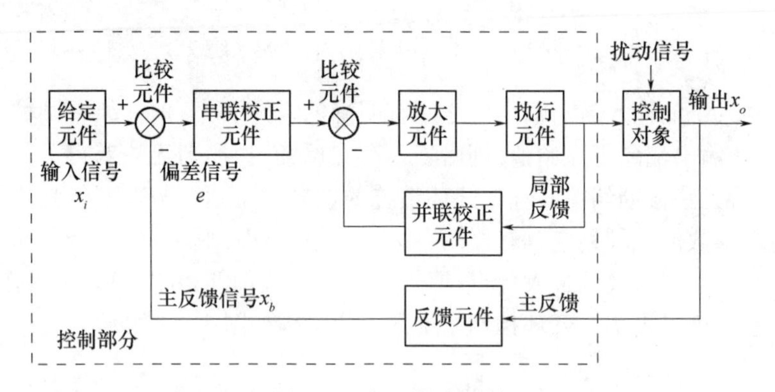

图 1－5　闭环控制系统

1. 给定元件

给定元件主要用于产生给定信号或输入信号。

2. 反馈元件

反馈元件通常是一些用电量来测量非电量的元件，即传感器，它测量被控制量或输出量，产生主反馈信号。为了便于传输，主反馈信号多为电信号。

必须指出，在机械、液压、气动、机电、电机等系统中存在着内在反馈。这是一种没有专设反馈元件的信息反馈，是系统内部各参数相互作用而产生的反馈信息流，如作用力与反作用力之间形成的直接反馈。内在反馈回路由系统动力学特性确定，它所构成的闭环系统是一个动力学系统。例如，机床工作台低速爬行等自激振荡现象，都是由具有内在反馈的闭环系统产生的。

3. 比较元件

比较元件用来接收输入信号和反馈信号并进行比较，产生反映两者差值的偏差信号。

4. 放大元件

放大元件指对偏差信号进行放大的元件。例如,电压放大器、功率放大器、电液伺服阀、电气比例/伺服阀等。放大元件的输出一定要有足够的能量,才能驱动执行元件,实现控制功能。

5. 执行元件

执行元件指直接对受控对象进行操纵的元件。例如,伺服电动机、液压(气)电动机、伺服液压(气)缸等。

6. 校正元件

校正元件指为保证控制质量,使系统获得良好的动、静态性能而加入系统的元件。校正元件又称校正装置。串接在系统前向通路上的校正元件称为串联校正装置;并接在反馈回路上的校正元件称为并联校正装置。

尽管一个控制系统包含许多起着不同作用的元部件,但从总体上看,任何一个控制系统都可认为仅由控制器(完成控制作用)和控制对象两部分组成。在图1-5中,比较元件、放大元件、执行元件和反馈元件等共同起着控制作用,为控制器部分。图1-5还包括了扰动信号,扰动信号是由于系统内部元器件参数的变化或外部环境的改变而造成的,不管是何种扰动,其最终结果都是导致输出量即被控制量发生偏移,因此直接将扰动信号集中表示在控制对象上。考虑到输出量的偏移所产生的偏差可以通过反馈作用予以自动纠正,采用上述表示方法是合适的。

1.2 控制系统的基本类型

控制系统的种类很多,在实际工程中,可以从不同的角度对控制系统进行分类。

1.2.1 按输入量的特征分类

1. 恒温控制系统

这种控制系统的输入量是一个恒定值,一经给定,在运行过程中就不再改变(但可定期校准或更改输入量)。恒值控制系统的任务是保证在任何扰动作用下系统的输出量为恒值。因此,它又称自动调节系统。

工业生产中的温度、压力、流量、液面等参数的控制,有些原动机的速度控制,液压工作台的位置控制,电力系统的电网电压、频率控制等,均属此类。

2. 程序控制系统

这种系统的输入量不为常值,但其变化规律是预先知道和确定的。可以预先将输入量的变化规律编成程序,由该程序发出控制指令,在输入装置中再将控制指令转换为控制信号,经过全系统的作用,使控制对象按指令的要求而运动。计算机绘图仪就是典型的程序控制系统。

工业生产中的过程控制系统按生产工艺的要求编制成特定的程序,由计算机来实现其控制。这就是近年来迅速发展起来的数字程序控制系统和计算机控制系统。微处理机控制将程序控制系统推向更普遍的应用领域。

图1-6所示为一个用于机床切削加工的程序控制系统。

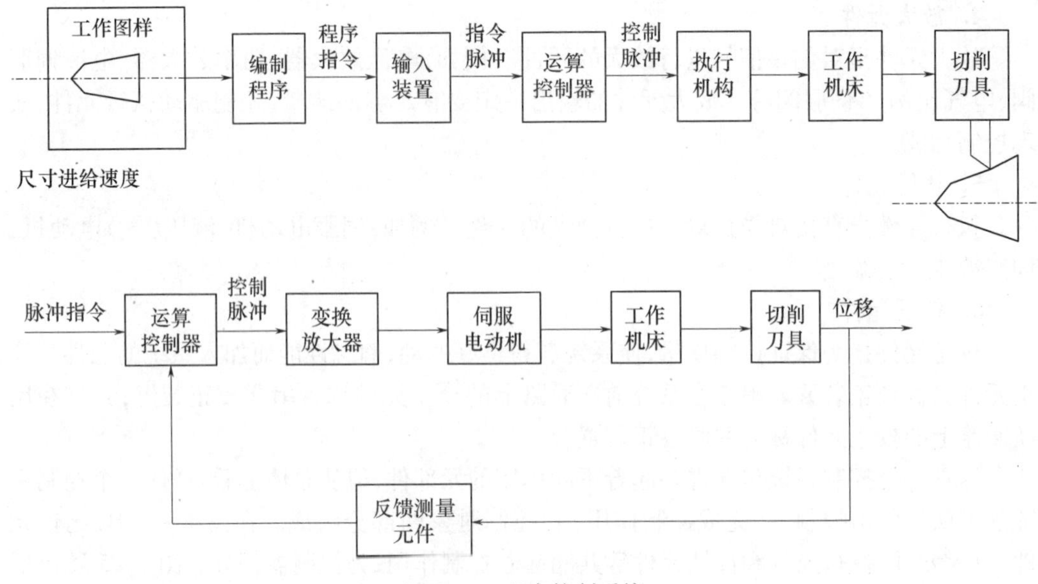

图 1－6 程序控制系统

1.2.2 按系统中传递信号的性质分类

1. 连续控制系统

系统中各部分传递的信号都是连续时间变量的系统称为连续控制系统。连续控制系统又有线性系统和非线性系统之分。用线性微分方程描述的系统称为线性系统，不能用线性微分方程描述、存在着非线性部件的系统称为非线性系统。

2. 离散控制系统

系统中某一处或数处的信号是脉冲序列或数字量传递的系统称为离散控制系统（也称数字控制系统）。在离散控制系统中，数字测量、放大、比较、给定等部件一般均由微处理机实现，计算机的输出经 D/A 转换加给伺服放大器，然后再去驱动执行元件；或由计算机直接输出数字信号，经数字放大器后驱动数字式执行元件。

由于连续控制系统和离散控制系统的信号形式有较大差别，因此在分析方法上也有明显的不同。连续控制系统以微分方程来描述系统的运动状态，并用拉普拉斯变换法求解微分方程；而离散系统则用差分方程来描述系统的运动状态，用 Z 变换法引出脉冲传递函数来研究系统的动态特性。

此外，还可按系统部件的物理属性分为机械、电气、机电、液压、气动、热力等控制系统。

1.3 对控制系统的基本要求

不同场合的控制系统有着不同的性能要求，但各种控制系统均有着一些共同的基本要求，即稳定、准确、快速。

1. 稳定性

由于控制系统都包含储能元件，若系统参数匹配不当，能量在储能元件间的交换可能引起振荡。稳定性就是指系统动态过程的振荡倾向及其恢复平衡状态的能力。对于稳定的系统,当输出量偏离平衡状态时,应能随着时间收敛并且最后回到初始的平衡状态。稳定性是保证控制系统正常工作的先决条件。

2. 精确性

控制系统的精确性即测控精度,一般以稳态误差来衡量。所谓稳态误差是指以一定变化规律的输入信号作用于系统后,当调整过程结束而趋于稳定时,输出量的实际值与期望值之间的误差值,它反映了动态过程后期的性能。这种误差一般是很小的。如数控机床的加工误差小于 0.02mm,一般恒速、恒温控制系统的稳态误差都在给定值的 1% 以内。

3. 快速性

快速性是指当系统的输出量与输入量之间产生偏差时,消除这种偏差的快慢程度。快速性好的系统,消除偏差的过渡过程时间短,能复现快速变化的输入信号,因而具有较好的动态性能。由于控制对象的具体情况不同,各种系统对稳定、精确、快速这三方面的要求是各有侧重的。例如,调速系统对控制的稳定性要求较严格,而随动系统则对控制的快速性提出较高的要求。

习　题

1－1　简述开环控制与闭环控制的优缺点。

1－2　说明控制系统性能的基本要求。

1－3　绘制如图 1－7 所示两个系统的职能方框图;试分析哪一种能够实现液面的自动控制,并说明原因。

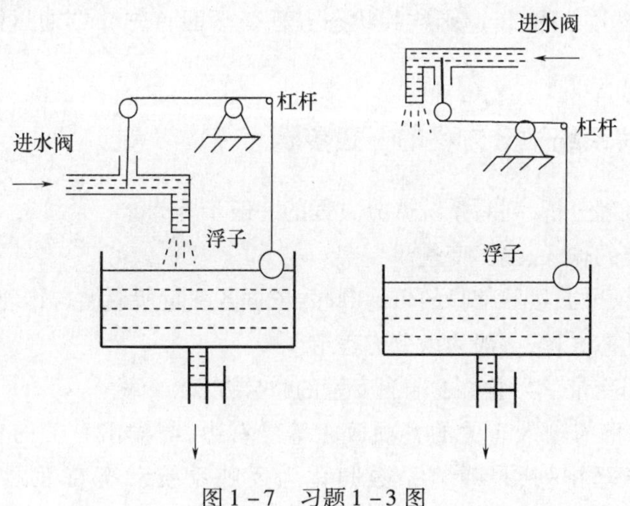

图 1－7　习题 1－3 图

第2章　数学模型

建立控制系统的数学模型,并在此基础上对控制系统进行分析、综合,是机械测控技术的基本方法。对于机械测控系统在输入作用下的规律,我们不仅希望了解其稳态情况,更重要的是要了解其动态过程。将物理系统在信号传递过程中的这一动态特性用数学表达式描述出来,就得到了组成物理系统的数学模型。系统数学模型既是分析系统的基础,又是综合设计系统的依据。

2.1　系统的运动微分方程

数学模型是描述系统的数学表达式。对于现实世界的某一特定对象,为了某个特定的目的 ,通过一些必要的假设和简化后,将系统在信号传递过程中的特性用数学表达式描述出来,就可获得该系统的数学模型。数学模型具有相似性、实用性的特点。不同的物理系统具有相似的数学模型,例如机械系统和电气系统具有系统的数学模型,从而为研究带来便利性。对于同一系统,由于精度要求和应用条件的不同,可以用不同复杂程度的数学模型来表达。复杂的程度,一定要遵循实用性的要求。工程上常用的数学模型有微分方程、传递函数和状态方程。下面首先介绍通过微分方程建立系统的模型。

2.1.1　列写系统微分方程的一般步骤

根据系统的机理分析,列写系统微分方程的一般步骤为:

(1) 确定系统的输入、输出变量。

(2) 从输入端开始,按照信号的传递顺序,依据各变量所遵循的物理、化学等定律,列写各变量之间的动态方程,一般为微分方程组。

(3) 消去中间变量,得到输入、输出变量的微分方程。

(4) 标准化:将与输入有关的各项放在等号右边,与输出有关的各项放在等号左边,并且分别按降幂排列,最后将系数归化为反映系统动态特性的参数,如时间常数等。

注意:由于实际系统的结构一般比较复杂,我们甚至不清楚内部机理,所以,列写实际工程系统的微分方程是很困难的。

2.1.2 控制系统常见元件的物理定律

1. 弹簧

$$f(t) = Kx(t) \tag{2-1}$$

弹簧属于储能元件,储存弹性势能。在形变范围内满足胡克定律,即弹性力 $f(t) = Kx(t)$,其中,K 为弹簧刚度,$x(t)$ 为弹簧的形变量。弹簧系统如图 2-1 所示。

2. 阻尼器

$$f(t) = Dx'(t) \tag{2-2}$$

阻尼器中产生的黏性阻尼力,与阻尼器中活塞和缸体的相对运动速度成正比,即 $f(t) = Dx'(t)$,其中,D 为阻尼器的阻尼系数,它是系统固有的参数。阻尼器本身不储存任何动能和势能,主要用来吸收系统的能量,并转换成热能耗散掉。阻尼器系统如图 2-2所示。

图 2-1 弹簧系统　　图 2-2 阻尼器系统

3. 质量块

$$f(t) = mx''(t) \tag{2-3}$$

质量块所受的力为惯性力,具有阻止起动和阻止停止运动的性质。根据牛顿第二定律可知 $f(t) = mx''(t)$。质量块可以看作系统中的储能元件,储存平均动能。质量块系统如图 2-3 所示。

4. 电学元件

电阻:

$$u(t) = i(t)R \tag{2-4}$$

电阻不是储能元件,而是一种耗能元件,将电能转换成热能耗散掉。

电感:

电感是一种储存磁能的元件。

$$u(t) = L\frac{\mathrm{d}i(t)}{\mathrm{d}t} \tag{2-5}$$

电容:

电容是一种储存电能的元件。

$$u(t) = C\int i(t)\,\mathrm{d}t \tag{2-6}$$

例 2.1 已知弹簧质量阻尼系统的组成如图 2-4 所示,试列出以外力 $f(t)$ 为输入量,以质量块的位移 $y(t)$ 为输出量的运动方程式。

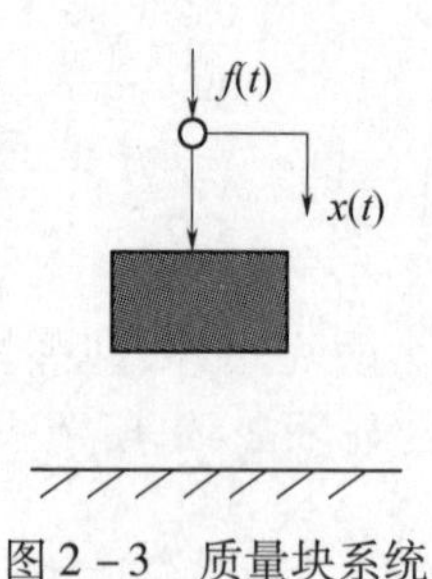

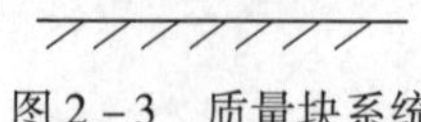

图 2-3　质量块系统

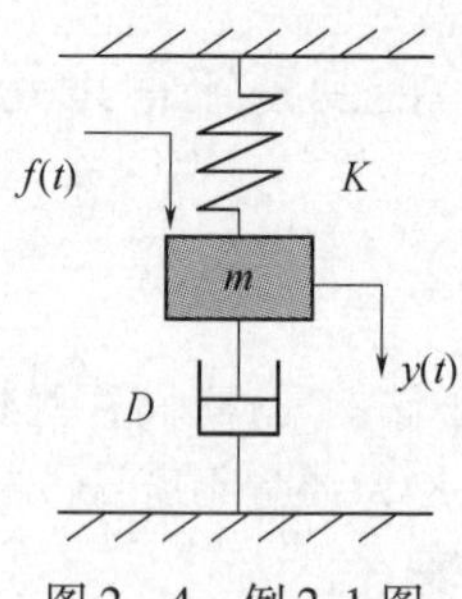

图 2-4　例 2.1 图

解：(1) 确定系统的输入 $f(t)$、输出变量 $y(t)$。

(2) 从输入端开始，按照信号的传递顺序，依据各变量所遵循的物理定律(这里是牛顿第二定律)，列写各变量之间的动态方程：

$$f(t) - ky(t) - Dy'(t) = my''(t)$$

(3) 消去中间变量。

(4) 标准化：

$$my''(t) + Dy'(t) + ky(t) = f(t)$$

问题：为什么没有表示重力？

因为是从平衡位置处作的受力分析，此时弹簧已经从初始位置处产生了变形，这种变形所产生的弹性反力补偿了重力作用。因此，不对重力进行表示。本书中都采用同样的方法进行处理。

例 2.2　已知 RLC 网络如图 2-5 所示，求其动态微分方程。其中，$u_i(t)$为输入电压，$u_o(t)$为输出电压；R 为电阻；C 为电容。

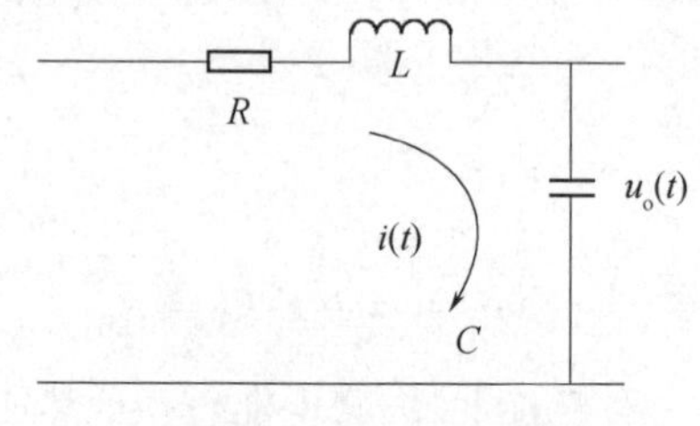

图 2-5　例 2.2 图

解：(1) 确定系统的输入 $u_i(t)$、输出变量 $u_o(t)$。

(2) 从输入端开始，按照信号的传递顺序，依据各变量所遵循的物理定律，列写各变量之间的动态方程：

$$u_i(t) = i(t)R + L\frac{\mathrm{d}i(t)}{\mathrm{d}t} + u_o(t) \tag{2-7}$$

$$u_o(t) = \frac{\int i(t)\,\mathrm{d}t}{C} \tag{2-8}$$

(3) 消去中间变量：由式(2-8)可知

$$i(t) = Cu'_o(t) \tag{2-9}$$

$$i'(t) = Cu''_o(t) \tag{2-10}$$

将式(2-9)、式(2-10)代入式(2-7),得

$$u_i(t) = RCu'_o(t) + LCu''_o(t) + u_o(t)$$

(4) 标准化:

$$LCu''_o(t) + RCu'_o(t) + u_o(t) = u_i(t)$$

相似性原理:从例2.1、例2.2可知,其中的机械系统和电气系统具有形式相同的数学模型。相似系统揭示了不同物理现象之间的相似关系。这说明可以用一种系统去模拟另外一种系统,即用简单、易于实现的电气系统去研究机械系统,并通过试验获得另一个系统的运行规律。

例2.3 建立如图2-6所示系统的运动微分方程。

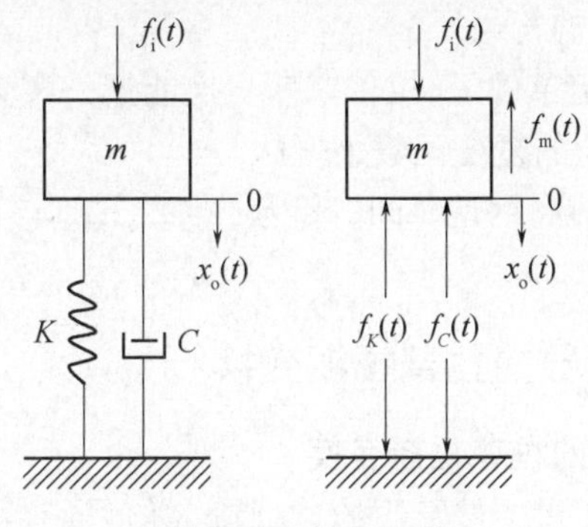

图2-6 例2.3图

解:以质量块 m 为对象进行受力分析。同样,由于是从平衡点开始进行受力分析,重力的影响可以忽略。于是质量块 m 受到向下的输入力 $f_i(t)$,弹簧的支撑力 $f_K(t)$ 以及阻尼器的阻尼力 $f_C(t)$。这三个力的合力使质量块产生一个与其方向相同的加速度 a。从大学物理的知识可知系统的运动微分方程为

$$\begin{cases} f_i(t) - f_C(t) - f_K(t) = m\dfrac{d^2}{dt^2}x_o(t) \\ f_K(t) = Kx_o(t) \\ f_C(t) = C\dfrac{d}{dt}x_o(t) \end{cases}$$

$$m\frac{d^2}{dt^2}x_o(t) + C\frac{d}{dt}x_o(t) + Kx_o(t) = f_i(t)$$

2.2 拉普拉斯变换和反变换

控制工程所涉及的数学问题较多,经常要解算一些线性微分方程。按照一般方法解算比较麻烦,如果用拉普拉斯变换求解线性微分方程,可将经典数学中的微积分运算转化为代数运算,又能够单独地表明初始条件的影响,并有变换表可查找,因而是一种较为简便的工程数学方法。更重要的是,由于采用了拉普拉斯变换,能够把描述系统运动状态的微分方程很方便转换为系统的传递函数,并由此发展出用传递函数的零极点分布、频率特

性等间接分析和设计控制系统的工程方法。另外,在求解微分方程时,若采用拉普拉斯变换,也可以避免复杂的求解过程,用简单的加减乘除运算就可以求解。

2.2.1 拉普拉斯变换的定义

如果有一个以时间 t 为自变量的实变函数 $f(t)$,它的定义域是 $t \geqslant 0$,那么 $f(t)$ 的拉普拉斯变换定义为

$$F(s) = \mathscr{L}[f(t)] \overset{\text{def}}{=} \int_0^{\infty} f(t) e^{-st} dt \tag{2-11}$$

式中:s 是复变数,$s = \sigma + j\omega$(σ、ω 均为实数);$\int_0^{\infty} e^{-st}$ 为拉普拉斯积分;$F(s)$ 为函数 $f(t)$ 的拉普拉斯变换,它是一个复变函数,通常称 $F(s)$ 为 $f(t)$ 的象函数,而称 $f(t)$ 为 $F(s)$ 的原函数;$\mathscr{L}$ 为拉普拉斯变换的符号。

式(2-11)表明:在一定条件下,拉普拉斯变换能把一实数域中的实变函数 $f(t)$ 变换为一个在复数域内与之等价的复变函数 $F(s)$。

在拉普拉斯变换中,s 的量纲是时间的倒数,即 T^{-1},$F(s)$ 的量纲则是 $f(t)$ 的量纲与时间 t 量纲的乘积。

2.2.2 几种典型函数的拉普拉斯变换

1. 单位阶跃函数 $1(t)$ 的拉普拉斯变换

单位阶跃函数是控制工程中最常用的典型输入信号函数之一,常以它作为评价系统性能的标准输入,这一函数定义为

$$1(t) \overset{\text{def}}{=} \begin{cases} 0 & (t < 0) \\ 1 & (t \geqslant 0) \end{cases}$$

单位阶跃函数表示在 $t = 0$ 时刻突然作用于系统一个幅值为 1 的不变量。

单位阶跃函数的拉普拉斯变换式为

$$F(s) = \mathscr{L}[1(t)] = \int_0^{\infty} 1(t) e^{-st} dt = -\frac{1}{s} e^{-st} \Big|_0^{\infty}$$

当 $\mathrm{Re}(s) > 0$ 时,$\lim\limits_{t \to \infty} e^{-st} \to 0$。所以,有

$$\mathscr{L}[1(t)] = -\frac{1}{s} e^{-st} \Big|_0^{\infty} = \left[0 - \left(-\frac{1}{s}\right)\right] = \frac{1}{s} \tag{2-12}$$

2. 指数函数 $f(t) = e^{-at}$ 的拉普拉斯变换

指数函数也是控制工程中经常用到的函数,其中 a 是常数。该函数定义为

$$F(s) = \mathscr{L}[e^{-at}] = \int_0^{\infty} e^{-at} e^{-st} dt = \int_0^{\infty} e^{-(s+a)t} dt$$

令 $s_1 = s + a$,则与求单位阶跃函数同理,可求得

$$F(s) = \mathscr{L}[e^{-at}] = \frac{1}{s_1} = \frac{1}{s + a} \tag{2-13}$$

2.2.3 拉普拉斯变换的主要定理

根据拉普拉斯变换定义或查表能对一些标准的函数进行拉普拉斯变换和反变换。对

一般的函数,利用以下的定理,可以使运算简化。

1. 叠加定理

拉普拉斯变换也服从线性函数的奇次性和叠加性。

(1) 奇次性。设 $\mathscr{L}[f(t)]=F(s)$,则

$$\mathscr{L}[af(t)] = aF(s) \tag{2-14}$$

式中:a 为常数。

(2) 叠加性。设 $\mathscr{L}[f_1(t)]=F_1(s)$,$\mathscr{L}[f_2(t)]=F_2(s)$,则

$$\mathscr{L}[f_1(t)+f_2(t)] = F_1(s)+F_2(s) \tag{2-15}$$

式(2-14)、式(2-15)结合起来,有

$$\mathscr{L}[af_1(t)+bf_2(t)] = aF_1(s)+bF_2(s)$$

式中:a 和 b 为常数。

这说明拉普拉斯变换是线性变换。

2. 微分定理

设 $\mathscr{L}[f(t)]=F(s)$,则

$$\mathscr{L}\left[\frac{\mathrm{d}f(t)}{\mathrm{d}t}\right] = sF(s)-f(0)$$

式中:$f(0)$ 为函数 $f(t)$ 在 $t=0$ 时刻的值,即初始值。

同样,可得 $f(t)$ 的各阶导数的拉普拉斯变换,即

$$\mathscr{L}\left[\frac{\mathrm{d}^2f(t)}{\mathrm{d}t^2}\right] = s^2F(s)-sf(0)-f'(0)$$

$$\mathscr{L}\left[\frac{\mathrm{d}^3f(t)}{\mathrm{d}t^3}\right] = s^3F(s)-s^2f(0)-sf'(0)-f''(0)$$

$$\vdots$$

$$\mathscr{L}\left[\frac{\mathrm{d}^nf(t)}{\mathrm{d}t^n}\right] = s^nF(s)-s^{n-1}f(0)-s^{n-2}f'(0)-\cdots-f^{(n-1)}(0)$$

式中:$f'(0)$,$f''(0)$,$\cdots$,$f^{(n-1)}(0)$ 为原函数各阶导数在 $t=0$ 时刻的值。

如果函数 $f(t)$ 及其各阶导数的初始值均为零(称为零初始条件),则 $f(t)$ 各阶导数的拉普拉斯变换为

$$\mathscr{L}[f'(t)] = sF(s)$$
$$\mathscr{L}[f''(t)] = s^2F(s)$$
$$\mathscr{L}[f'''(t)] = s^3F(s)$$
$$\vdots$$
$$\mathscr{L}[f^{(n)}(t)] = s^nF(s)$$

3. 积分定理

设 $\mathscr{L}[f(t)]=F(s)$,则

$$\mathscr{L}\left[\int f(t)\mathrm{d}t\right] = \frac{1}{s}F(s)+\frac{1}{s}f^{(-1)}(0) \tag{2-16}$$

式中:$f^{(-1)}(0)$为积分$\int f(t)\mathrm{d}t$在$t=0$时刻的值。

当初始条件为零时,有

$$\mathscr{L}\left[\int f(t)\mathrm{d}t\right]=\frac{1}{s}F(s) \tag{2-17}$$

对多重积分,是

$$\mathscr{L}\Big[\underbrace{\int\cdots\int}_{a} f(t)\ (\mathrm{d}t)^{n}\Big]=\frac{1}{s^{n}}F(s)+\frac{1}{s^{n}}f^{(-1)}(0)+\cdots+\frac{1}{s}f^{(-n)}(0) \tag{2-18}$$

式中:$f^{(-1)}(0),f^{(-2)}(0),\cdots,f^{(-n)}(0)$为原函数的各重积分在$t=0$时刻的值。

当初始条件为零时,有

$$\mathscr{L}\Big[\underbrace{\int\cdots\int}_{a} f(t)\ (\mathrm{d}t)^{n}\Big]=\frac{1}{s^{n}}F(s) \tag{2-19}$$

2.2.4 拉普拉斯反变换

拉普拉斯反变换的公式为

$$f(t)=\mathscr{L}^{-1}[F(s)]=\frac{1}{2\pi\mathrm{j}}\int_{c-\mathrm{j}\infty}^{c+\mathrm{j}\infty}F(s)\mathrm{e}^{st}\mathrm{d}s \tag{2-20}$$

式中:$\mathscr{L}^{-1}$为拉普拉斯反变换的符号。

下面以微分方程的求解来说明拉普拉斯反变换的作用:

$$\frac{\mathrm{d}y}{\mathrm{d}t}+\frac{K}{\mu}y=\frac{f}{\mu} \tag{2-21}$$

对方程式两边取拉普拉斯变换,使方程式中的变量从时域变换到频域,变换结果如下:

t-时域 —— 拉普拉斯变换 ——→ s-频域

$\frac{K}{\mu}y$	$\frac{K}{\mu}Y$	(要用大写字母 Y)
$\frac{\mathrm{d}y}{\mathrm{d}t}$	$sY-y(0)$	(s 用小写字母,$y(0)$为 $t=0$ 时 y 的初始值)
$\frac{f}{\mu}$	$\frac{F}{\mu}$	(要用大写字母 F)

式(2-21)中的变量经以上变换,得

$$[sY-y(0)]+\frac{K}{\mu}Y=\frac{F}{\mu} \tag{2-22}$$

由于初始条件$t=0$时,$y(0)=0$,则式(2-22)变为(根据前述拉普拉斯变换的微分定理)

$$sY+\frac{K}{\mu}Y=\frac{F}{\mu} \tag{2-23}$$

得

$$Y = \frac{F/\mu}{s + K/\mu} = \frac{1}{\mu}\frac{1}{s + K/\mu}F \tag{2-24}$$

还需要求出力 f 的拉普拉斯变换 F。由于 $f = u(t)$，因此可以对 $u(t)$ 取拉普拉斯变换：

t – 时域	拉普拉斯变换 →	s – 频域
$u(t)$		$\frac{1}{s}$

因此 $F = 1/s$，代入式（2-24），得

$$Y = \frac{1}{\mu}\frac{1}{s(s + K/\mu)} = \frac{1}{K}\left(\frac{1}{s} - \frac{1}{s + K/\mu}\right) \tag{2-25}$$

至此，求出了 y 的拉普拉斯变换。为了求得时域的 y，还要进行以下拉普拉斯反变换：

s – 频域	拉普拉斯反变换 →	t – 时域
Y		y
$\frac{1}{s}$		$u(t)$
$\frac{1}{s + K/\mu}$		$e^{-\frac{K}{\mu}t}u(t)$

式（2-25）中的各项经过以上拉普拉斯反变换，得

$$y = \frac{1}{K}\left[u(t) - e^{-\frac{K}{\mu}t}u(t)\right] = \frac{1}{K}(1 - e^{-\frac{K}{\mu}t})u(t) \tag{2-26}$$

式中：当 $t < 0$ 时，$u(t) = 0$；$t \geqslant 0$ 时，$u(t) = 1$。因此式（2-26）又可以改写成

$$y = \frac{1}{K}(1 - e^{-\frac{K}{\mu}t})\ (t \geqslant 0) \tag{2-27}$$

通过这种方法即可求出微分方程的解。

在实际的工程领域中，上述拉普拉斯变换与反变换都可以通过查表的方式来进行。

2.2.5 部分分式展开法

根据定义计算拉普拉斯反变换，要进行复变函数积分，一般很难直接计算，通常用部分分式展开法将复变函数展开成有理分式函数之和，然后由拉普拉斯变换表一一查出对应的反变换函数，即得所求得原函数 $f(t)$。

在控制理论中，常遇到的象函数是 s 的有理分式，即

$$F(s) = \frac{B(s)}{A(s)} = \frac{b_0 s^m + b_1 s^{m-1} + \cdots + b_{m-1}s + b_m}{a_0 s^n + a_1 s^{n-1} + \cdots + a_{n-1}s + a_n} \quad (n \geqslant m)$$

为了将 $F(s)$ 写成部分分式，首先将 $F(s)$ 的分母因式分解，则有

$$F(s) = \frac{b_0 s^m + b_1 s^{m-1} + \cdots + b_{m-1}s + b_m}{(s + p_1)(s + p_2)\cdots(s + p_n)}$$

式中:p_1、p_2、…、p_n 为 $A(s)=0$ 的根的负值,称为 $F(s)$ 的极点。按照这些根的性质,可分为以下几种情况来研究。

1. $F(s)$的极点为各不相同的实数时的拉普拉斯反变换

$$F(s)=\frac{B(s)}{A(s)}=\frac{b_0s^m+b_1s^{m-1}+\cdots+b_{m-1}s+b_m}{(s+p_1)(s+p_2)\cdots(s+p_n)}$$

$$=\frac{A_1}{s+p_1}+\frac{A_2}{s+p_2}+\cdots+\frac{A_n}{s+p_n}=\sum_{i=1}^{n}\frac{A_i}{s+p_i} \tag{2-28}$$

式中:A_i 为待定系数,它是 $s=-p_i$ 处的留数,其求法为

$$A_i=[F(s)(s+p_i)]_{s=-p_i} \tag{2-29}$$

再根据拉普拉斯变换的叠加定理,求原函数,即

$$f(t)=\mathscr{L}^{-1}[F(s)]=\mathscr{L}^{-1}\left[\sum_{i=1}^{n}\frac{A_i}{s+p_i}\right]=\sum_{i=1}^{n}A_i\mathrm{e}^{-p_it}$$

例 2.4 求 $F(s)=\dfrac{s^2-s+2}{s(s^2-s-6)}$的原函数。

解:首先将 $F(s)$ 的分母因式分解,则有

$$F(s)=\frac{s^2-s+2}{s(s^2-s-6)}=\frac{s^2-s+2}{s(s-3)(s+2)}=\frac{A_1}{s}+\frac{A_2}{s-3}+\frac{A_3}{s+2}$$

$$A_1=[F(s)s]_{s=0}=\left[\frac{s^2-s+2}{s(s-3)(s+2)}s\right]_{s=0}=-\frac{1}{3}$$

$$A_2=[F(s)(s-3)]_{s=3}=\left[\frac{s^2-s+2}{s(s-3)(s+2)}(s-3)\right]_{s=3}=\frac{8}{15}$$

$$A_3=[F(s)(s+2)]_{s=-2}=\left[\frac{s^2-s+2}{s(s-3)(s+2)}(s+2)\right]_{s=-2}=\frac{4}{5}$$

即得

$$F(s)=-\frac{1}{3}\frac{1}{s}+\frac{8}{15}\frac{1}{s-3}+\frac{4}{5}\frac{1}{s+2}$$

$$f(t)=\mathscr{L}^{-1}[F(s)]=\mathscr{L}^{-1}\left(-\frac{1}{3}\frac{1}{s}\right)+\mathscr{L}^{-1}\left(\frac{8}{15}\frac{1}{s-3}\right)+\mathscr{L}^{-1}\left(\frac{4}{5}\frac{1}{s+2}\right)$$

$$=-\frac{1}{3}+\frac{8}{15}\mathrm{e}^{3t}+\frac{4}{5}\mathrm{e}^{-2t}\quad(t\geqslant 0)$$

2. $F(s)$中包含有重极点的拉普拉斯变换

设 $A(s)=0$ 有 r 个重根,则

$$F(s)=\frac{b_0s^m+b_1s^{m-1}+\cdots+b_{m-1}s+b_m}{(s+p_0)^r(s+p_{r+1})\cdots(s+p_n)}$$

将上式展开成部分分式,得

$$F(s)=\frac{A_{01}}{(s+p_0)^r}+\frac{A_{02}}{(s+p_0)^{r-1}}+\cdots+\frac{A_{0r}}{s+p_0}+\frac{A_{r+1}}{s+p_{r+1}}+\cdots+\frac{A_n}{s+p_n} \tag{2-30}$$

式中:A_{r+1}、A_{r+2}、…、A_n 的求法与单实数极点情况不相同。

A_{01}、A_{02}、…、A_{0r}的求法如下：

$$A_{01}=[F(s)(s+p_0)^r]_{s=-p_0}$$

$$A_{02}=\left\{\frac{\mathrm{d}}{\mathrm{d}s}[F(s)(s+p_0)^r]\right\}_{s=-p_0}$$

$$A_{03}=\frac{1}{2!}\left\{\frac{\mathrm{d}^2}{\mathrm{d}s^2}[F(s)(s+p_0)^r]\right\}_{s=-p_0}$$

$$\vdots$$

$$A_{0r}=\frac{1}{(r-1)!}\left\{\frac{\mathrm{d}^{(r-1)}}{\mathrm{d}s^{(r-1)}}[F(s)(s+p_0)^r]\right\}_{s=-p_0}$$

则

$$f(t)=\mathscr{L}^{-1}[F(s)]=\left[\frac{A_{01}}{(r-1)!}t^{(r-1)}+\frac{A_{02}}{(r-2)!}t^{(r-2)}+\cdots A_{0r}\right]\mathrm{e}^{-p_0t}+$$
$$A_{r+1}\mathrm{e}^{-p_{r+1}t}+\cdots+A_n\mathrm{e}^{-p_nt}(t\geqslant 0) \qquad (2-31)$$

例 2.5 设 $F(s)=\dfrac{\omega_n^2}{s(s+\omega_n)^2}$，试求 $F(s)$的部分分式。

解：已知

$$F(s)=\frac{\omega_n^2}{s(s+\omega_n)^2}$$

含有 2 个重极点。将式(2－31)的分母因式分解，得

$$F(s)=\frac{A_{01}}{(s+\omega_n)^2}+\frac{A_{02}}{s+\omega_n}+\frac{A_3}{s}$$

求系数 A_{01}、A_{02}、和 A_3：

$$A_{01}=\left[\frac{\omega_n^2}{s(s+\omega_n)^2}(s+\omega_n)^2\right]_{s=-\omega_n}=-\omega_n$$

$$A_{02}=\left\{\frac{\mathrm{d}}{\mathrm{d}s}\left[\frac{\omega_n^2}{s(s+\omega_n)^2}(s+\omega_n)^2\right]\right\}_{s=-\omega_n}=\left[-\frac{\omega_n^2}{s^2}\right]=-1$$

$$A_3=\left[\frac{\omega_n^2}{s(s+\omega_n)^2}s\right]_{s=0}=1$$

将所求得的 A_{01}、A_{02}、和 A_3 值代入，即得 $F(s)$的部分分式为

$$F(s)=\frac{-\omega_n}{(s+\omega_n)^2}+\frac{-1}{s+\omega_n}+\frac{1}{s}$$

查拉普拉斯变换表，得

$$\mathscr{L}^{-1}[F(s)]=f(t)$$

例 2.6 求 $F(s)=\dfrac{s+3}{(s+2)^2(s+1)}$的拉普拉斯反变换。

解：将 $F(s)$展开为部分分式为

$$F(s)=\frac{A_{01}}{(s+2)^2}+\frac{A_{02}}{s+2}+\frac{A_3}{s+1}$$

上式中各项系数为

$$A_{01}=\left[\frac{s+3}{(s+2)^2(s+1)}(s+2)^2\right]_{s=--2}=\frac{-2+3}{-2+1}=-1$$

$$A_{02}=\left\{\frac{\mathrm{d}}{\mathrm{d}s}\left[\frac{s+3}{(s+2)^2(s+1)}(s+2)^2\right]\right\}_{s=-2}$$

$$=\left[-\frac{(s+3)'(s+1)-(s+3)(s+1)'}{(s+1)^2}\right]=-2$$

$$A_3=\left[\frac{s+3}{(s+2)^2(s+1)}(s+1)\right]_{s=-1}=2$$

于是

$$F(s)=\frac{-1}{(s+2)^2}+\frac{-2}{s+2}+\frac{2}{s+1}$$

查拉普拉斯变换表,得

$$f(t)=-(t+2)\mathrm{e}^{-2t}+2\mathrm{e}^{-t}\quad(t\geqslant 0)$$

2.3 传递函数

在控制工程中,直接求解系统微分方程是研究分析系统的基本方法。系统方程的解就是系统的输出响应,通过方程的表达式,可以分析系统的动态特性,绘出响应曲线,直观地反应系统的动态过程。但是,由于求解过程较为繁琐,手工计算复杂、费时,而且难以直接从微分方程本身研究和判断系统的动态性能,因此,这种方法有很大的局限性。显然,仅用微分方程这一数学模型来进行系统分析设计,十分不便。

对于线性定常系统,传递函数是常用的一种数学模型,它是在拉普拉斯变换的基础上建立的。用传递函数描述系统可以免去求解微分方程的麻烦,间接地分析系统结构及参数与系统性能的关系,并且可以根据传递函数在复平面上的形状直接判断系统的动态性能,找出改善系统品质的方法。因此,传递函数是经典控制理论的基础,是一个极其重要的基本概念。

2.3.1 传递函数的概念和定义

对于线性定常系统,在零初始条件下,系统输出量的拉普拉斯变换与引起该输出的输入量的拉普拉斯变换之比,称为系统的传递函数。

图 2-7 所示质量—弹簧—阻尼系统,由二阶微分方程式来描述它的动态特性,即

$$m\frac{\mathrm{d}^2}{\mathrm{d}t^2}x_o(t)+B\frac{\mathrm{d}}{\mathrm{d}t}x_o(t)+Kx_o(t)=f_i(t)$$

在所有初始条件均为零的情况下,对上式进行拉普拉斯变换,得

$$ms^2X_o(s)+BsX_o(s)+KX_o(s)=F_i(s)$$

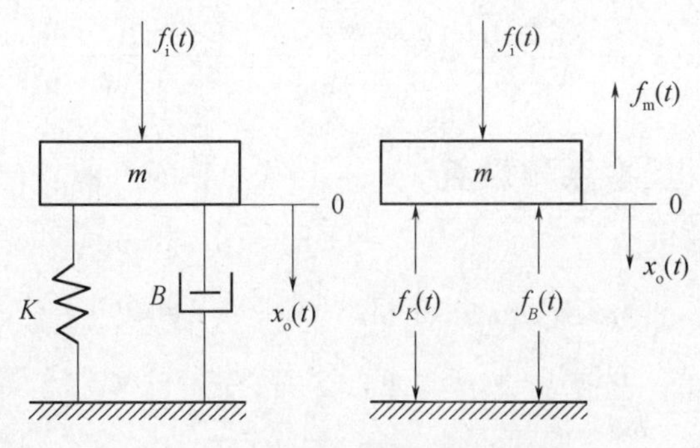

图 2-7　质量—弹簧—阻尼系统

按定义，传递函数为

$$G(s)=\frac{X_o(s)}{F_i(s)}=\frac{1}{ms^2+Bs+K} \tag{2-32}$$

系统输出量的拉普拉斯变换 $X_o(s)$ 为

$$X_o(s)=G(s)F_i(s)=\frac{1}{ms^2+Bs+K}F_i(s) \tag{2-33}$$

由式(2-33)可知，如果 $F_i(s)$ 给定，则输出 $X_o(s)$ 的特性完全由传递函数 $G(s)$ 决定，因此，传递函数 $G(s)$ 表征了系统本身的动态本质。这是容易理解的，因为 $G(s)$ 是由微分方程式通过拉普拉斯变换得来的，而拉普拉斯变换是一种线性变换，只是将变量从时间域变换到复数域，将微分方程变换为 s 域中的代数方程来处理，所以不会改变描述的系统的动态本质。

必须强调指出，根据传递函数的定义，传递函数是通过系统的输入量和输出量之间的关系来描述系统固有特性的，即以系统的外部特性来揭示系统的内部特性，这就是传递函数的基本思想。之所以能够用系统外部的输入—输出特性来描述系统内部特性，是因为传递函数通过系统结构参数使线性定常系统的输出和输入建立了联系。传递函数的概念和基本思想在控制理论中具有特别重要的意义，当一个系统内部结构不清楚，或者根本无法弄清楚它的内部结构时，借助从系统的输入来看系统的输出，也可以研究系统的功能和固有特性。目前，对系统输入输出动态观测的方法已发展成为控制理论研究方法的一个重要分支，这就是系统辨识，即通过外部观测所获得的数据，辨识系统的结构及参数，从而建立系统的数学模型。

设线性定常系统的微分方程的一般形式为

$$\begin{aligned}&a_0\frac{\mathrm{d}^n}{\mathrm{d}t^n}x_0(t)+a_1\frac{\mathrm{d}^{n-1}}{\mathrm{d}t^{n-1}}x_0(t)+\cdots+a_{n-1}\frac{\mathrm{d}}{\mathrm{d}t}x_0(t)+a_nx_0(t)\\&=b_0\frac{\mathrm{d}^m}{\mathrm{d}t^m}x_i(t)+b_1\frac{\mathrm{d}^{m-1}}{\mathrm{d}t^{m-1}}x_i(t)+\cdots+b_{m-1}\frac{\mathrm{d}}{\mathrm{d}t}x_i(t)+b_mx_i(t)\end{aligned} \tag{2-34}$$

式中：$x_o(t)$ 为系统输出量；$x_i(t)$ 为系统输入量；$a_0,a_1,\cdots,a_n$ 及 $b_0,b_1,\cdots,b_m$ 为系统结构参数所决定的实常数。

设初始条件为零，对式(2-34)进行拉普拉斯变换，可得线性定常系统传递函数的一般形式为

$$G(s) = \frac{X_o(s)}{X_i(s)} = \frac{b_0 s^m + b_1 s^{m-1} + + b_{m-1} s + b_m}{a_0 s^n + a_1 s^{n-1} + + a_{n-1} s + a_n} \tag{2-35}$$

2.3.2 特征方程、零点和极点

若在式(2－35)中,令

$$M(s) = b_0 s^m + b_1 s^{m-1} + + b_{m-1} s + b_m$$

$$D(s) = a_0 s^n + a_1 s^{n-1} + + a_{n-1} s + a_n$$

则式(2－35)可表示为

$$G(s) = \frac{X_o(s)}{X_i(s)} = \frac{M(s)}{D(s)} \tag{2-36}$$

式中:$D(s)=0$ 为系统的特征方程,其根称为系统特征根。特征方程决定着系统的稳定性。

根据多项式定理,线性定常系统传递函数的一般形式(即式(2－35))也可写成

$$G(s) = \frac{b_0(s+z_1)(s+z_2)\cdots(s+z_m)}{a_0(s+p_1)(s+p_2)\cdots(s+p_n)} = \frac{M(s)}{D(s)} \tag{2-37}$$

式中:$M(s)=0$ 的根 $s=-z_i(i=1,2,\cdots,m)$ 为传递函数的零点;$D(s)=0$ 的根 $s=-p_j(j=1,2,\cdots,n)$ 为传递函数的极点。

显然,系统传递函数的极点就是系统的特征根。零点和极点的数值完全取决于系统诸参数 $b_0,b_1,\cdots,b_m$ 和 $a_0,a_1,\cdots,a_n$,即取决于系统的结构参数。一般地,零点和极点可为实数(包括零)或复数。若为复数,必共轭成对出现,这是因为系统结构参数均为正实数的缘故。把传递函数的零点、极点表示在复平面上的图形,称为传递函数的零点、极点分布图。如图 2－8 所示。图中零点用"○"表示,极点用"×"表示。

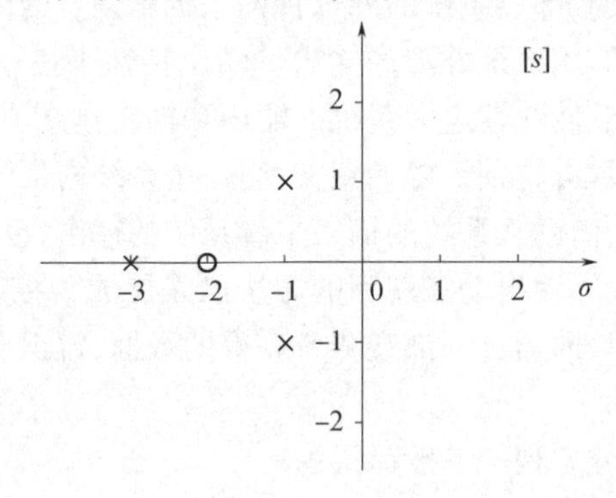

图 2－8　$G(s)=\dfrac{s+2}{(s+3)(s^2+2s+2)}$的零点、极点分布图

2.3.3 关于传递函数的几点说明

(1) 传递函数是经过拉普拉斯变换导出的,而拉普拉斯变换是一种线性积分运算,因此传递函数的概念指适用于线性定常系统。

(2) 传递函数中各项系数值和相应微分方程中各项系数对应相等,完全决定于系统

的结构参数。如前所述,传递函数是系统在复数域中的动态数学模型。传递函数本身是 s 的复变函数。

(3) 传递函数是在零初始条件下定义的,即在零时刻之前,系统对所给定的平衡工作点是处于相对静止状态的。因此,传递函数原则上不能反映系统在非零初始条件下的全部运动定律。

(4) 一个传递函数只能表示一个输入对一个输出的关系,所以只适合于单输入、单输出系统的描述,而且系统内部的中间变量的变化情况,传递函数也无法反映。

(5) 当两个元件串联时,若两者之间存在负载效应,必须将它们归并在一起求传递函数;如果能够做到它们彼此之间没有负载效应(如在电器元件之间加入隔离放大器),则可以分别求传递函数,然后相乘。

2.3.4 典型环节及其传递函数

控制系统一般由若干元件以一定的形式连接而成,这些元件的物理结构和工作原理可以是多种多样的,但从控制理论来看,物理本质和工作原理不同的元件,可以有完全相同的数学模型,亦即具有相同的动态性能。在控制工程中,常常将具有某种确定传递关系的元件、元件组或元件的一份称为一个环节,经常遇到的环节则称为典型环节。这样,任何复杂的系统总可归结为由一些典型环节组成,从而给建立数学模型、研究系统特性带来方便,使问题简化。

如前所述,线性定常系统可用式(2-37)所示的零—极点形式表示,即

$$G(s) = \frac{b_0(s+z_1)(s+z_2)\cdots(s+z_m)}{a_0(s+p_1)(s+p_2)\cdots(s+p_n)} \qquad (n \geqslant m)$$

假设系统有 b 个实数零点、c 对复数零点、d 个实数极点、e 对复数极点和 v 个零极点,则

$$b + 2c = m$$

$$v + d + 2e = n$$

把对应于实数零点 z_i 和实数极点 p_j 的因式变换成如下形式:

$$s + z_i = \frac{1}{\tau_i}(\tau_i s + 1)$$

$$s + p_j = \frac{1}{T_j}(T_j s + 1)$$

式中

$$\tau_i = \frac{1}{z_i}, T_j = \frac{1}{p_j}$$

同时,把对应于共轭复数零点、极点的因式变换成如下形式:

$$(s + z_L)(s + z_{L+1}) = \frac{1}{\tau_L^2}(\tau_L^2 s^2 + 2\xi_L \tau_L s + 1)$$

式中

$$\tau_L = \frac{1}{\sqrt{z_L z_{L+1}}}, \xi_L = \frac{z_L + z_{L+1}}{2\sqrt{z_L z_{L+1}}}$$

而

$$(s+p_k)(s+p_{k+1})=\frac{1}{T_k^2}(T_k^2s^2+2\xi_kT_ks+1)$$

式中

$$T_k=\frac{1}{\sqrt{p_kp_{k+1}}},\xi_k=\frac{p_k+p_{k+1}}{2\sqrt{p_kp_{k+1}}}$$

于是系统传递函数的一般形式可以写成

$$G(s)=\frac{K\prod_{i=1}^{b}(\tau_is+1)\prod_{L=1}^{c}(\tau_L^2s^2+2\xi_L\tau_Ls+1)}{s^v\prod_{j=1}^{d}(T_js+1)\prod_{k=1}^{e}(T_k^2s^2+2\xi_kT_ks+1)} \tag{2-38}$$

式中:K 为系统放大系数,即

$$K=\frac{b_0}{a_0}\prod_{i=1}^{b}\frac{1}{\tau_i}\prod_{L-1}^{c}\frac{1}{\tau_L^2}\prod_{j=1}^{d}T_j\prod_{k=1}^{e}T_k^2$$

由于传递函数这种表达式含有六种不同的因子,因此,一般来说,任何系统都可以看作是由这六种因子表示的环节串联组合,这六种因子就是前面提到的典型环节。

与分子三种因子相对应的环节分别称为:

比例环节　K

一阶微分环节　$\tau s+1$

二阶微分环节　$\tau^2s^2+2\xi\tau s+1$

与分母三种因子相对应的环节分别称为:

积分环节　$\frac{1}{s}$

惯性环节　$\frac{1}{Ts+1}$

振荡环节　$\frac{1}{T^2s^2+2\xi Ts+1}$

实际上,在各类系统特别是机械、液压或气动系统中均会遇到纯时间延迟现象,这种现象可用延迟函数 $g(t-\tau)$ 描述,其时间起点是在 τ 时刻,因为有

$$\mathscr{L}[g(t-\tau)]=\mathscr{L}[g(t)]\mathrm{e}^{-\tau s}=G(s)\mathrm{e}^{-\tau s}$$

所以典型环节还应增加一个延时 $\mathrm{e}^{-\tau s}$。

为了方便地研究系统,熟悉和掌握典型环节的数学模型是十分必要的。下面对各种环节分别进行介绍。

1. 比例环节

输出量不失真、无惯性地跟随输入量,且两者成比例关系的环节称为比例环节。比例环节又称无惯性环节,其运动方程为

$$x_o(t)=Kx_i(t) \tag{2-39}$$

式中:$x_o(t)$,$x_i(t)$ 分别为环节的输出量和输入量;K 为环节的比例系数,等于输出量与输

入量之比。

比例环节的传递函数为

$$G(s)=\frac{X_o(s)}{X_i(s)}=K \tag{2-40}$$

图 2-9 所示的齿轮传动副,若忽略齿侧间隙的影响,则

$$n_i(t)z_1=n_o(t)z_2 \tag{2-41}$$

式中:$n_i(t)$ 为输入轴转速;$n_o(t)$ 为输出轴转速;z_1,z_2 为齿轮齿数。

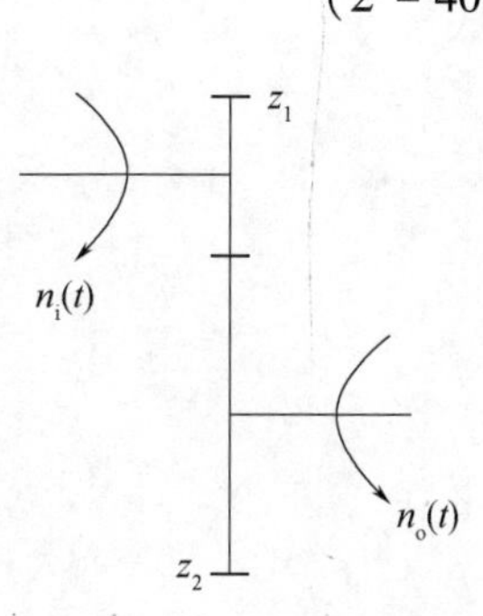

图 2-9　齿轮传动副

式(2-41)经拉普拉斯变换,得

$$N_i(s)z_1=N_o(s)z_2$$

则

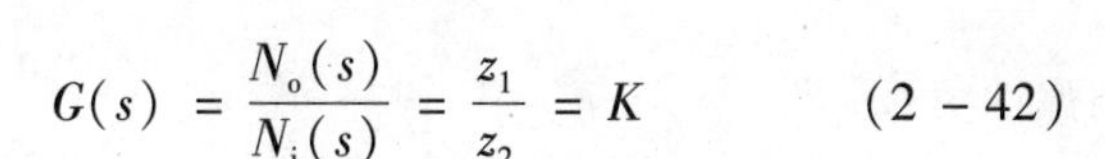

$$G(s)=\frac{N_o(s)}{N_i(s)}=\frac{z_1}{z_2}=K \tag{2-42}$$

2. 惯性环节

凡运动方程为一阶微分方程

$$T\frac{\mathrm{d}}{\mathrm{d}t}x_o(t)+x_o(t)=Kx_i(t)$$

形式的环节为惯性环节。显然,其传递函数为

$$G(s)=\frac{X_o(s)}{X_i(s)}=\frac{K}{Ts+1}$$

式中:K 为惯性环节的放大系数(增益);T 为惯性环节的时间常数,表征了环节的惯性,它和环节结构参数有关。

由于惯性环节中含有一个储能元件,所以当输入量突然变化时,输出量不能跟着突变,而是按指数规律逐渐变化,惯性环节的名称由此而来。

图 2-10 为弹簧(刚度为 K)和阻尼器(阻尼系数为 B)组成的一个环节,其运动方程为

$$B\frac{\mathrm{d}x_0}{\mathrm{d}t}+Kx_o(t)=Kx_i(t)$$

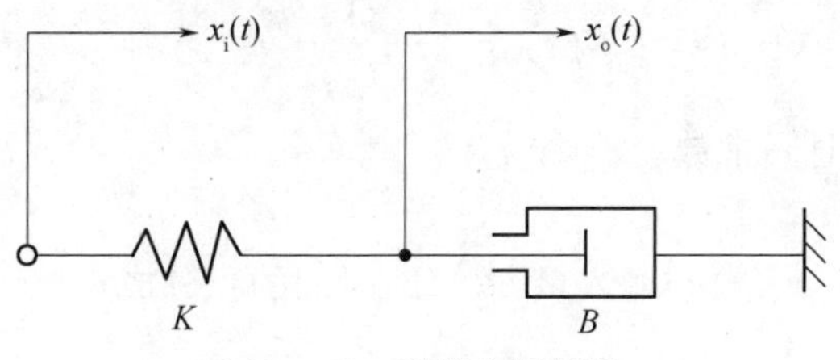

图 2-10　弹簧和阻尼器

传递函数为

$$G(s)=\frac{K}{Bs+K}=\frac{1}{Ts+1}$$

式中：T 为惯性环节的时间常数，$T = B/K$。

图 2－11 所示为液压缸驱动系数为 K 的弹性负载和阻尼系数为 B 的阻尼负载。设流入油缸的油液压力 p 为输入量，活塞的位移 x 为输出量。液压缸的作用力为

$$F = pA$$

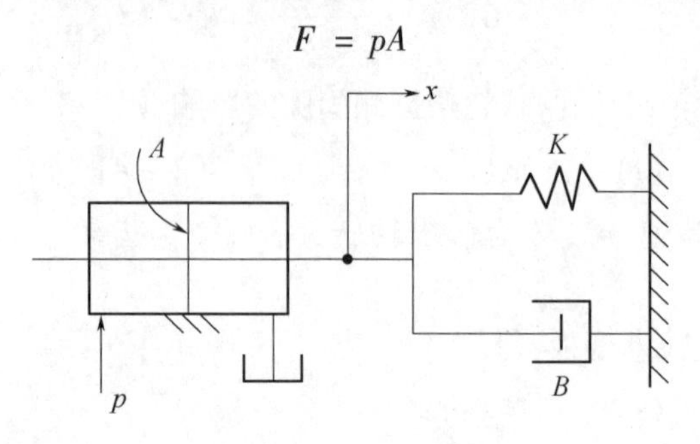

图 2－11　阻尼负载

该力用于克服阻尼和弹性负载，即

$$F = B\frac{\mathrm{d}x}{\mathrm{d}t} + Kx$$

合并以上两式，得其运动方程式

$$B\frac{\mathrm{d}x}{\mathrm{d}t} + Kx = Ap$$

传递函数为

$$G(s) = \frac{X(s)}{P(s)} = \frac{A}{Bs + K} = \frac{A/K}{Ts + 1}$$

式中：T 为惯性环节的时间常数，$T = B/K$；$\frac{A}{K}$为惯性环节的放大系数。

3. 微分环节

凡输出量正比于输入量的微分的环节称为微分环节，其运动方程式为

$$x_o(t) = T\frac{\mathrm{d}x_i}{\mathrm{d}t} \tag{2-43}$$

传递函数为

$$G(s) = \frac{X_o(s)}{X_i(s)} = Ts \tag{2-44}$$

式中：T 为微分环节的时间常数。

4. 积分环节

积分环节的输出量 $x_o(t)$ 与输入量 $x_i(t)$ 对时间的积分成正比，即

$$x_o(t) = \frac{1}{T}\int_0^t x_i(t)\mathrm{d}t \tag{2-45}$$

其传递函数为

$$G(s) = \frac{X_o(s)}{X_i(s)} = \frac{1}{Ts} \tag{2-46}$$

式中:T 为微分环节的时间常数。

5. 振荡环节

振荡环节含有两个独立的储能元件,而且所储存的能量能够互相转换,从而导致输出带有振荡的性质。这种环节的微分方程式为

$$T^2\frac{\mathrm{d}^2x_0}{\mathrm{d}t^2}+2\xi T\frac{\mathrm{d}x_0}{\mathrm{d}t}+x_o(t)=Kx_i(t) \tag{2-47}$$

其传递函数为

$$G(s)=\frac{X_o(s)}{X_i(s)}=\frac{K}{T^2s^2+2\xi Ts+1} \tag{2-48}$$

式中:T 为振荡环节的时间常数;ξ 为阻尼比;K 为比例系数。

振荡环节传递函数的另一种常用标准形式($K=1$)为

$$G(s)=\frac{X_o(s)}{X_i(s)}=\frac{\omega_n^2}{s^2+2\xi\omega_n s+\omega_n^2} \tag{2-49}$$

式中:$\omega_n=\dfrac{1}{T}$为无阻尼固有频率。

6. 二阶微分环节

二阶微分环节的输出量 $x_o(t)$ 不仅决定于输入量 $x_i(t)$ 本身,而且还决定于输入量的一阶和二阶导数。这种环节的微分方程式为

$$x_o(t)=K\left[\tau^2\frac{\mathrm{d}^2x_i(t)}{\mathrm{d}t^2}+2\xi\tau\frac{\mathrm{d}x_i(t)}{\mathrm{d}t}+x_i(t)\right] \tag{2-50}$$

式中:K 为比例系数;τ 为二阶微分环节的时间常数;ξ 为阻尼比。

其传递函数为

$$G(s)=\frac{X_o(s)}{X_i(s)}=K(\tau^2s^2+2\xi\tau s+1) \tag{2-51}$$

表 2-1 列出了机械、液压和电系统中相应的典型环节和传递函数。

表 2-1 常见环节的工程实例

名称及传递函数	机械例	液压例	电例
比例环节 $G(s)=K$	$K=\dfrac{1}{i}$	$K=\dfrac{1}{A}$	$K=\dfrac{1}{R}$
积分环节 $G(s)=\dfrac{K}{s}$	$K=\pi D$	$K=\dfrac{1}{A}$	$K=\dfrac{1}{C}$

(续)

名称及传递函数	机械例	液压例	电例
微分环节 $G(s)=Ks$	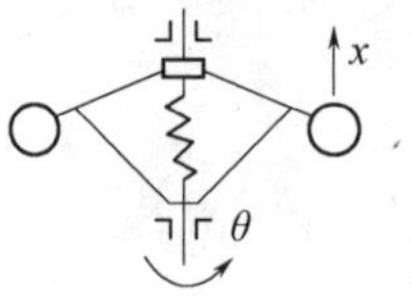 x θ	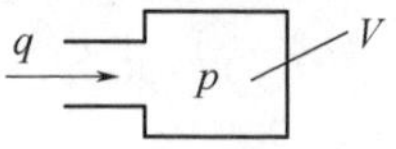 q p V $K=\frac{V}{\beta_e}$	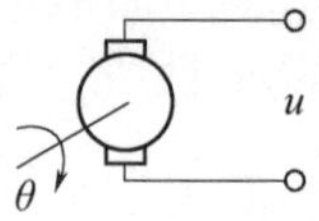 u θ $K=K_1$
惯性环节 $G(s)=\frac{K}{Ts+1}$	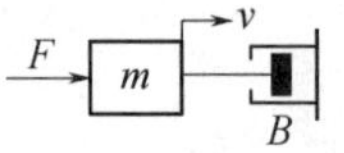 F m v B $K=\frac{1}{B}T=\frac{m}{B}$	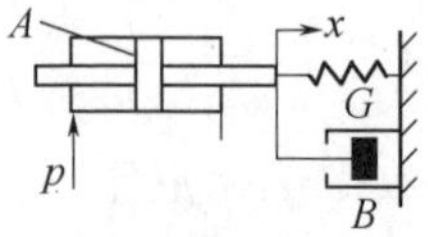 A x G p B $K=\frac{A}{G}T=\frac{B}{G}$	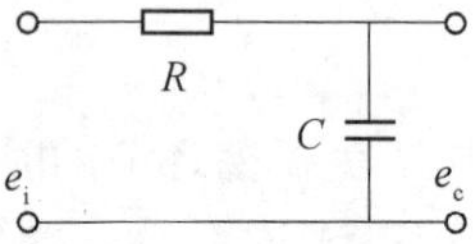 R C e_i e_c $K=1T=RC$
一阶微分环节 $G(s)=K(Ts+1)$		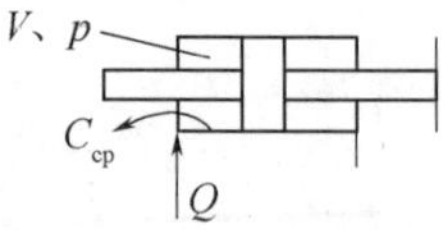 V、p C_{ep} Q $K=C_{ep}T=\frac{V}{\beta_e C_{ep}}$	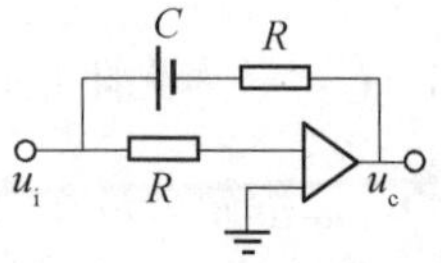 C R u_i R u_c $K=1T=RC$
振荡环节 $G(s)=\frac{K}{\frac{s^2}{\omega^2}+\frac{2\xi}{\omega}s+1}$	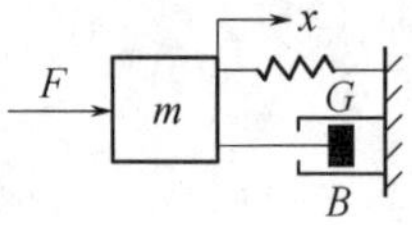 F m x G B $K=\frac{1}{G}$ $\omega=\sqrt{\frac{G}{m}}$ $\xi=\frac{\beta}{\sqrt{mG}}$	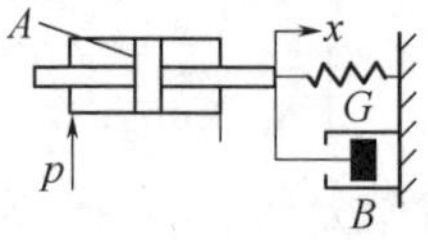 A x G p B $K=\frac{1}{A}\omega=\sqrt{\frac{4\beta_e A^2}{Vm}}$ $\xi=\frac{B}{4A}\sqrt{\frac{V}{\beta_e m}}$	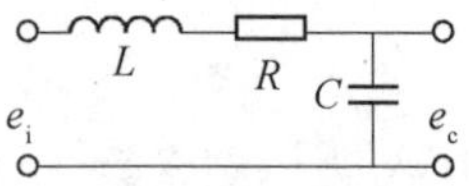 L R C e_i e_c $K=1\omega=\frac{1}{\sqrt{LC}}$ $\xi=\frac{RC}{2\sqrt{LC}}$
延迟环节 $G(s)=Ke^{-\tau s}$	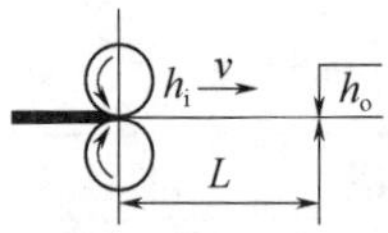 h_i v h_o L $K=1\tau=\frac{L}{v}$	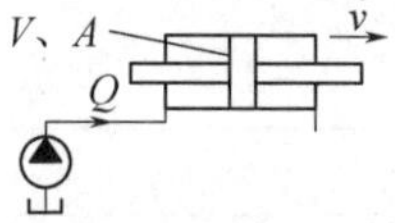 V、A v Q $K=\frac{1}{A}\tau=\frac{V}{Q}$	 u_i 芯片 u_c

2.4 系统框图和信号流图

2.4.1 系统框图

控制系统一般是由许多元件组成的,为了表明元件在系统中的功能,形象、直观地描述系统中信号传递、变换的过程,以及便于进行系统分析和研究,经常要用到系统框图。系统框图是系统数学模型的图解形式,在控制工程中得到了广泛应用。此外,采用框图更容易求取系统的传递函数。

1. 框图的结构要素

图2-12所示为一控制系统的框图。从图中可以看出，框图是由一些符号组成的，有表示信号输入和输出的通路及箭头，有表示信号进行加减的求和点，还有一些表示环节的方框和将信号引出的引出线。一般认为系统框图由三种要素组成：函数方框、求和点和引出线。

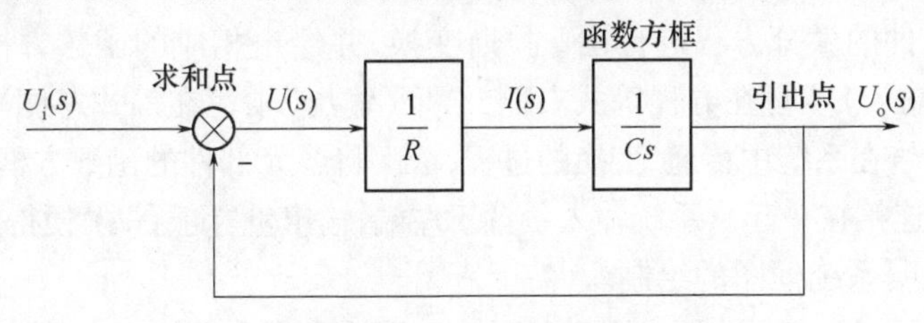

图2-12　系统框图

（1）函数方框　函数方框是传递函数的图解表示，如图2-13所示，方框两侧为输入量和输出量，方框内写入该输入输出之间的传递函数。函数方框具有运算功能，即

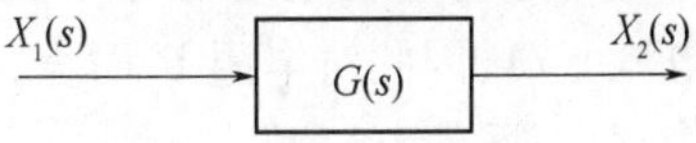

$X_1(s)$　$G(s)$　$X_2(s)$

图2-13　函数方框

$$X_2(s) = G(s)X_1(s)$$

应当指出，输出信号的量纲等于输入信号的量纲与传递函数量纲的乘积。

（2）求和点　求和点是信号之间代数加减运算的图解，用符号⊗及相应的信号箭头表示，每一个箭头前方的+号或-号表示加上此信号或减去此信号。几个相邻的求和点可以互换、合并、分解，即满足代数加减运算的交换律、结合律、分配率，如图2-14所示，它们都是等效的。显然，只有性质和因次相同的信号才能进行比较、叠加。

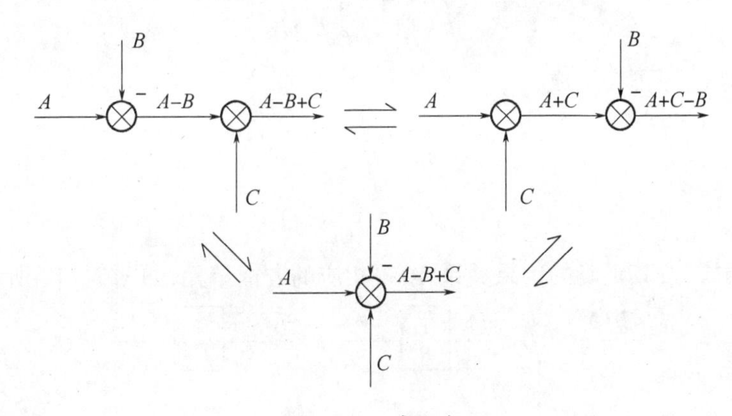

图2-14　求和点

（3）信号引出线　同一个信号需要输送到不同地方去时，可用引出线表示，它表示信号引出或测量的位置和传递方向，如图2-15所示。从同一信号线上引出的信号，其性质、大小完全一样。

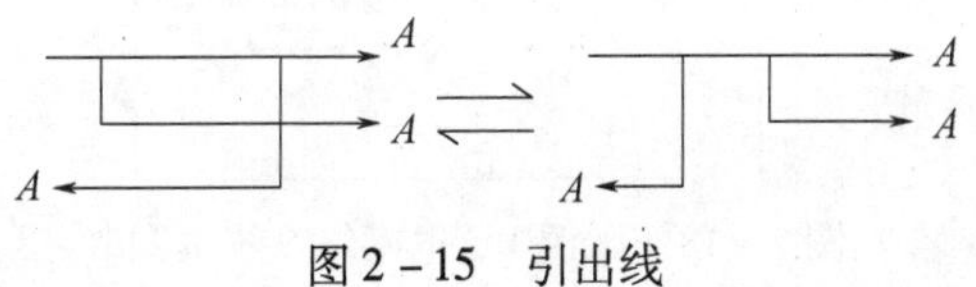

图2-15　引出线

任何线性系统都可以由函数方框、求和点和引出线组成的框图来表示。

2. 系统框图的建立

建立系统框图的步骤如下：

(1) 建立系统各元部件的微分方程。列写方程时，应注意明确信号的因果关系，即分清元件方程的自变量（输入量）、因变量（输出量）。

(2) 对元部件的微分方程进行拉普拉斯变换，并绘出相应的函数方框，为便于绘制，一般规定原因（输入）项写在方程等式右侧，结果（输出）项写在等式左侧。

(3) 按照信号在系统中传递、变换的过程，依次将各元部件的函数方框连接起来（同一变量的信号通路连接在一起），系统输入量置于左端，输出量置于右端，便得到系统的框图。

下面举例说明系统框图的绘制。

例 2.7 图 2－16 所示为无源 RC 电网络。设输入端电压 $u_i(t)$、输出端电压 $u_o(t)$ 分别为系统的输入量、输出量。

从电容 C 充电过程可知，输入端施加电压 $u_i(t)$ 后，在电阻 R 上将有压降，从而产生电流 $i(t)$，因此对电阻 R 而言，$u_i(t)$ 是因，$i(t)$ 是果。由于 $u_o(t)$ 的存在，将使电阻上的压降减小，而使 $i(t)$ 减小，当 $u_o(t)$ 等于 $u_i(t)$ 时，$i(t)$ 等于零，系统达到稳定。

根据上述讨论，依据基尔霍夫定律，系统的因果方程组为

$$Ri(t) = u_i(t) - u_o(t)$$

$$u_o(t) = \frac{1}{C}\int i(t)\,\mathrm{d}t$$

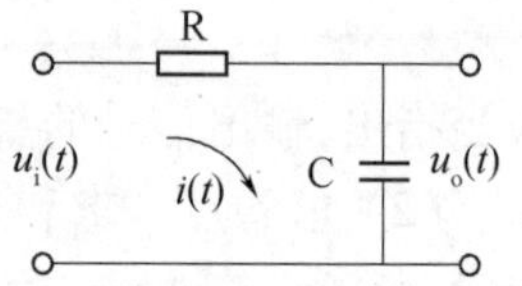

图 2－16 无源 RC 电网络

在零初始条件下，对以上两式进行拉普拉斯变换，得

$$RI(s) = U_i(s) - U_o(s)$$

$$U_o(s) = \frac{1}{Cs}I(s)$$

为清楚起见，还可表示成

$$I(s) = \frac{1}{R}[U_i(s) - U_o(s)]$$

$$U_o(s) = \frac{1}{Cs}I(s)$$

根据上两式，按其正确的因果关系，绘得相应的方框单元，如图 2－17 所示。

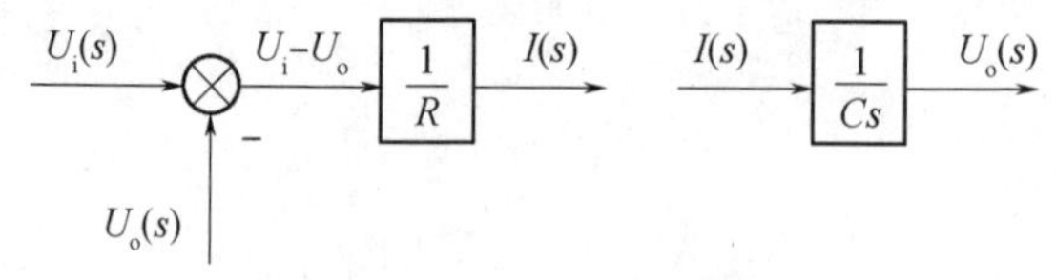

图 2－17 RC 电网络方框单元

最后将各方框单元按信号传递关系正确连接起来，可得图 2－18 所示的系统框图。

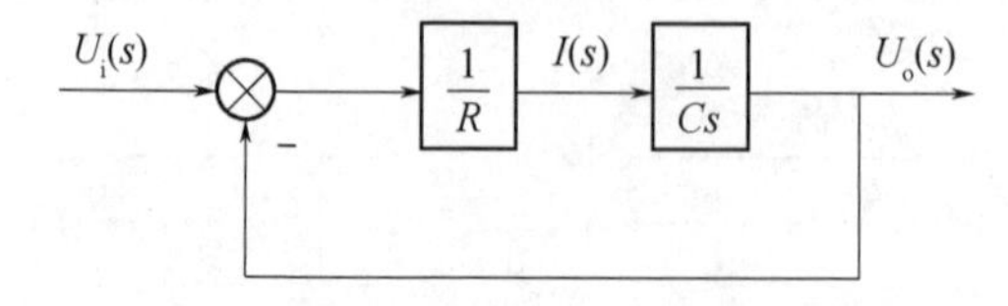

图 2－18 无源 RC 电网络系统框图

例 2.8 图 2－19 所示为一机械系统。设作用力 $f_{\mathrm{i}}(t)$、位移 $x_{\mathrm{o}}(t)$ 分别为系统的输入量、输出量。

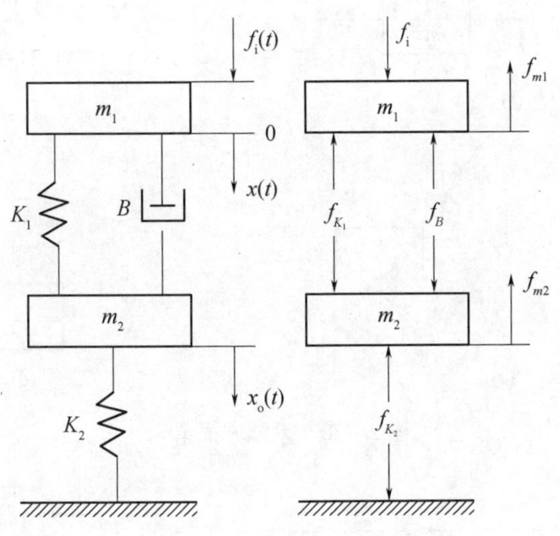

图 2－19 机械系统

外力 $f_{\mathrm{i}}(t)$ 的作用使 m_1 产生速度并有位移 $x(t)$，m_1 的速度和位移分别使阻尼器和弹簧产生黏性阻尼力 $f_B(t)$ 和弹性力 $f_{K_1}(t)$。$f_B(t)$、$f_{K_1}(t)$ 一方面作用于质量块 m_2，使之产生速度并有位移 $x_{\mathrm{o}}(t)$；另一方面，依牛顿第三定律，又反馈作用于 m_1，从而影响到力 $f_{\mathrm{i}}(t)$ 的作用效果。m_2 位移 $x_{\mathrm{o}}(t)$ 的结果是使刚度为 K_2 的弹簧产生弹性力 $f_{K_2}(t)$，它反作用于 m_2 上。

根据以上分析，按牛顿定律，系统方程组为

$$\begin{cases} m_1\ddot{x}(t) = f_{\mathrm{i}}(t) - f_B(t) - f_{K_1}(t) \\ f_{K_1}(t) = K_1[x(t) - x_{\mathrm{o}}(t)] \\ f_B(t) = B\left(\dfrac{\mathrm{d}x}{\mathrm{d}t} - \dfrac{\mathrm{d}x_0}{\mathrm{d}t}\right) \\ m_2\ddot{x}_{\mathrm{o}}(t) = f_{K_1}(t) + f_B(t) - f_{K_2}(t) \\ f_{K_2}(t) = K_2x_{\mathrm{o}}(t) \end{cases}$$

以上各方程中，等式右边包含了原因项，等式左边包含了结果项（各元件的输出）。

对系统方程进行拉普拉斯变换，得

$$X(s) = \frac{1}{m_1s^2}[F_{\mathrm{i}}(s) - F_B(s) - F_{K_1}(s)]$$

$$F_{K_1}(s) = K_1[X(s) - X_{\mathrm{o}}(s)]$$

$$F_B(t) = Bs[X(s) - X_{\mathrm{o}}(s)]$$

$$X_{\mathrm{o}}(s) = \frac{1}{m_2s^2}[F_{K_1}(s) + F_B(s) - F_{K_2}(s)]$$

$$F_{K_2}(s) = K_2X_{\mathrm{o}}(s)$$

各方程对应的方框单元如图 2－20 所示。将各方框单元按信号传递顺序及关系联系起来，如图 2－21 所示，即得到该机械系统的框图。

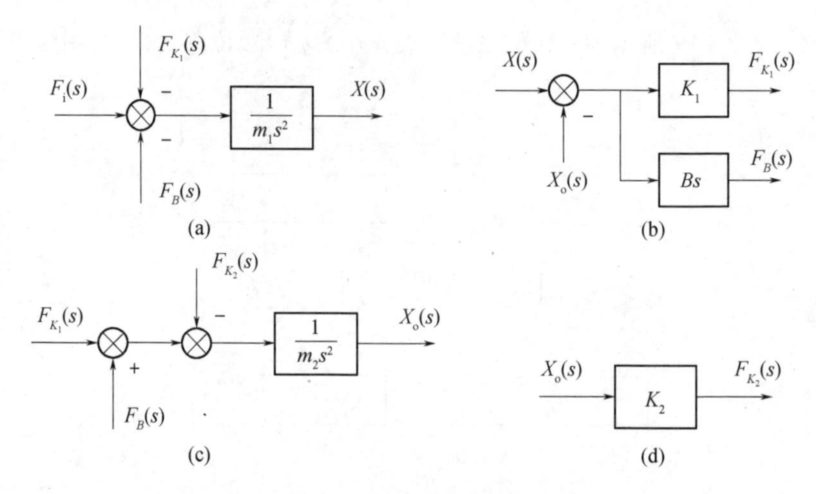

图 2-20 系统方框单元

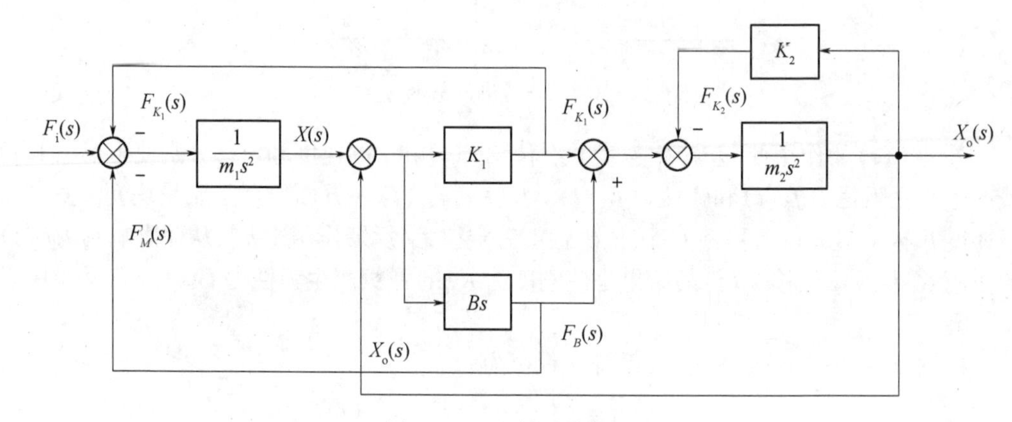

图 2-21 机械系统框图

2.4.2 系统框图的简化

为了分析系统的动态性能,需要对系统的框图进行运算和变换,求出总的传递函数。这种运算和变换,就是设法将系统框图化为一个等效的方框,而方框中的数学表达式即为系统的总传递函数。系统框图的变换应按等效原则进行。所谓等效,即对系统框图的任一部分进行变换时,变换前、后输入与输出之间总的数学关系应保持不变。显然,变换的实质相当于对所描述系统的方程组进行消元,求出系统输入与输出的总关系式。

1. 方框的运算法则

从前述的一些实例中可以看出,方框的基本连接形式可分为三种:串联、并联和反馈连接。

(1) 串联连接 方框与方框首尾相连,前一方框的输出就是后一方框的输入,如图 2-22(a)所示,前后方框之间无负载效应。

方框串联后总的传递函数,等于每个方框单元传递函数的乘积,如图 2-22(b)所示。

(2) 并联连接 多个方框具有同一输入,而以各方框单元输出的代数和作为总输出,如图 2-23(a)所示。

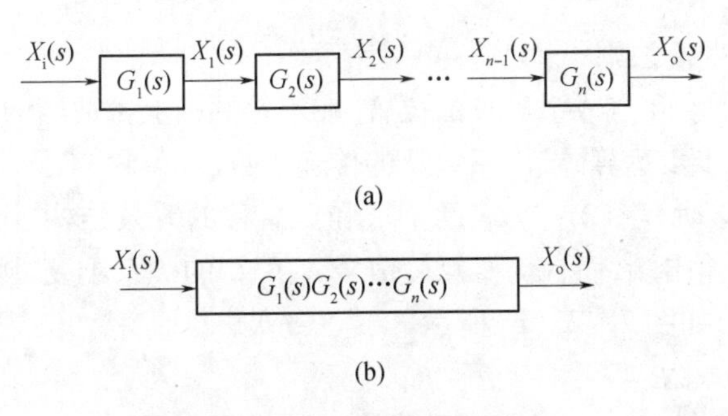

图 2-22　方框串联连接

方框并联后的总的传递函数，等于所有并联方框单元传递函数之和，如图 2-23(b)所示。

(3) 反馈连接　一个方框的输出输入到另一个方框，得到的输出再返回作用于前一个方框的输入端，这种结构称为反馈连接，如图 2-24 所示。

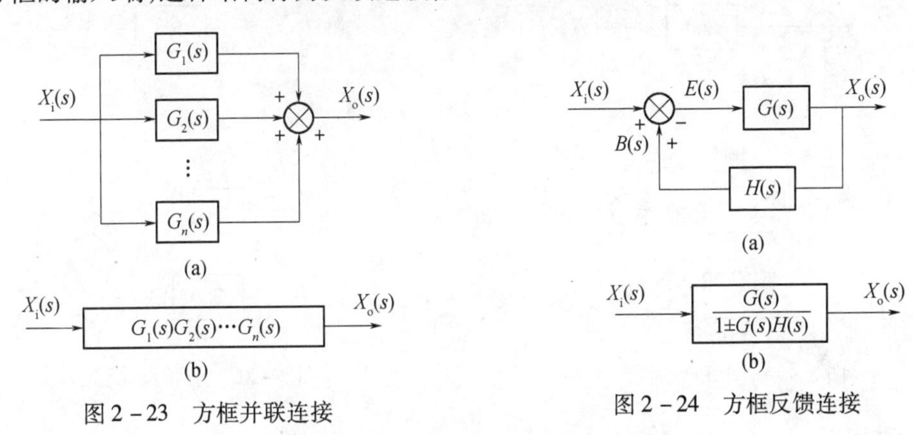

图 2-23　方框并联连接

图 2-24　方框反馈连接

由图 2-24(a)，按信号传递的关系，可写出

$$X_o(s) = G(s)H(s)$$
$$E(s) = X_i(s) \mp B(s)$$
$$B(s) = H(s)X_o(s)$$

消去 $E(s)$、$B(s)$，得

$$X_o(s) = G(s)[X_i(s) \mp H(s)X_o(s)]$$
$$[1 \pm G(s)H(s)]X_o(s) = G(s)X_i(s)$$

因此，得闭环传递函数

$$\Phi(s) = \frac{X_o(s)}{X_i(s)} = \frac{G(s)}{1 \pm G(s)H(s)}$$

式中，分母上的加号对应于负反馈，减号对应于正反馈。

方框反馈连接后，其闭环传递函数等于前向通道的传递函数除以 1 加(或减)前面通道与反馈通道传递函数的乘积，如图 2-24(b)所示。

任何复杂系统的框图，都不外乎是由串联、并和反馈三种基本连接方式的方框交织组成的，但要实现上述三种运算，必须将复杂的交织状态变换为可运算的状态，这就要进行方框的等效变换。

2. 方框的等效变换法则

方框变换就是将求和点或引出点的位置,在等效原则上做适当的移动,消除方框之间的交叉连接,然后一步步运算,求出系统总的传递函数。

(1) 求和点的移动　图 2-25 表示了求和点后移的等效结构。将 $G(s)$ 方框前的求和点后移到 $G(s)$ 的输出端,而且仍要保持信号 A、B、C 的关系不变,则在被移动的通路上必须串入 $G(s)$ 方框,如图 2-25(b)所示。

移动前,信号关系为

$$C = G(s)(A \pm B)$$

移动后,信号关系为

$$C = G(s)A \pm G(s)B$$

因为 $G(s)(A \pm B) = G(s)A \pm G(s)B$,所以它们是等效的。

图 2-26 表示了求和点前移的等效结构。

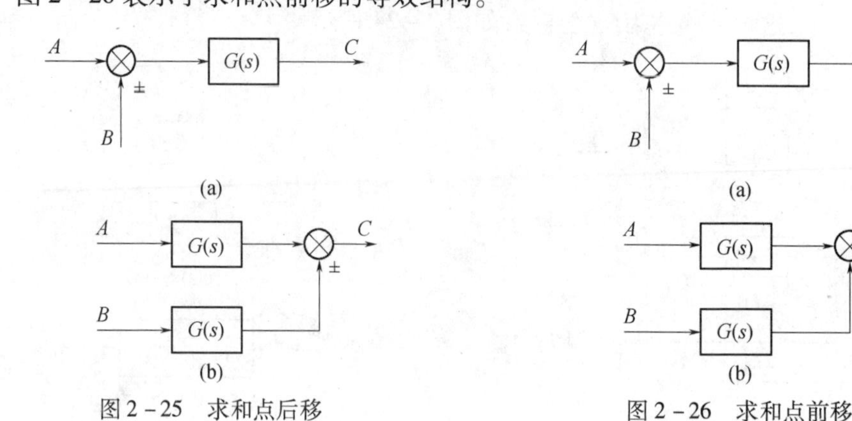

图 2-25　求和点后移

图 2-26　求和点前移

移动前,有

$$C = G(s)A \pm B$$

移动后,有

$$C = G(s)\left[A + \frac{1}{G(s)}B\right] = G(s)A \pm B$$

两者是完全等效的。

(2) 引出点的移动　图 2-27 给出了引出点前移的等效结构。将 $G(s)$ 方框输出端的引出点移动到 $G(s)$ 的输入端,仍要保持总的信号不变,则在被移动的通路上应该串入 $G(s)$ 的方框,如图 2-27(b)所示。

移动前,引出点引出的信号为

$$C = G(s)A$$

移动后,引出点引出的信号仍要保证为 C,即

$$C = G(s)A$$

图 2-28 给出了引出点后移的等效变换。显然,移动后的输出 A 仍为

$$A = \frac{1}{G(s)}G(s)A = A$$

为了便于计算,建议读者尽可能采用求和点后移和引出点前移的等效变换法则。

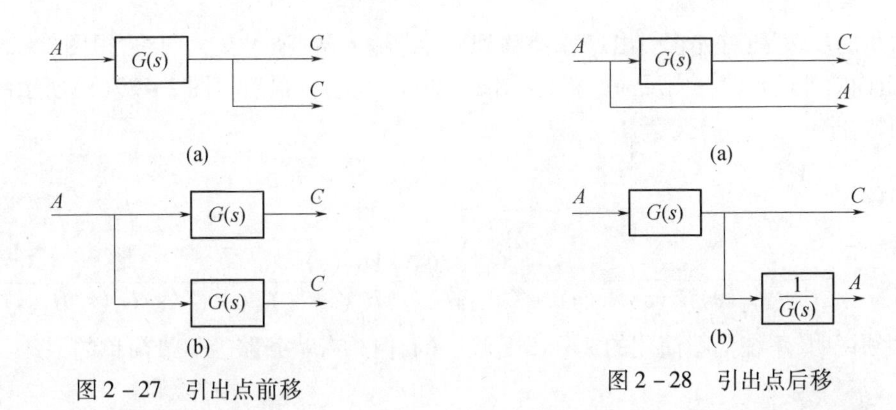

图 2－27　引出点前移

图 2－28　引出点后移

3. 由系统框图求传递函数

下面以图 2－29(a)所示多回路系统为例，具体说明如何运用等效变换法则，逐步将一个比较复杂系统简化为一个方框，最后求得其传递函数。简化的关键是移动求和点和引出点，消去交叉回路，变换成可以运算的反馈连接回路。

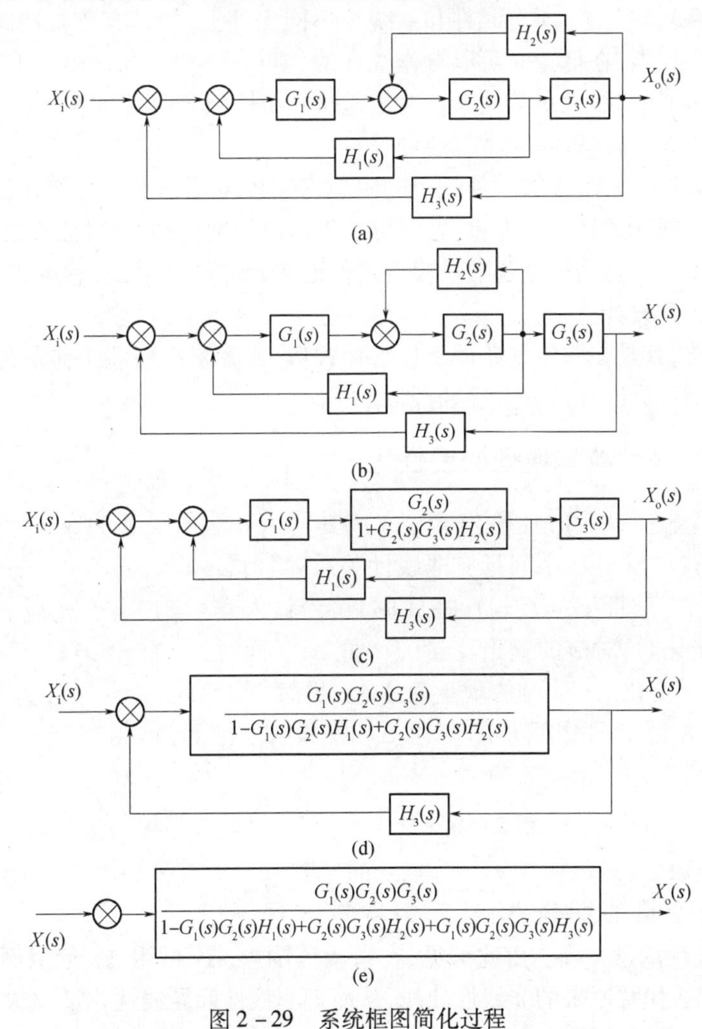

图 2－29　系统框图简化过程

这里的步骤是：首先将引出点 A 前移到 $G_3(s)$ 输入端，消去交叉回路，得图 2－29(b)。然后，由内向外逐个消去内反馈回路，得图 2－29(c)、(d)。最后得图 2－29(e)所示的系统传递函数，即

$$G(s)=\frac{X_o(s)}{X_i(s)}$$

$$=\frac{G_1(s)G_2(s)G_3(s)}{1-G_1(s)G_2(s)H_1(s)+G_2(s)G_3(s)H_2(s)+G_1(s)G_2(s)G_3(s)H_3(s)}$$

必须说明，系统框图简化的途径不是唯一的，但总有一条路径是最简单的。

2.5 非线性数学模型的线性化

2.5.1 线性化问题的提出

自然界中并不存在真正的线性系统，而所谓的线性系统，也只是在一定的工作范围内保持其线性关系。实际上，所有元件和系统在不同程度上，均具有非线性的性质。例如，机械系统中的阻尼器，在低速时可以看作线性的，但在高速时，黏性阻尼力则与运动速度的平方成正比，而为非线性函数关系。对于包含非线性函数关系的系统来说，非线性数学模型的建立和求解，其过程是非常复杂的。

为了绕过非线性系统在数学处理上的困难，对于大部分元件和系统来说，当信号或变量变化范围不大或非线性不太严重时，都可以近似地线性化，即用线性化数学模型来代替非线性数学模型。一旦用线性化数学模型近似地表示非线性系统，就可以运用线性理论对系统进行分析和设计。

所谓线性化，就是在一定的条件下作某种近似，或者缩小一些工作范围，而将非线性微分方程近似地作为线性微分方程处理。

2.5.2 非线性数学模型的线性化

假设有一个输入为 $x(t)$、输出为 $y(t)$、其输入—输出关系为 $y=f(x)$ 的系统，如图 2－30所示，$y(t)$ 与 $x(t)$ 中间具有非线性关系。$A(x_0, y_0)$ 为系统的工作点，即 $y_0=f(x_0)$，在 A 附近，当输入变量 $x(t)$ 作 Δx 变化时，对应的输出变量的增量 Δy。而对于 A 点的切线，x 变化 Δx 时，y 的增量为 $\Delta y'$。显然，当 x 在平衡工作点 A 附近只作微小的变化 Δx 时，则 $\Delta y\approx\Delta y'$，故可近似地认为

$$\Delta y=\Delta y'=\Delta x\tan\alpha \qquad (2-52)$$

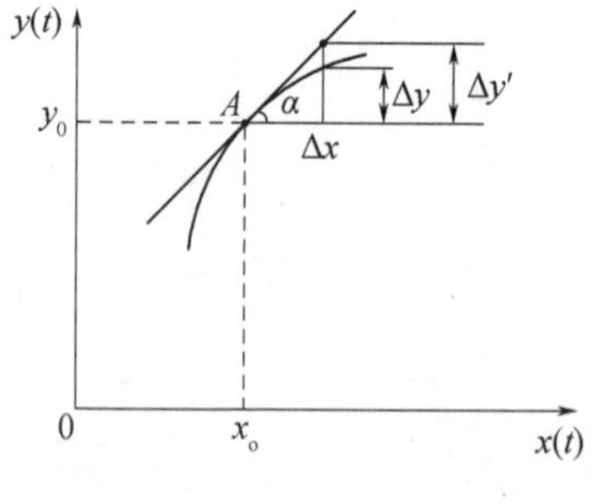

图 2－30 非线性关系线性化

式中：$\tan\alpha$ 为函数 $y=f(x)$ 在 $A(x_0, y_0)$ 点处的导数。

以增量为变量的微分方程，称为增量方程，故式(2－52)为线性增量方程。由此可见，在滑动范围内，Δy 可用 $\Delta y'$ 近似而和 Δx 有线性关系，即可用切线代替原来的非线性曲线，从而把非线性问题线性化了。这种线性方法称为滑动线性化法或切线法。

滑动线性化的这种近似，对大多数控制系统来说都是可行的。首先，控制系统在通常情况下，都有一个正常的稳定的工作状态，称为平衡工作点。例如，当系统的输入或输出相对于正常工作状态发生微小偏差时，系统会立即进行控制调节，力图消除此偏差，因此可以看出，这种偏差是“小偏差”，不会很大。

滑动线性化法这种近似，用数学方法处理，就是将变量的非线性函数展开成泰勒级数，分解成这些变量在某工作状态附近的小增量的表达式，然后略去高于一次小增量的项，就可获得近似的线性函数。

对于以一个自变量作为输入量的非线性函数 $y=f(x)$，在平衡工作点 (x_0,y_0) 附近展开成泰勒级数，则有

$$y=f(x)=f(x_0)+\left.\frac{\mathrm{d}f(x)}{\mathrm{d}x}\right|_{x=x_0}(x-x_0)+\frac{1}{2!}\left.\frac{\mathrm{d}^2f(x)}{\mathrm{d}x^2}\right|_{x=x_0}(x-x_0)^2+\frac{1}{3!}\left.\frac{\mathrm{d}^3f(x)}{\mathrm{d}x^3}\right|_{x=x_0}(x-x_0)^3+\cdots$$

略去高于一次增量 $\Delta x=x-x_0$ 的项，便有

$$y=f(x_0)+\left.\frac{\mathrm{d}f(x)}{\mathrm{d}x}\right|_{x=x_0}(x-x_0) \tag{2-53}$$

或

$$y-y_0=\Delta y=K\Delta x \tag{2-54}$$

式中：$y_0=f(x_0)$ 为系统的静态方程；$K=\left.\frac{\mathrm{d}f(x)}{\mathrm{d}x}\right|_{x=x_0}$。

式(2-53)或式(2-54)就是非线性系统的线性化数学模型。式(2-54)为增量方程。

若输出变量 y 与输入变量 x_1、x_2 有非线性关系，即 $y=f(x_1、x_2)$，那么同样地将这个方程式在工作点 $(x_{10}、x_{20})$ 附近展开成泰勒级数，并忽略二阶和高阶倒数项，便可得到 y 的线性化方程为

$$y=f(x_{10},x_{20})+\left.\frac{\partial f}{\partial x_1}\right|_{\substack{x_1=x_{10}\\x_2=x_{20}}}(x_1-x_{10})+\left.\frac{\partial f}{\partial x_2}\right|_{\substack{x_1=x_{10}\\x_2=x_{20}}}(x_2-x_{20}) \tag{2-55}$$

写成增量方程，则有

$$y-y_0=\Delta y=K_1\Delta x_1+K_2\Delta x_2 \tag{2-56}$$

式中：$y_0=f(x_{10}、x_{20})$ 为系统静态方程；$K_1=\left.\frac{\partial f}{\partial x_1}\right|_{\substack{x_1=x_{10}\\x_2=x_{20}}}$，$K_2=\left.\frac{\partial f}{\partial x_2}\right|_{\substack{x_1=x_{10}\\x_2=x_{20}}}(x_2-x_{20})$；$\Delta x_1=x_1-x_{10}$，$\Delta x_2=x_2-x_{20}$。

2.5.3 系统线性化微分方程的建立

建立系统线性化数学模型的步骤是：首先确定系统处于正常工作状态（平衡工作点）时各组成元件的工作点，然后列出各组成元件在工作点附近的增量方程，最后消去中间变量，得到系统以增量表示的线性化微分方程。如果系统中的某些元件方程本来就是线性方程，为了变量统一，可对线性方程两端直接取增量，得到以增量表示的方程。增量方程的数学含义就是将参考坐标的原点移到系统或元件的平衡工作点上，对于实际系统就是

以正常工作状态为研究系统运动的起始点,这时系统所有的初始条件均为零。

图2-31所示为一液压伺服机构。其工作原理是:当滑阀右移时,液压缸左腔与高压油路连通,于是高压油进入液压缸左腔,而从右腔流出的油液则是低压的。在液压缸两腔的压力差作用下,活塞向右移动。这样,便实现了活塞对滑阀的随动和功率放大。操纵滑阀只要很小的功率,而活塞可以输出很大的功率。对于滑阀来说,流经其发口的流量 q_L 与阀的开口量 x 和负载压力 p_L 有关,即是 x 和 p_L 的函数。一般来说,变量 q_L 与 x 和 p_L 间的关系,可以用下面的非线性方程表示:

$$q_L = f(x, p_L) \tag{2-57}$$

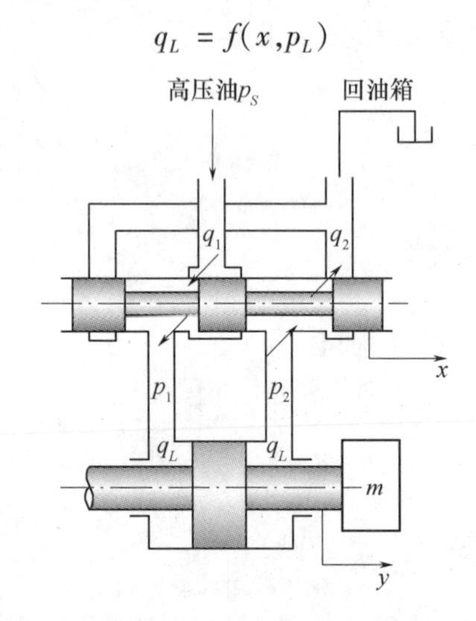

图2-31 液压伺服机构

x—滑阀的位移输入; y—液压缸活塞位移输出; q_L—负载流量; p_L—负载压力; $p_L = p_1 - p_2$; m—负载质量。

把这一非线性方程在平衡工作点(q_{L0}, x_0, p_{L0})附近线性化,按式(2-56),得

$$q_L - q_{L0} = \Delta q_L = \left.\frac{\partial f}{\partial x}\right|_{\substack{x=x_0 \\ p_L=p_{L0}}} \Delta x + \left.\frac{\partial f}{\partial p_L}\right|_{\substack{x=x_0 \\ p_L=p_{L0}}} \Delta p_L \tag{2-58}$$

式(2-58)可写成

$$\Delta q_L = K_q \Delta x + K_c \Delta p_L$$

即

$$q_L = K_q x + K_c p_L \tag{2-59}$$

式中:K_q 为流量增益,它表示因滑阀位移而引起的流量变化,$K_q = \left.\frac{\partial f}{\partial x}\right|_{\substack{x=x_0 \\ p_L=p_{L0}}}$;$K_c$ 为流量-压力系数,它表示因压力变化而引起的流量变化,$K_c = \left.\frac{\partial f}{\partial p_L}\right|_{\substack{x=x_0 \\ p_L=p_{L0}}}$。

式(2-59)即为滑阀的线性化微分方程。

对于任何结构形式的阀来说,负载压力增大,负载流量 q_L 总是减小的,为使定义的系数本身为正,故 K_c 前冠以负号。

最后,必须指出,线性化处理应注意下列几点:

(1) 必须确定系统处于平衡状态时各组成元件的工作点,因为在不同的工作点,线性

化方程的系数值有所不同,即非线性曲线上各点的斜率(导数)是不同的。

(2) 线性化是以直线代替曲线,略去了泰勒级数展开式中的二阶以上无穷小项,这是一种近似处理。如果系统输入量工作在较大范围内,所建立的线性化数学模型必会带来较大的误差。所以,非线性数学模型线性化是有条件的。

(3) 对于某些典型的本质非线性,如继电器特性、间隙、死区、摩擦性等(图2-32),其非线性特性是不连续的,则在不连续点附近不能得出收敛的泰勒级数,这时就不能进行线性化。当它们对系统影响很小时,可予简化而忽略不计;当它们不能不考虑时,只能作为非线性问题处理,这时需应用非线性理论。

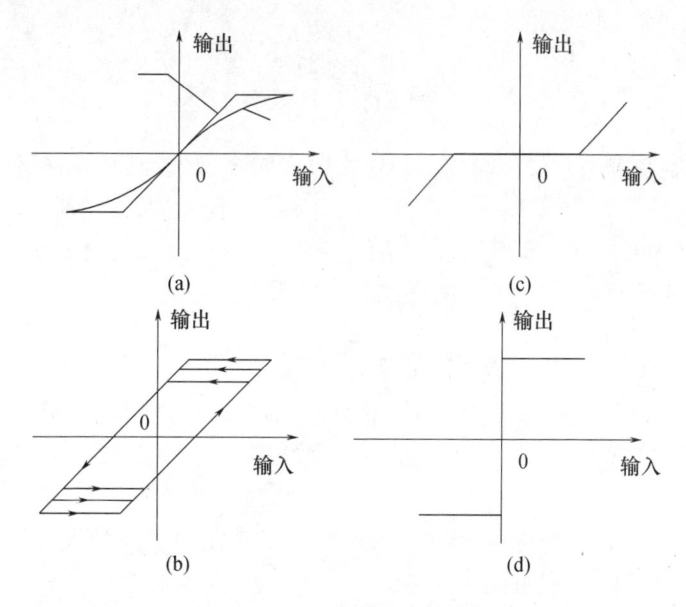

图2-32 典型的本质非线性

(a) 饱和非线性; (b) 死区非线性;(c) 间隙非线性;(d) 继电器非线性。

2.6 控制系统传递函数推导举例

以上论述了控制系统数学模型的基本概念、解析建模的方法和步骤,以及数学模型的图解表示方法。下面通过实例进一步说明如何把实际系统抽象为数学模型,如何用解析方法和图解方法来推导系统的传递函数。必须重申,建立系统数学模型是关键性的步骤。

2.6.1 机械系统

在控制系统中,经常要将旋转运动变成直线运动。例如用电动机和丝杆螺母装置可控制工作台直线运动。例如用电动机和丝杠螺母装置可控制工作台沿直线运动,如图2-33所示,这时可用一等效转动惯量直接连接到驱动电动机的简单系统来表示。工作台等直线运动部件的质量 m,按等功原理可折算到电动机轴上,如图2-33(b)所示,其等效转动惯量为

$$J = m\left(\frac{L}{2\pi}\right)^2$$

式中:L 为丝杠螺距,即丝杠每转一周工作台移动的直线距离。

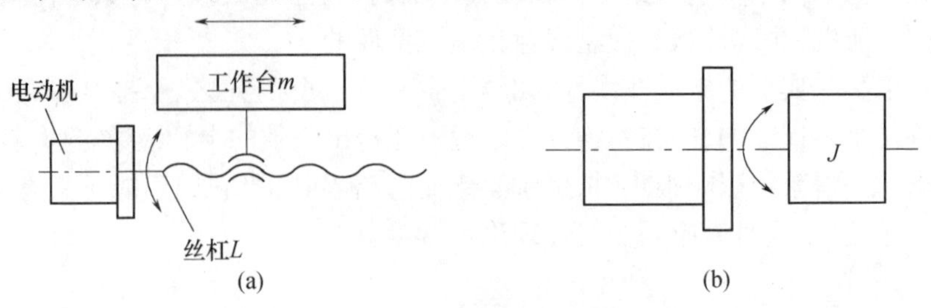

图 2-33　机械进给装置

(a) 实际系统;(b) 等效系统。

此外,在控制系统中常用齿轮传动装置来改变转矩、转速和角位移,使系统的能量从一处传到系统的另一处。图 2-34(a)表示一对啮合的齿轮副,转动惯量和摩擦均忽略不计,显然,齿轮副中转矩 $T_1(t)$ 和 $T_2(t)$,角位移 $\theta_1(t)$ 和 $\theta_2(t)$,角速度 $\omega_1(t)$ 和 $\omega_2(t)$,齿轮 z_1 和 z_2 以及分度圆半径 r_1 和 r_2 间存在如下关系:

$$\frac{T_1}{T_2} = \frac{\theta_1}{\theta_2} = \frac{z_1}{z_2} = \frac{w_2}{w_1} = \frac{r_1}{r_2} \tag{2-60}$$

事实上,实际的齿轮副是具有转动惯量的,且啮合齿轮之间的支承中存在黏性阻尼,这些常常是不能忽略的。图 2-34(b)是齿轮副的等效表示法,它把黏性阻尼、转动惯量都当成集中参数。

图 2-34 中:θ_1,θ_2 为角位移;T_1,T_2 为齿轮传递转矩;J_1,J_2 为齿轮(包括轴)转动惯量;z_1,z_2 为齿数;B_1,B_2 为黏性阻尼系数。

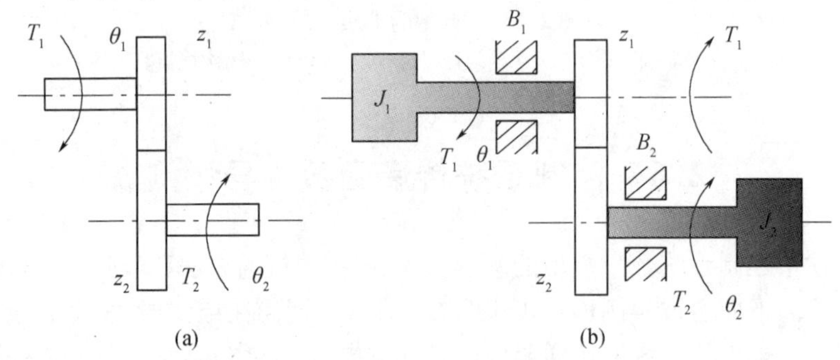

图 2-34　齿轮传动系统

(a) 齿轮副;(b) 等效齿轮副。

齿轮 2 的转矩方程可写成

$$T_2(t) = J_2\frac{d^2\theta_2(t)}{dt^2} + B_2\frac{d\theta_2(t)}{dt} \tag{2-61}$$

齿轮 1 的转矩方程为

$$T(t) = J_1\frac{d^2\theta_1(t)}{dt^2} + B_1\frac{d\theta_1(t)}{dt} + T_1(t) \tag{2-62}$$

式中：$T(t)$为作用转矩，即齿轮 1 的输入转矩。

利用式(2-60)中的 $T_1(t)=\frac{z_1}{z_2}T_2(t)$，$\theta_2(t)=\frac{z_1}{z_2}\theta_1(t)$，可将式(2-61)变成

$$T_1(t)=\left(\frac{z_1}{z_2}\right)^2 J_2\frac{\mathrm{d}^2\theta_1(t)}{\mathrm{d}t^2}+\left(\frac{z_1}{z_2}\right)^2 B_2\frac{\mathrm{d}\theta_1(t)}{\mathrm{d}t} \tag{2-63}$$

式(2-63)表明，可以把转动惯量、黏性阻尼、转矩、转速和角位移从齿轮副的一侧折算到另一侧。因此，可以得出齿轮 2 折算到齿轮 1 的下列各量：

转动惯量 $\left(\frac{z_1}{z_2}\right)^2 J_2$

黏性阻尼系数 $\left(\frac{z_1}{z_2}\right)^2 B_2$

转矩 $\frac{z_1}{z_2}T_2$

角位移 $\frac{z_2}{z_1}\theta_2$

转速 $\frac{z_2}{z_1}\omega_2$

将式(2-63)代入式(2-62)，得

$$T(t)=J_1\frac{\mathrm{d}^2\theta_1}{\mathrm{d}t^2}+B_1\frac{\mathrm{d}\theta_1(t)}{\mathrm{d}t} \tag{2-64}$$

式中：$J_1=J_1+\left(\frac{z_1}{z_2}\right)^2 J_2$ 为齿轮 1 上的等效转动惯量；$B_1=B_1+\left(\frac{z_1}{z_2}\right)^2 B_2$ 为齿轮 1 上的等效黏性阻尼系数。

如果考虑扭转弹性变形效应，则由齿轮 2 折算到齿轮 1 时，刚度系数也应乘以 $(Z_1/Z_2)^2$。就是说，若齿轮 2 上的扭转刚度系数为 K_2，齿轮 1 上的扭转刚度系数为 K_1，则折算后齿轮 1 上的等效刚度 K_1 为

$$K_1=\frac{1}{\frac{1}{K_1}+\frac{1}{(Z_1/Z_2)^2K_2}} \tag{2-65}$$

2.6.2 热电偶温度传感器的传递函数

热电偶温度传感器的工作原理将在第 6 章进行介绍，这里以热电偶温度传感器为对象，通过传热学的基本原理来建立其传递函数。

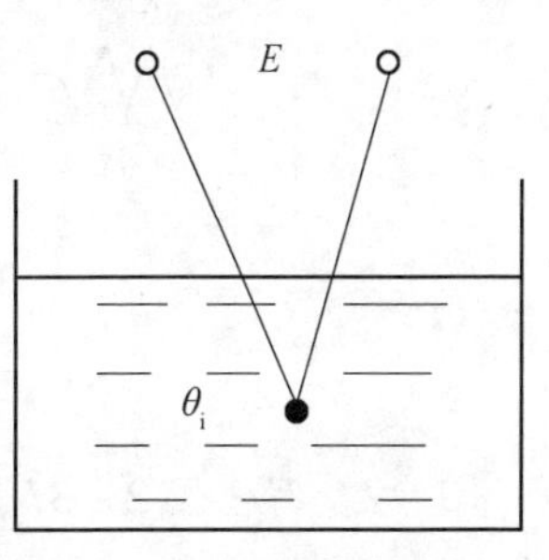

图 2-35 热电偶测温

图 2-35 是用热电偶测量流体温度的示意图。设被测介质温度为 θ_i，热电偶输出电势为 E，热电偶温度为 θ_0。R 为被测介质与热电偶间的放热热阻，C 为热电偶的热容量，K_θ 为热电偶的比例系数。热电偶的热电势为

$$E = K_\theta \theta_0 \tag{2-66}$$

被测介质流向热电偶的热流量为

$$q = \frac{1}{R}(\theta_i - \theta_0) \tag{2-67}$$

热电偶接点温度为

$$C\frac{\mathrm{d}\theta_0}{\mathrm{d}t} = q \tag{2-68}$$

可以得到微分方程为

$$RC\frac{\mathrm{d}E}{\mathrm{d}t} + E = K_\theta \theta_i$$

按传递函数的定义

$$G(s) = \frac{E(s)}{\theta_i(s)} = \frac{K_\theta}{RCs + 1} \tag{2-69}$$

写成规范形式为

$$G(s) = \frac{K}{Ts + 1} \tag{2-70}$$

式中：$T = RC$ 为热电偶的时间常数；$K = K_\theta$ 为热电偶的放大系数。

习　题

2－1　试建立如图2－36所示各系统的动态微分方程，并说明这些动态方程之间有什么特点。图中位移 x_1 为系统输入量；位移 x_2 为系统输出量；K、K_1 和 K_2 为弹簧刚度系数；B 为黏性阻尼系数。

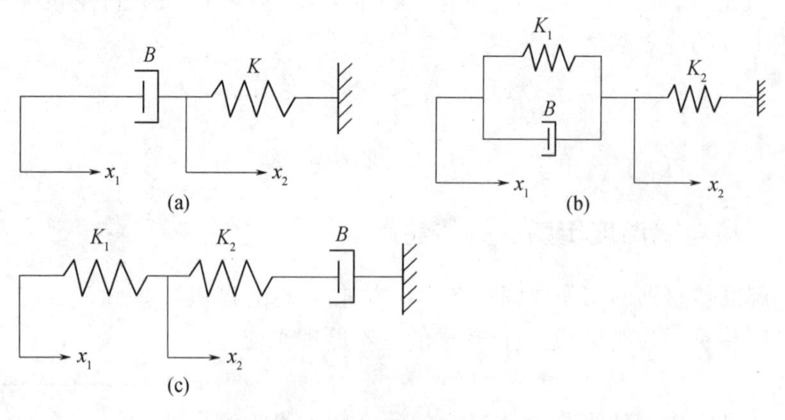

图2－36　习题2－1图

2－2　写出图2－37所示机械系统的运动微分方程式。图中，外加力 $f(t)$ 为输入，位移 x_2 为输出。

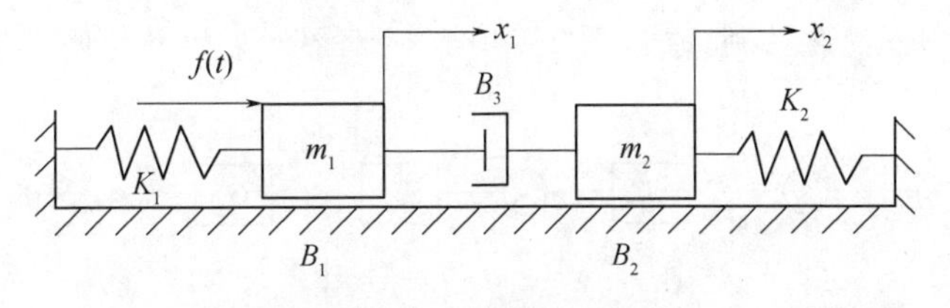

图 2－37　习题 2－2 图

2－3　使用部分分式法求下列函数的拉普拉斯反变换：

(1) $G(s)=\dfrac{s}{(s+a)(s-b)}$；　　(2) $G(s)=\dfrac{s+3}{(s+1)(s+2)}$；

(3) $G(s)=\dfrac{s+c}{(s+a)(s+b)^2}$；　　(4) $G(s)=\dfrac{1}{(s+b)^2(s+4)}$；

(5) $G(s)=\dfrac{s}{(s+1)^2(s+2)}$；　　(6) $G(s)=\dfrac{10}{s(s^2+4)(s+1)}$。

2－4　证明图 2－38(a)、(b)所示系统具有相同形式的传递函数。

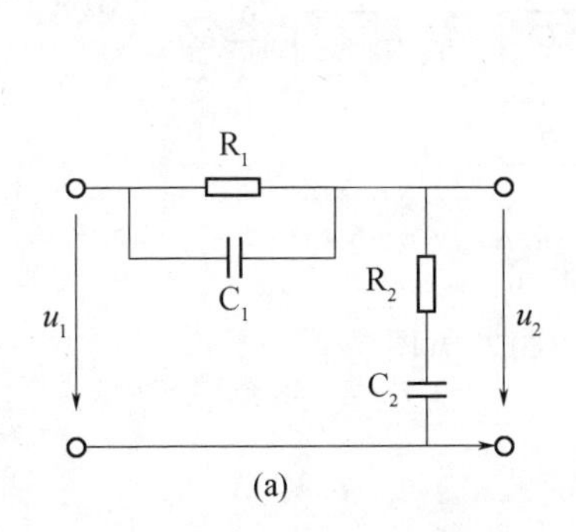

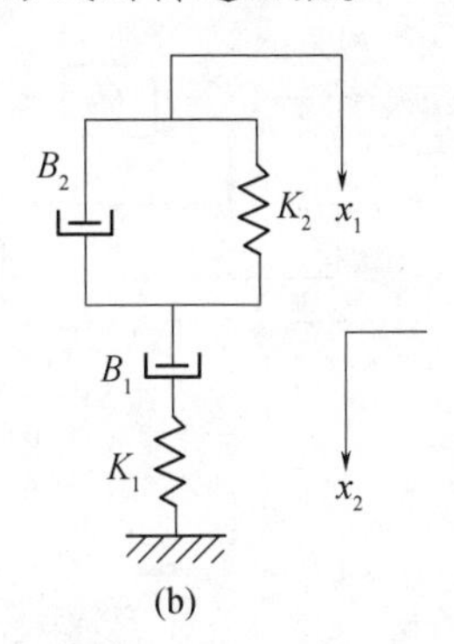

图 2－38　习题 2－4 图

2－5　按信息传递和转换过程，绘出图 2－39 所示机械系统的框图。

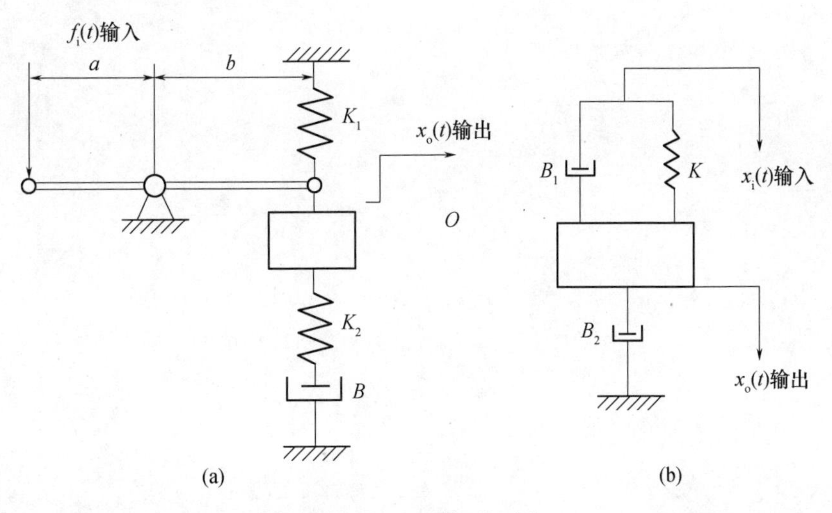

图 2－39　习题 2－5 图

2-6　基于方框简化法则，求取图2-40所示框图对应的系统闭环传递函数。

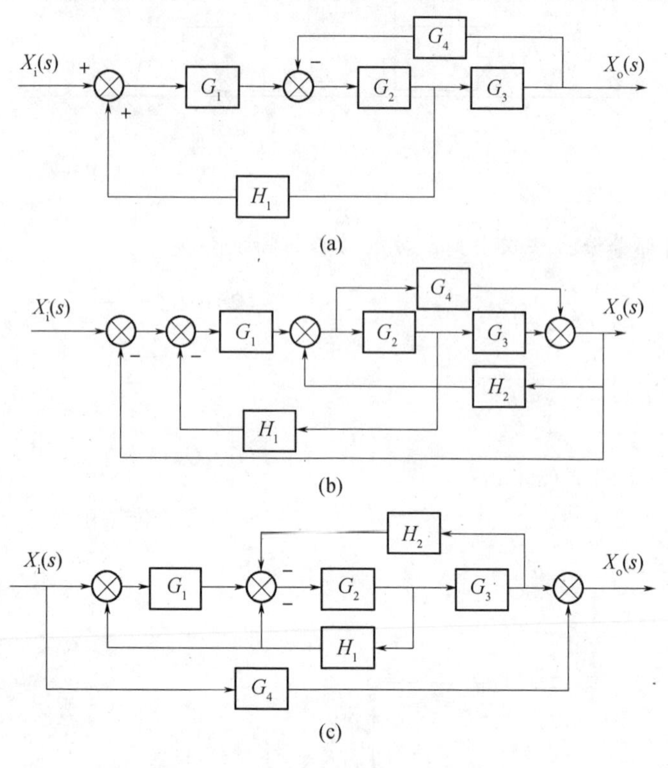

图2-40　习题2-6图

第3章　时间响应分析

机电控制系统的运行在时域中最为直观。当系统输入某些典型信号时,利用拉普拉斯变换中的终值定理,可以了解当时间 $t\to\infty$ 时系统的输出情况,即稳态状况;但对动态系统来说,更重要的是要了解系统加上输入信号后其输出随时间变化的情况,我们希望系统响应满足稳、准、快。另外,我们还希望从动力学的观点分析研究机械系统随时间变化的运动规律。以上就是时间响应分析所要解决的问题。

3.1　时域响应以及典型输入信号

首先给出瞬态响应和稳态响应的定义。

瞬态响应:系统在某一输入信号作用下其输出量从初始状态到稳定状态的响应过程。

稳态响应:当某一信号输入时,系统在时间趋于无穷大时的输出状态。

稳态也称为静态,瞬态响应也称为过渡过程。

在分析瞬态响应时,往往选择典型输入信号,这有如下好处:

(1) 数学处理简单,给定典型信号下的性能指标,便于对系统进行分析和综合。

(2) 典型输入的响应往往可以作为分析复杂输入时系统性能的基础。

(3) 便于进行系统辨识,确定未知环节的传递函数。

从第2章的知识可知,温度传感器的传递函数是一个惯性环节,将温度传感器置于特定温度下,其输出和时间的关系就是一个典型的时间响应。

3.1.1　阶跃函数

阶跃函数指输入变量有一个突然的定量变化,例如输入量的突然加入或突然停止等,如图3-1所示,其数学表达式为

$$x_i(t)=\begin{cases}a & (t>0)\\0 & (t<0)\end{cases}$$

式中:a 为常数。当 $a=1$ 时,该函数称为单位阶跃函数。

3.1.2　斜坡函数

斜坡函数也称作速度函数,斜坡函数指输入变量是等速度变化的,如图3-2所示,其函数表达式为

$$x_{\mathrm{i}}(t)=\begin{cases}at & (t>0)\\0 & (t<0)\end{cases}$$

式中:a 为常数。当 $a=1$ 时,该函数称为单位斜坡函数。

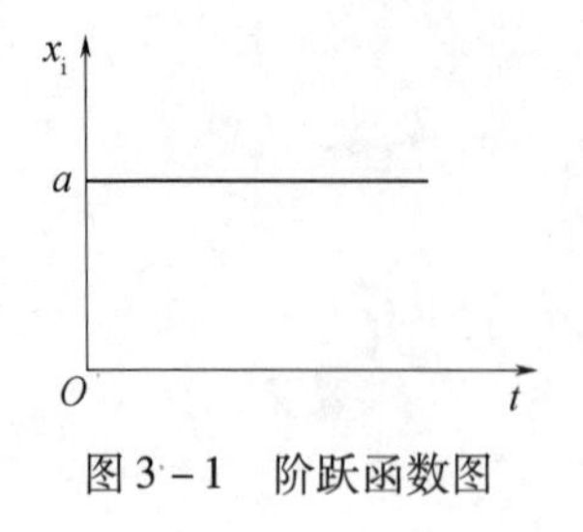

图 3－1　阶跃函数图

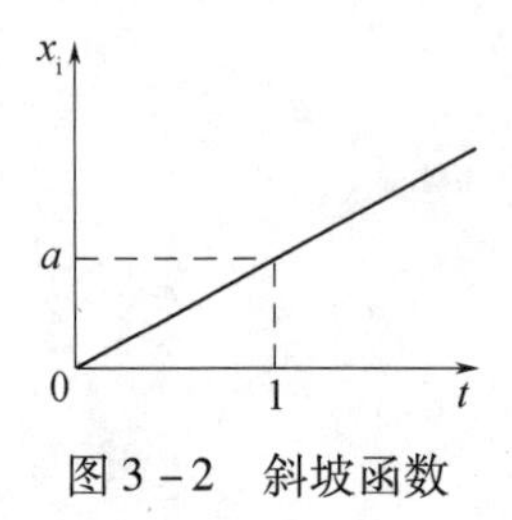

图 3－2　斜坡函数

3.1.3　加速度函数

加速度函数指输入变量是等加速度变化的，如图 3－3 所示，其数学表达式为

$$x_i(t) = \begin{cases} at^2 & (t > 0) \\ 0 & (t < 0) \end{cases}$$

式中：a 为常数。当 $a = \frac{1}{2}$ 时，该函数称为单位加速度函数。

3.1.4　脉冲信号

脉冲信号的函数表达式可以表示为

$$x_i(t) = \begin{cases} \lim\limits_{t_0 \to 0} \frac{a}{t_0} & (0 < t < t_0) \\ 0 & (t < 0 \text{ 或 } t > t_0) \end{cases}$$

式中：a 为常数。因此，当 $0 < t < t_0$ 时，该函数值为无穷大。

脉冲函数如图 3－4 所示，其脉冲高度为无穷大，持续时间为无穷小，脉冲面积为 a，因此，通常脉冲强度是以其面积 a 衡量的。当面积 $a = 1$ 时，脉冲函数称为单位脉冲函数，又称 δ 函数。当系统输入为单位脉冲函数时，其输出响应称为脉冲响应函数。由于 δ 函数有一个很重要的性质，即其拉普拉斯变换等于 1，因此系统传递函数即为脉冲响应函数的象函数。

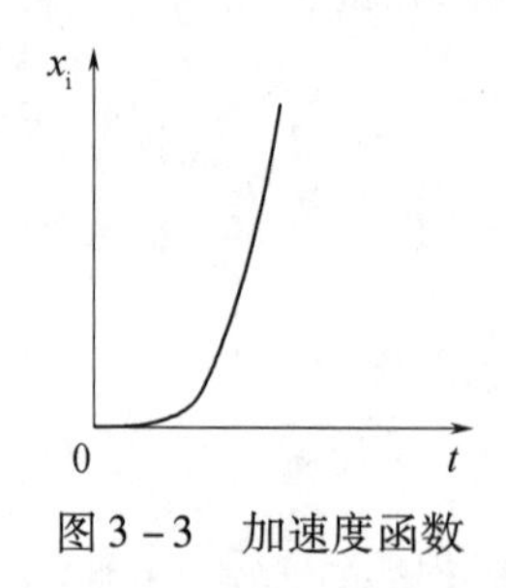

图 3－3　加速度函数

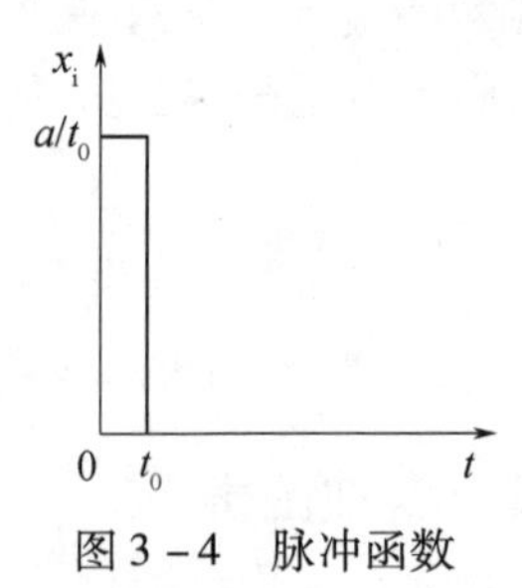

图 3－4　脉冲函数

当系统输入任一时间函数时，如图 3－5 所示，可将输入线号分割为 n 个脉冲，当 $n \to \infty$ 时，输入函数 $x(t)$ 可看成 n 个脉冲叠加响应函数的卷积，脉冲响应函数因此又得名权函数。

如果 $x(t)$ 在 $t = 0$ 处包含一个脉冲函数，那么，其拉普拉斯变换的积分下限必须明确指出是 0^-，因此此时 $L_+[x(t)] \neq L_-[x(t)]$。

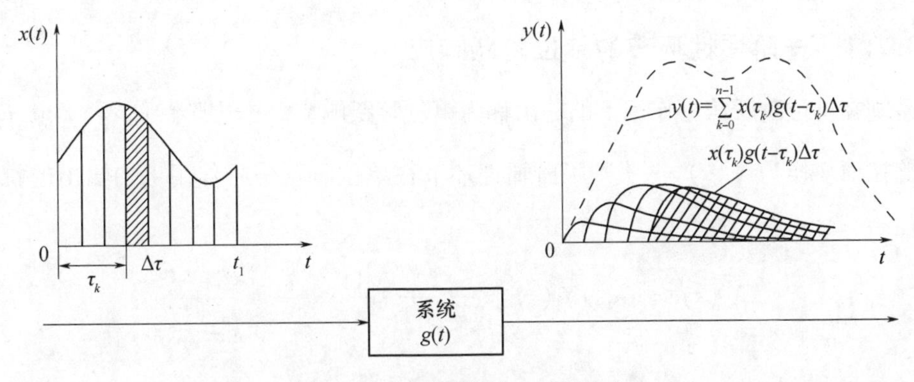

图 3-5 任意函数输入下的响应

如果 $x(t)$ 在 $t=0$ 处不含脉冲函数，则 $L_+[x(t)]=L_-[x(t)]$，其积分下限可不必注明是 0^-。

3.1.5 正弦函数

正弦函数如图 3-6 所示，其数学表达式为

$$x_i(t)=\begin{cases}a\sin\omega t & (t>0)\\0 & (t<0)\end{cases}$$

选择哪种函数作为典型输入信号，应视不同系统的具体工作状况而定。例如，如果控制系统的输入量是随时间逐渐变化的函数，像机床、雷达天线、火炮、温控装置等，则选择斜坡函数较为合适；如果控制系统的输入量是脉冲量，像导弹发射，则选择脉冲函数较为适当；如果控制系统的输入量是随时间变化的往复运动，像研究机床振动，则选择正弦函数为好；如果控制系统的输入量是突然变化的，像突然合电、断电，则选择阶跃函数为宜。值得注意的是，时域的性能指标往往是选择阶跃函数作为输入来定义的。

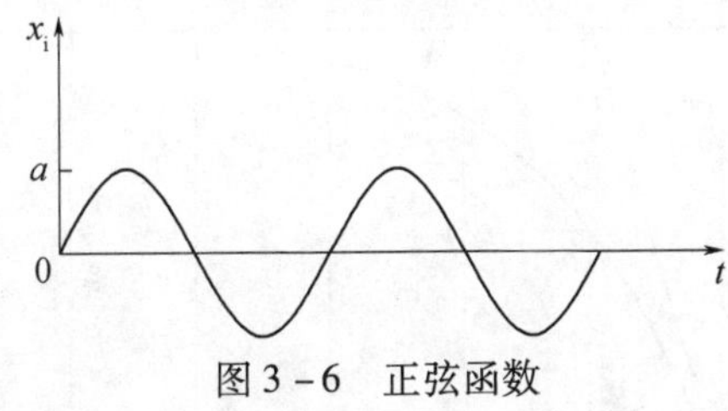

图 3-6 正弦函数

3.2 一阶系统的时间响应

凡是能够用一阶微分方程描述的系统称为一阶系统，它的典型形式是一阶惯性环节，其传递函数为

$$G(s)=\frac{X_o(s)}{X_i(s)}=\frac{1}{Ts+1}$$

式中：T 为时间常数。

下面分析一阶惯性环节在典型输入信号作用下的时间响应。

3.2.1　一阶惯性环节的单位阶跃响应

系统在单位阶跃信号作用下的输出称为单位阶跃响应。单位阶跃信号 $x_i(t)=1(t)$ 的拉普拉斯变换为 $X_i(s)=\frac{1}{s}$，则一阶惯性环节在单位阶跃信号作用下的输出的拉普拉斯变换为

$$X_o(s)=G(s)X_i(s)=\frac{1}{Ts+1}\cdot\frac{1}{s}=\frac{1}{s}-\frac{1}{s+\frac{1}{T}}$$

将上式进行拉普拉斯反变换，得出一阶惯性环节的单位阶跃响应为

$$x_o(t)=L^{-1}[X_o(s)]=1-e^{-\frac{1}{T}t}\quad(t\geqslant 0)\tag{3-1}$$

根据式(3-1)，当 t 取 T 的不同倍数时，可得出表 3-1 所列的数据。

表 3-1　一阶惯性环节的单位阶跃响应

t	0	T	$2T$	$3T$	$4T$	$5T$	…	∞
$x_o(t)$	0	0.632	0.865	0.950	0.982	0.993	…	1

前述的将温度传感器置于恒定温度下所得到的时间响应就是这里的一阶惯性环节的阶跃响应(不一定是单位阶跃)。一阶惯性环节在单位阶跃信号作用下的时间响应曲线如图 3-7 所示，它是一条单调上升的指数曲线，其值随着自变量的增大而趋近于稳态值 1。从式(3-1)和图 3-7 中可以看得出：

(1) 一阶惯性环节是稳定的，无振荡。

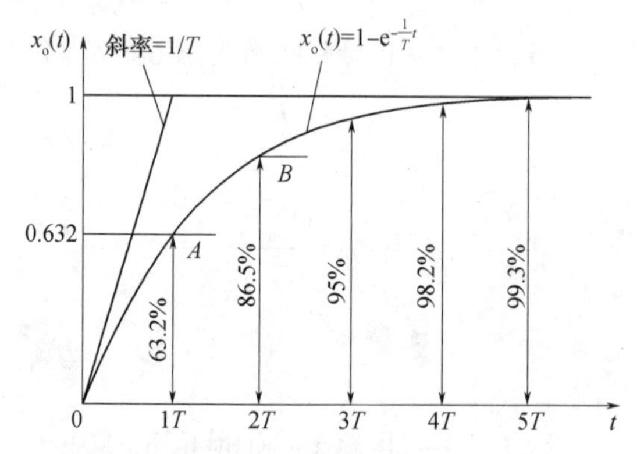

图 3-7　一阶惯性环节的单位阶跃响应曲线

(2) 当 $t=T$ 时，$x_o(t)=0.632$，即经过时间 T，曲线上升到 0.632 的高度。反过来，如果用实验方法测出响应曲线达到 0.632 高度点时所用的时间，则该时间就是一阶惯性环节的时间常数 T。

(3) 经过时间 $3T\sim4T$，响应曲线已达稳态值的 95%～98%，在工程上可以认为其瞬态响应过程基本结束，系统进入稳态过程。由此可见，时间常数 T 反映了一阶惯性环节的固有特性，其值越小，系统惯性越小，响应越快。

(4) 因为

$$\left.\frac{\mathrm{d}x_{\mathrm{o}}(t)}{\mathrm{d}t}\right|_{t=0} = \left.\frac{1}{T}\mathrm{e}^{-\frac{1}{T}t}\right|_{t=0} = \frac{1}{T}$$

所以,在 $t = 0$ 处,响应曲线的切线斜率为$\frac{1}{T}$。

(5) 将式(3-1)改写为

$$\mathrm{e}^{-\frac{1}{T}t} = 1 - x_{\mathrm{o}}(t)$$

两边取对数,得

$$\left(-\frac{1}{T}\lg\mathrm{e}\right)t = \lg[1 - x_{\mathrm{o}}(t)] \qquad (3-2)$$

式中:$-\frac{1}{T}\lg\mathrm{e}$ 为常数。

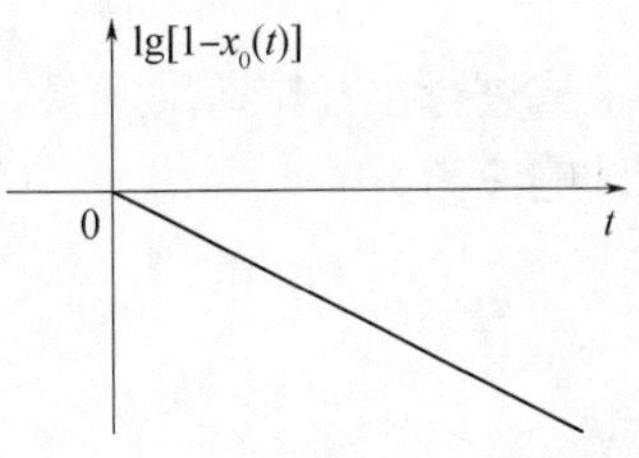

图 3-8 一阶惯性环节的识别曲线

由式(3-2)可知:$\lg[1 - x_{\mathrm{o}}(t)]$与时间 t 为线性比例关系,以时间 t 为横坐标,$\lg[1 - x_{\mathrm{o}}(t)]$为纵坐标,则可以得到如图 3-8 所示的一条经过原点的直线。因此,可以得出如下的一阶惯性环节的识别方法:通过实测得出某系统的单位阶跃响应 $x_{\mathrm{o}}(t)$,将值$[1 - x_{\mathrm{o}}(t)]$标在半对数坐标纸上,如果得出一条曲线,则可以认为该系统为一阶惯性环节。

3.2.2 一阶惯性环节的单位速度响应

系统在单位速度信号作用下的输出称为单位速度响应。单位速度信号的拉普拉斯变换为 $X_{\mathrm{i}}(s) = \frac{1}{s^2}$,则一阶惯性环节在单位速度信号作用下的输出的拉普拉斯变换为

$$X_{\mathrm{o}}(s) = G(s)X_{\mathrm{i}}(s) = \frac{1}{Ts + 1} \cdot \frac{1}{s} = \frac{1}{s} - \frac{1}{s + \frac{1}{T}}$$

将上式进行拉普拉斯反变换,得出一阶惯性环节的单位速度响应为

$$x_{\mathrm{o}}(t) = L^{-1}[X_{\mathrm{o}}(s)] = \frac{1}{T}\mathrm{e}^{-\frac{1}{T}t} \qquad (t \geqslant 0) \qquad (3-3)$$

根据式(3-3),可以求得其时间响应曲线,如图 3-9 所示,仍是一条单调上升的指数曲线。

一阶惯性环节在单位速度信号作用下的输入 $x_{\mathrm{i}}(t)$ 与输出 $x_{\mathrm{o}}(t)$之间的误差 $e(t)$为

$$e(t) = x_{\mathrm{i}}(t) - x_{\mathrm{o}}(t) = t - (t - T + T\mathrm{e}^{-\frac{1}{T}t})$$

$$= T = (1 - \mathrm{e}^{-\frac{1}{T}t})$$

则有$\lim\limits_{t\to\infty}e(t) = T$。这就是说,一阶惯性环节在单位速度信号作用下的稳态误差为 T。显然,时间常数 T 越小,其稳态误差就越小。

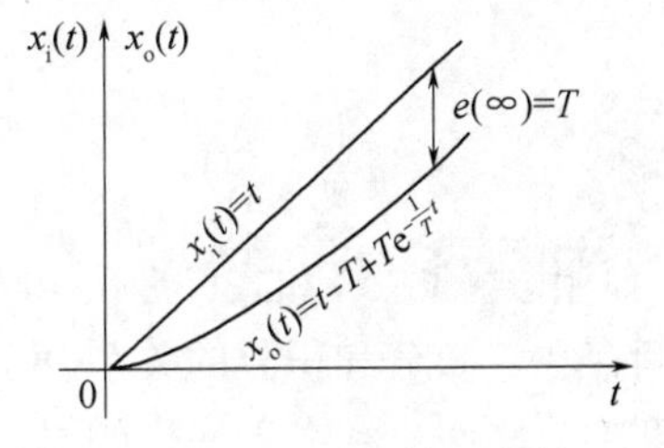

图 3-9 一阶惯性环节的单位速度响应

3.2.3 一阶惯性环节的单位脉冲响应

系统在单位脉冲信号作用下的输出称为单位脉冲响应。单位脉冲信号 $x_i(t)=t$ 的拉普拉斯变换为 $X_i(s)=1$，则一阶惯性环节在单位脉冲信号作用下的输出的拉普拉斯变换为

$$X_o(s) = G(s)X_i(s) = \frac{1}{Ts+1}\cdot\frac{1}{s} = \frac{1}{s} - \frac{1}{s+\frac{1}{T}}$$

将上式进行拉普拉斯反变换，得出一阶惯性环节的单位脉冲响应为

$$x_o(t) = L^{-1}[X_o(s)] = \frac{1}{T}\mathrm{e}^{-\frac{1}{T}t} \quad (t \geqslant 0) \tag{3-4}$$

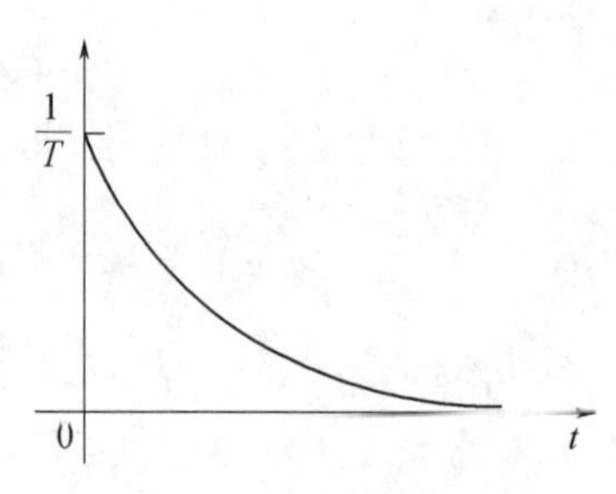

图3-10 一阶惯性环节的单位脉冲响应

根据式(3-4)，可以求得其时间响应曲线，如图3-10所示，它是一条单调下降的指数曲线。

3.2.4 线性定常系统时间响应的性质

已知单位脉冲信号 $\delta(t)$ 、单位阶跃信号 $1(t)$ 以及单位速度信号 t 之间的关系为

$$\begin{cases}\delta(t) = \dfrac{\mathrm{d}}{\mathrm{d}t}[1(t)] \\ 1(t) = \dfrac{\mathrm{d}}{\mathrm{d}t}[t]\end{cases} \tag{3-5}$$

又已知一阶惯性环节在这三种典型输入信号作用下的时间响应分别为

$$x_{o\delta}(t) = \frac{1}{T}\mathrm{e}^{-\frac{1}{T}t}$$

$$x_{o1}(t) = 1 - \mathrm{e}^{-\frac{1}{T}t}$$

$$x_{ot}(t) = t - T + T\mathrm{e}^{-\frac{1}{T}t}$$

显然可以得出

$$\begin{cases}x_{o\delta}(t) = \dfrac{\mathrm{d}}{\mathrm{d}t}[x_{o1}(t)] \\ x_{o1}(t) = \dfrac{\mathrm{d}}{\mathrm{d}t}[x_{ot}(t)]\end{cases} \tag{3-6}$$

由式(3-5)和式(3-6)可见，单位脉冲、单位阶跃和单位速度三个典型输入信号之间存在着微分和积分的关系，而且一阶惯性环节的单位脉冲响应、单位阶跃响应和单位速度响应之间也存在着同样的微分和积分的关系。因此，系统对输入信号导数的响应，可以通过系统对该输入信号响应的导数来求得；而系统对输入信号积分的响应，可以通过系统对该输入信号响应的积分来求得，其积分常数由初始条件来确定。这是线性定常系统时间响应的一个重要性质，即如果系统的输入信号存在微分和积分关系，则系统的时间响应

也存在对应的微分和积分关系。

3.3 二阶系统的时间响应

凡是可用二阶微分方程描述的系统称为二阶系统。从物理上讲,二阶系统总包含两个独立的储能元件,能量在两个元件之间交换,使系统具有往复振荡的趋势。当阻尼不够充分大时,系统呈现出振荡的特性,所以,二阶系统也称为二阶振荡环节。二阶系统对控制工程来说是非常重要的,因为很多实际控制系统都是二阶系统,而且许多高阶系统在一定条件下也可以将其简化为二阶系统来近似求解。因此,分析二阶系统的时间响应及其特性具有重要的实际意义。

二阶系统的典型传递函数为

$$G(s) = \frac{X_o(s)}{X_i(s)} = \frac{1}{T^2s^2 + 2\xi Ts + 1}$$

式中:T 为时间常数,也称为无阻尼自由振荡周期;ξ 为阻尼比。

令 $\omega_n = \frac{1}{T}$,ω_n 称为二阶系统的无阻尼固有频率,或称自然频率,则二阶系统的典型传递函数又可以写为

$$G(s) = \frac{X_o(s)}{X_i(s)} = \frac{\omega_n^2}{s^2 + 2\xi\omega_n s + \omega_n^2}$$

二阶系统的特征方程为

$$s^2 + 2\xi\omega_n s + \omega_n^2 = 0$$

有两个极点,即

$$s_{1,2} = -\xi\omega_n \pm \omega_n \sqrt{\xi^2 - 1}$$

显然,二阶系统的极点与二阶系统的阻尼比 ξ 和固有频率 ω_n 有关,尤其是阻尼比 ξ 更为重要。随着阻尼比 ξ 取值的不同,二阶系统的极点也各不相同。

(1) 当 $0 < \xi < 1$ 时,称二阶系统为欠阻尼系统,其特征方程的根是一对共轭复根,即极点是一对共轭复数极点

$$S_{1,2} = -\xi\omega_n \pm j\omega_n \sqrt{1 - \xi^2}$$

令 $\omega_d = \omega_n \sqrt{1-\xi^2}$,$\omega_d$ 称为有阻尼振荡角频率,则有

$$s_{1,2} = -\xi\omega_n \pm j\omega_d$$

(2) 当 $\xi = 1$ 时,称二阶系统为临界阻尼系统,其特征方程的根是两个相等的负实根,即具有两个相等的负实数极点,即

$$\boldsymbol{S}_{1,2} = -\omega_n$$

(3) 当 $\xi > 1$ 时,称二阶系统为过阻尼系统,其特征方程的根是两个不相等的负实根,即具有两个不相等的负实数极点,即

$$\boldsymbol{S}_{1,2} = -\xi\omega_n \pm \omega_n \sqrt{\xi^2 - 1}$$

(4) 当 $\xi=0$ 时，称二阶系统为零阻尼系统，其特征方程的根是一对共轭虚根，即具有一对共轭虚数极点，即

$$S_{1,2} = \pm \mathrm{j}\omega_n$$

(5) 当 $\xi<0$ 时，称二阶系统为负阻尼系统，此时系统不稳定。

3.3.1 二阶系统的单位阶跃响应

单位阶跃信号 $x_i(t)=1(t)$ 的拉普拉斯变换为 $X_i(s)=\dfrac{1}{s}$，则二阶系统在单位阶跃信号作用下的输出的拉普拉斯变换为

$$X_o(s) = G(s)X_i(s) = \frac{\omega_n^2}{s(s^2+2\xi\omega_n+\omega_n^2)}$$

将上式进行拉普拉斯反变换，得出二阶系统的单位阶跃响应为

$$x_o(t) = L^{-1}[X_o(s)] = L^{-1}\left[\frac{\omega_n^2}{s(s^2+2\xi\omega_n s+\omega_n^2)}\right] \tag{3-7}$$

下面根据阻尼比 ξ 的不同取值情况来分析二阶系统的单位阶跃响应。

1. 欠阻尼状态($0<\xi<1$)

在欠阻尼状态下，二阶系统传递函数的特征方程的根是一对共轭复根，即系统具有一对共轭复数极点，则二阶系统在单位阶跃信号作用下的输出的拉普拉斯变换可展开成部分分式

$$\begin{aligned} X_o(s) &= \frac{\omega_n^2}{s(s^2+2\xi\omega_n s+\omega_n^2)} \\ &= \frac{1}{s} - \frac{s+\xi\omega_n}{(s+\xi\omega_n)^2+\omega_d^2} - \frac{\xi}{\sqrt{1-\xi^2}} \cdot \frac{\omega_d}{(s+\xi\omega_n)^2+\omega_d^2} \end{aligned}$$

将上式进行拉普拉斯反变换，得出二阶系统在欠阻尼状态时的单位阶跃响应为

$$x_o(t) = 1 - \mathrm{e}^{-\xi\omega_n t}\cos\omega_d^2 t - \frac{\xi}{\sqrt{1-\xi^2}}\mathrm{e}^{-\xi\omega_n t}\sin\omega_d^2 t$$

即

$$x_o(t) = 1 - \frac{\mathrm{e}^{-\xi\omega_n t}}{\sqrt{1-\xi^2}}(\sqrt{1-\xi^2}\cos\omega_d^2 t + \xi\sin\omega_d^2 t) \quad (t \geqslant 0) \tag{3-8}$$

令 $\tan\varphi=\dfrac{\sqrt{1-\xi^2}}{\xi}$，根据图 3-11 的关系，可知 $\sin\varphi=\sqrt{1-\xi^2}$，$\cos\varphi=\xi$，则有

$$\sqrt{1-\xi^2}\cos\omega_d t + \xi\sin\omega_d t = \sin\varphi\cos\omega_d t + \cos\varphi\sin\omega_d t = \sin(\omega_d t+\varphi)$$

所以，式(3-8)可以写成

$$x_o(t) = 1 - \frac{\mathrm{e}^{-\xi\omega_n t}}{\sqrt{1-\xi^2}}\sin(\omega_d t+\varphi) \quad (t \geqslant 0) \tag{3-9}$$

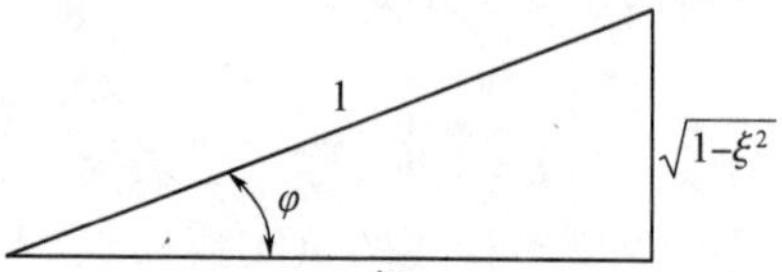

图 3-11 ξ 与 φ 的关系

式中

$$\varphi = \arctan \frac{\sqrt{1-\xi^2}}{\xi}$$

二阶系统在欠阻尼状态下的单位阶跃响应曲线如图 3－12 所示，它是一条以ω_d 为频率的衰减振荡曲线。从图中可以看出，随着阻尼比 ξ 的减小，其振荡幅值增大。

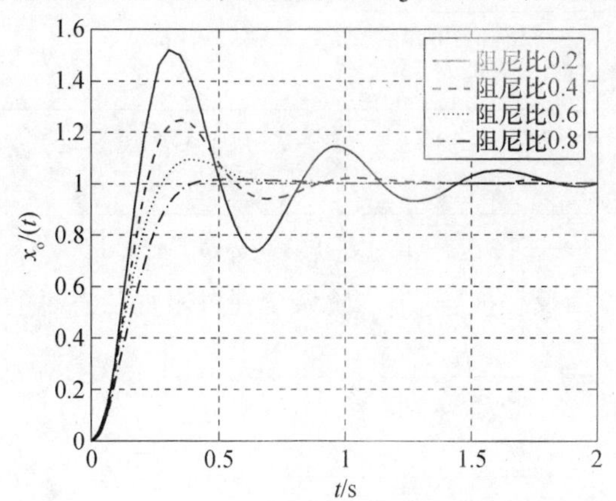

图 3－12　欠阻尼二阶系统单位阶跃响应曲线

2. 临界阻尼状态($\xi=1$)

在临界阻尼状态下，二阶系统传递函数的特征方程的根是二重负实根，即系统具有两个相等的负实数极点，则二阶系统在单位阶跃信号作用下的输出的拉普拉斯变换可展开成部分分式

$$X_o(s) = \frac{\omega_n^2}{s(s^2+2\omega_n s+\omega_n^{\ 2})}$$

$$= \frac{\omega_n^2}{s(s+\omega_n)^2} = \frac{1}{s} - \frac{1}{s+\omega_n} - \frac{\omega_n}{(s+\omega_n)^2}$$

将上式进行拉普拉斯反变换，得出二阶系统在临界阻尼状态时的单位阶跃响应为

$$x_o(t) = 1 - e^{-\omega_n t} - \omega_n t\, e^{-\omega_n t}$$

即$x_o(t)=1-e^{-\omega_n t}(1+\omega_n t) \quad (t\geqslant 0)$　　(3－10)

二阶系统在临界阻尼状态下的单位阶跃响应曲线如图 3－13 所示，它是一条无振荡、无超调的单调上升曲线。

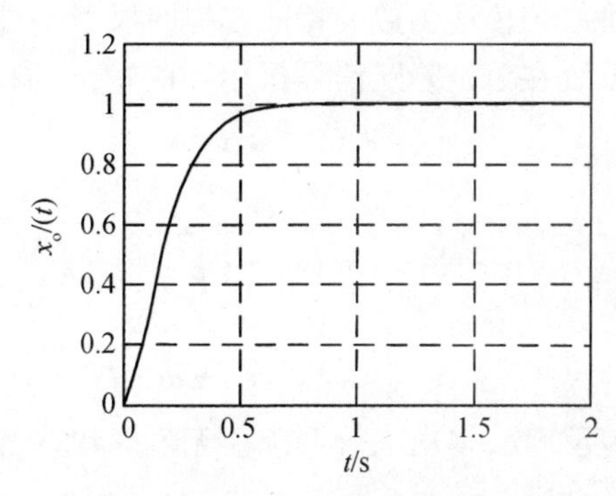

图 3－13　临界阻尼二阶系统的单位阶跃响应曲线

3. 过阻尼状态($\xi>1$)

在过阻尼状态下,二阶系统传递函数的特征方程的根是两个不相等的负实根,即系统具有两个不相等的负实数极点,则二阶系统在单位阶跃信号作用下的输出的拉普拉斯变换可展开成部分分式

$$
\begin{aligned}
X_o(s) &= \frac{\omega_n^2}{s(s^2+2\xi\omega_n+\omega_n{}^2)} \\
&= \frac{1}{s} - \frac{1}{2(1+\xi\sqrt{\xi^2-1}-\xi^2)(s+\xi\omega_n-\omega_n\sqrt{\xi^2-1})} - \\
&\quad \frac{1}{2(1-\xi\sqrt{\xi^2-1}-\xi^2)(s+\xi\omega_n-+\omega_n\sqrt{\xi^2-1})}
\end{aligned}
$$

将上式进行拉普拉斯反变换,得出二阶系统在过阻尼状态时的单位阶跃响应为

$$
\begin{aligned}
x_o(t) &= 1 - \frac{1}{2(1+\xi\sqrt{\xi^2-1}-\xi^2)}\mathrm{e}^{-(\xi-\sqrt{\xi^2-1})\omega_n t} - \\
&\quad \frac{1}{2(1-\xi\sqrt{\xi^2-1}-\xi^2)}\mathrm{e}^{-(\xi+\sqrt{\xi^2-1})\omega_n t} \quad (t\geqslant 0) \qquad (3-11)
\end{aligned}
$$

二阶系统在过阻尼状态下的单位阶跃响应曲线如图 3-14 所示,仍是一条无振荡、无超调的单调上升曲线,而且过渡过程时间较长。

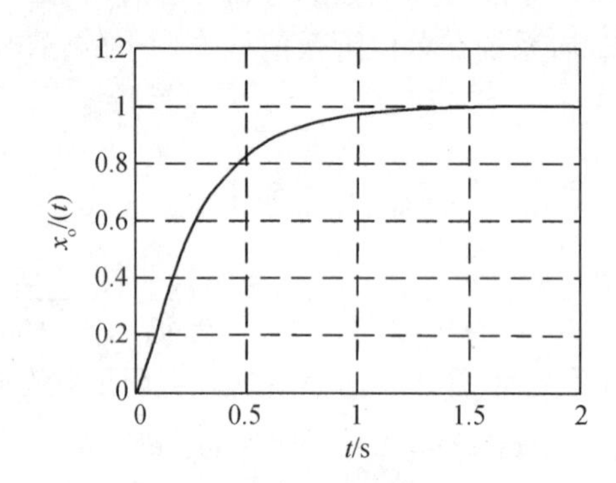

图 3-14　过阻尼($\xi=1.5$)二阶系统的单位阶跃响应曲线

4. 无阻尼状态($\xi=0$)

在无阻尼状态下,二阶系统传递函数的特征方程的根是一对共轭虚根,即系统具有一对共轭虚数极点,则二阶系统在单位阶跃信号作用下的输出的拉普拉斯变换可展开成部分分式

$$
\begin{aligned}
X_o(s) &= \frac{\omega_n^2}{s(s^2+\omega_n^2)} \\
&= \frac{1}{s} - \frac{s}{s^2+\omega_n^2}
\end{aligned}
$$

将上式进行拉普拉斯反变换,得出二阶系统在无阻尼状态时的单位阶跃响应为

$$
x_o(t) = 1-\cos\omega_n t \quad (t\geqslant 0) \qquad (3-12)
$$

二阶系统在零阻尼状态下的单位阶跃响应曲线如图3－15所示,它是一条无阻尼等幅振荡曲线。

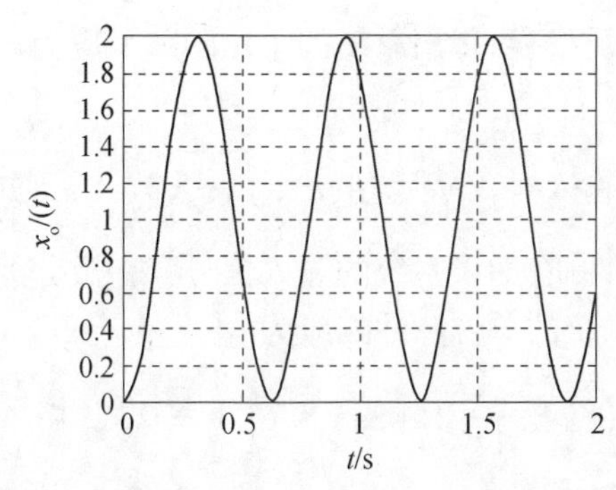

图3－15　零阻尼二阶系统的单位阶跃响应曲线

5. 负阻尼状态($\xi<0$)

在负阻尼状态下,考查式(3－9)

$$x_o(t)=1-\frac{e^{-\xi\omega_n t}}{\sqrt{1-\xi^2}}\sin(\omega_d t+\varphi)\quad(t\geqslant 0)$$

当$\xi<0$时,有$-\xi\omega_n t>0$,因此当$t\to\infty$时,$e^{-\xi\omega_n t}\to\infty$,这说明$x_o(t)$是发散的。也就是说,当$\xi<0$时,系统的输出无法达到与输入形式一致的稳定状态。所以负阻尼的二阶系统不能正常工作,称为不稳定的系统。

综上所述,二阶系统的单位阶跃响应就其振荡特性而言,当$\xi<0$时,系统是发散的,将引起系统不稳定,应当避免产生。当$\xi\geqslant 1$时,响应不存在超调,没有振荡,但过渡过程时间较长。当$0<\xi<1$时,产生振荡,且ξ越小,振荡越严重,当$\xi=0$时,出现等幅振荡。但就响应的快速性而言,ξ越小,响应越快。也就是说,阻尼比ξ过大或过小都会带来某一方面的问题。对于欠阻尼二阶系统,如果阻尼比ξ在0.4～0.8之间,其响应曲线能较快地达到稳态值,同时振荡也不严重。因此对于二阶系统,除了一些不允许产生振荡的应用情况外,通常希望系统既有相当的快速性,又有足够的阻尼使其只有一定程度的振荡,因此实际的工程系统常常设计成欠阻尼状态,且阻尼比ξ以选择在0.4～0.8之间为宜。过阻尼状态响应迟缓,在实际控制系统中几乎均不采用。

此外,当阻尼比ξ一定时,固有频率ω_n越大,系统能更快达到稳态值,响应的快速性越好。

二阶系统对单位脉冲、单位速度输入信号的时间响应,其分析方法相同,这里不再作详细说明。

例3.1　已知系统的传递函数$G(s)=\dfrac{2s+1}{s^2+2s+1}$,试求系统的单位阶跃响应的单位脉冲响应。

解:(1) 当单位阶跃信号输入时,$x_i(t)=1(t)$,$X_i(s)=\dfrac{1}{s}$,则系统在单位阶跃信号作用下的输出的拉普拉斯变换为

$$X_o(s) = G(s)X_i(s) = \frac{2s+1}{s(s^2+2s+1)} = \frac{1}{s} + \frac{1}{(s+1)^2} - \frac{1}{s+1}$$

将上式进行拉普拉斯反变换,得出系统的单位阶跃响应为

$$x_o(t) = L^{-1}[X_o(s)] = 1 + t\mathrm{e}^{-t} - \mathrm{e}^{-t}$$

(2) 当单位脉冲信号输入时,$x_i(t) = \delta(t)$,由式(3-8)可知,$\delta(t) = \frac{\mathrm{d}}{\mathrm{d}t}[1(t)]$,根据线性定常系统时间响应的性质,如果系统的输入信号存在微分关系,则系统的时间响应也存在对应的微分关系,则系统的单位脉冲响应为

$$x(t) = \frac{\mathrm{d}}{\mathrm{d}t}[1 + t\mathrm{e}^{-t} - \mathrm{e}^{-t}] = 2\mathrm{e}^{-t} - t\mathrm{e}^{-t}$$

3.3.2 二阶系统的性能指标

1. 控制系统的时域性能指标

对控制系统的基本要求是其响应的稳定性、准确性和快速性。控制系统的性能指标是评价系统动态品质的定量指标,是定量分析的基础。性能指标往往用几个特征量来表示,既可以在时域提出,也可以在频域提出。时域性能指标比较直观,是以系统对单位阶跃输入信号的时间响应形式给出的,如图3-16所示,主要有上升时间t_r、峰值时间t_p、最大超调量M_p、调整时间t_s以及振荡次数N等。

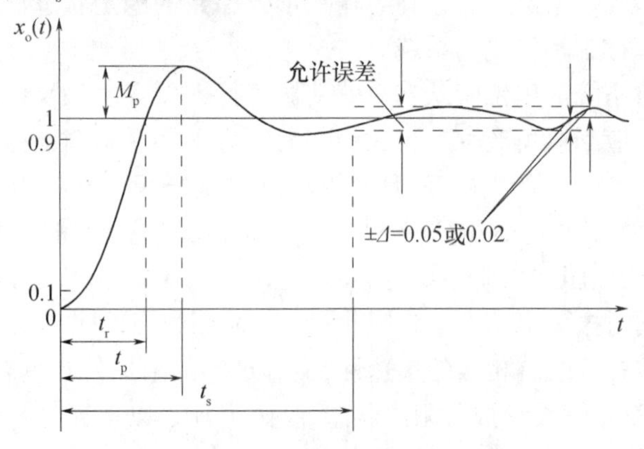

图3-16 控制系统的时域性能指标

1) 上升时间t_r

响应曲线从零时刻出发首次到达稳态值所需的时间定义为上升时间t_r。对于没有超调的系统,从理论上讲,其响应曲线到达稳态值的时间需要无穷大,因此,一般将其上升时间t_r定义为响应曲线从稳态值的10%上升到稳态值的90%所需的时间。

2) 峰值时间t_p

响应曲线从零时刻出发首次到达第一个峰值所需的时间定义为峰值时间t_p。

3) 最大超调量M_p

响应曲线的最大峰值与稳态值的差定义为最大超调量M_p,即

$$M_p = x_o(t_p) - x_o(\infty)$$

或者用百分数(%)表示,即

$$M_p = \frac{x_o(t_p) - x_o(\infty)}{x_o(\infty)} \times 100\%$$

4）调整时间t_s

在响应曲线的稳态值上，用稳态值的 $\pm\Delta$ 作为允许误差范围，响应曲线到达并将永远保持在这一允许误差范围内所需的时间定义为调整时间 t_s。允许误差范围 $\pm\Delta$ 一般取稳态值的 ±5% 或 ±2%。

5）振荡次数 N

振荡次数 N 在调整时间 t_s 内定义，实测时可按响应曲线穿越稳态值的次数的 1/2 来计数。

在以上各项性能指标中，上升时间t_r、峰值时间t_p 和调整时间 t_s 反映系统时间响应的快速性，而最大超调量 M_p 和振荡次数 N 则反映系统时间响应的平稳性。

2. 二阶系统的时域性能指标

过阻尼状态的二阶系统，其传递函数可分解为两个一阶惯性环节的串联。因此，对于二阶系统，最重要的是研究欠阻尼状态的情况。以下推导在欠阻尼状态下，二阶系统各项时域性能指标的计算公式。

1）上升时间

二阶系统在欠阻尼状态下的单位阶跃响应由式(3－13)给出，即

$$x_o(t) = 1 - \frac{e^{-\xi\omega_n t}}{\sqrt{1-\xi^2}}\sin(\omega_d t + \varphi) \quad (t \geqslant 0) \tag{3-13}$$

式中

$$\omega_d = \omega_n\sqrt{1-\xi^2}, \varphi = \arctan\frac{\sqrt{1-\xi^2}}{\xi}$$

根据上升时间t_r 的定义，有$x_o(t_r) = 1$，代入式(3－13)，得

$$1 = 1 - \frac{e^{-\xi\omega_n t}}{\sqrt{1-\xi^2}}\sin(\omega_d t_r + \varphi)$$

即

$$\frac{e^{-\xi\omega_n t_r}}{\sqrt{1-\xi^2}}\sin(\omega_d t_r + \varphi) = 0$$

因为$e^{-\xi\omega_n t_r} \neq 0$，且 $0 < \xi < 1$，所以必须

$$\sin(\omega_d t_r + \varphi) = 0$$

故有

$$\omega_d t_r + \varphi = k\pi \quad (k = 0, \pm 1, \pm 2, \cdots)$$

由于t_r 被定义为第一次到达稳态值的时间，因此上式中应取 $k = 1$，于是得

$$t_r = \frac{\pi - \varphi}{\omega_d} \tag{3-14}$$

将$\omega_d = \omega_n\sqrt{1-\xi^2}$，$\varphi = \arctan\frac{\sqrt{1-\xi^2}}{\xi}$代入式(3－14)，得

$$t_r = \frac{\pi - \arctan\dfrac{\sqrt{1-\xi^2}}{\xi}}{\omega_n\sqrt{1-\xi^2}} \tag{3-15}$$

由式(3-15)可见,当 ξ 一定时,ω_n 增大,t_r 就减小;当ω_n一定时,ξ 增大,t_r 就增大。

2) 峰值时间t_p

根据峰值时间t_p 的定义,有$\dfrac{dx_o(t)}{dt}\Big|_{t=t_p}=0$,将式(3-9)求导并代入t_p,得

$$\frac{\xi\omega_n}{\sqrt{1-\xi^2}}e^{-\xi\omega_n t_p}\sin(\omega_d t_p+\varphi)-\frac{\omega_n}{\sqrt{1-\xi^2}}e^{-\xi\omega_n t_p}\cos(\omega_d t_p+\varphi)=0$$

因为$e^{-\xi\omega_n t_p}\neq 0$,且$0<\xi<1$,所以

$$\tan(\omega_d t_p+\varphi)=\frac{\omega_d}{\xi\omega_n}=\frac{\sqrt{1-\xi^2}}{\xi}=\tan\varphi$$

从而有

$$\omega_d t_p+\varphi=\varphi+k\pi \quad (k=0,\pm1,\pm2,\cdots)$$

由于t_p 被定义为到达第一个峰值的时间,因此上式中应取 $k=1$,于是得

$$t_p=\frac{\pi}{\omega_d}=\frac{\pi}{\omega_n\sqrt{1-\xi^2}} \tag{3-16}$$

由此式可见,当 ξ 一定时,ω_n增大,t_p 就减小;当ω_n一定时,ξ 增大,t_p 就增大。t_p 与 t_r 随ω_n和 ξ 的变化规律相同。

将有阻尼振荡周期T_d 定义为$T_d=\dfrac{2\pi}{\omega_d}=\dfrac{\pi}{\omega_n\sqrt{1-\xi^2}}$,则峰值时间t_p 是有阻尼振荡周期 T_d 的1/2。

3) 最大超调量 M_p

根据最大超调量 M_p 的定义,有 $M_p=x_o(t_p)-1$,将峰值时间$t_p=\dfrac{\pi}{\omega_d}$代入上式,整理,得

$$M_p=e^{-\frac{\xi\pi}{\sqrt{1-\xi^2}}} \tag{3-17}$$

由此式可见,最大超调量 M_p 只与系统的阻尼比 ξ 有关,而与固有频率ω_n无关,所以 M_p 是系统阻尼特性的描述。因此,当二阶系统的阻尼比 ξ 确定后,就可求出相应的最大超调量 M_p;反之,如果给定系统所要求的最大超调量 M_p,则可以由它来确定相应的阻尼比 ξ 。M_p 与 ξ 的关系如表 3-2 所列。

表 3-2 不同阻尼比的最大超调量

ξ	0	0.1	0.2	0.3	0.4	0.5	0.6	0.7	0.8	0.9	1
M_p/%	100	72.9	52.7	37.2	25.4	16.3	9.5	4.6	1.5	0.2	0

由式(3-17)和表 3-2 可知,阻尼比 ξ 越大,则最大超调量 M_p 就越小,系统的平稳性就越好。当取 $\xi=0.4\sim0.8$ 时,$M_p=(25.4\sim1.5)\%$ 。

4）调整时间 t_s

在欠阻尼状态下，二阶系统的单位阶跃响应是幅值随时间按指数衰减的振荡过程，响应曲线的幅值包络线为 $1 \pm \frac{e^{-\xi\omega_n}}{\sqrt{1-\xi^2}}$，整个响应曲线总是包容在这一对包络线之内，同时这两条包络线对称于响应特性的稳态值，如图 3-17 所示。响应曲线的调整时间 t_s 可以近似地认为是响应曲线的幅值包络线进入允许误差范围 $\pm\Delta$ 之内的时间，因此有

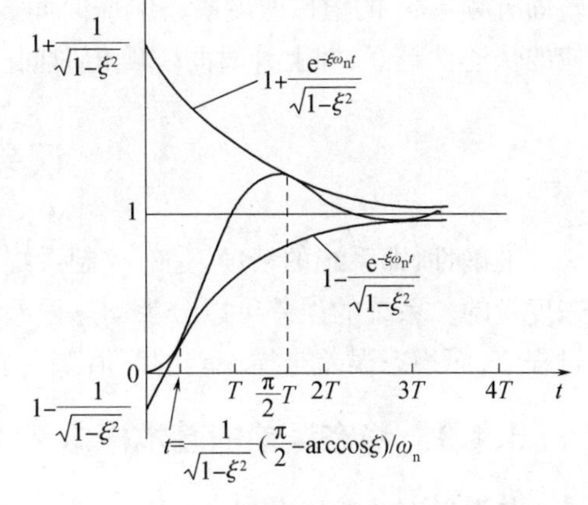

图 3-17　欠阻尼二阶系统单位阶跃响应曲线的幅值包络线

$$1 \pm \frac{e^{-\xi\omega_n}}{\sqrt{1-\xi^2}} = 1 \pm \Delta$$

也即

$$\frac{e^{-\xi\omega_n t_s}}{\sqrt{1-\xi^2}} = \Delta$$

或写成

$$e^{-\xi\omega_n t_s} = \Delta\sqrt{1-\xi^2}$$

将上式两边取对数，得

$$t_s = \frac{-\ln\Delta - \ln\sqrt{1-\xi^2}}{\xi\omega_n} \quad (3-18)$$

在欠阻尼状态下，当 $0<\xi<0.7$ 时，$0<-\ln\sqrt{1-\xi^2}<0.34$，而当 $0.02<\Delta<0.05$ 时，$3<-\ln\Delta<4$，因此，$-\ln\sqrt{1-\xi^2}$ 相对于 $-\ln\Delta$ 可以忽略不计，所以有

$$t_s = \frac{-\ln\Delta}{\xi\omega_n} \quad (3-19)$$

当 $\Delta=0.05$ 时，$t_s=\frac{3}{\xi\omega_n}$；当 $\Delta=0.02$ 时，$t_s=\frac{4}{\xi\omega_n}$。

当 ξ 一定时，ω_n 越大，t_s 就越小，即系统的响应速度就越快。当 ω_n 一定时，以 ξ 为自变量，对 t_s 求极值，可得当 $\xi=0.707$ 时，t_s 取得极小值，即系统的响应速度最快。当 $\xi<0.707$ 时，ξ 越小则 t_s 越大；当 $\xi>0.707$ 时，ξ 越大则 t_s 越大。

5）振荡次数 N

根据振荡次数 N 的定义，振荡次数 N 可以用调整时间 t_s 除以有阻尼振荡周期 T_d 来近似地求得，即

$$N = \frac{t_s}{T_d} = t_s \cdot \frac{\omega_n\sqrt{1-\xi^2}}{2\pi} \quad (3-20)$$

当 $\Delta=0.05$ 时，$t_s=\frac{3}{\xi\omega_n}$，$N=\frac{3\sqrt{1-\xi^2}}{2\xi\pi}$；

当 $\Delta=0.02$ 时，$t_s=\frac{4}{\xi\omega_n}$，$N=\frac{2\sqrt{1-\xi^2}}{\xi\pi}$。

由此可见，振荡次数 N 只与系统的阻尼比 ξ 有关，而与固有频率 ω_n 无关，阻尼比 ξ 越大，振荡次数 N 越小，系统的平稳性就越好。所以，振荡次数 N 也直接反映了系统的阻尼

特性。

综上所述,二阶系统的特征参量 ξ 和 ω_n 与系统过渡过程的性能有密切的关系。要使二阶系统具有满意的动态性能,必须选取合适的固有频率 ω_n 和阻尼比 ξ。增大阻尼比 ξ,可以减弱系统的振荡性能,即减小最大超调量 M_p 和振荡次数 N,但是增大了上升时间 t_r 和峰值时间 t_p。如果阻尼比 ξ 过小,系统的平稳性又不能符合要求。所以,通常要根据所允许的最大超调量 M_p 来选择阻尼比 ξ。阻尼比 ξ 一般选择在 0.4 ~ 0.8 之间,然后再调整固有频率 ω_n 的值以改变瞬态响应时间。当阻尼比 ξ 一定时,固有频率 ω_n 越大,系统响应的快速性越好,即上升时间 t_r、峰值时间 t_p 和调整时间 t_s 越小。

3.4 误差分析与计算

准确性,即系统的精度,是对控制系统的基本要求之一。系统的精度是用系统的误差来度量的。系统的误差可以分为动态误差和稳态误差,动态误差是指误差随时间变化的过程值,而稳态误差是指误差的终值。本节只讨论常用的稳态误差。

3.4.1 稳态误差的基本概念

与误差有关的概念都是建立在反馈控制系统基础之上的,反馈控制系统的一般模型如图 3-18 所示。

1. 偏差信号 $\varepsilon(s)$

控制系统的偏差信号 $\varepsilon(s)$ 被定义为控制系统的输入信号 $X_i(s)$ 与控制信号系统的主反馈信号 $B(s)$ 之差,即

$$\varepsilon(s) = X_i(s) - B(s) = X_i(s) - H(s)X_o(s) \tag{3-21}$$

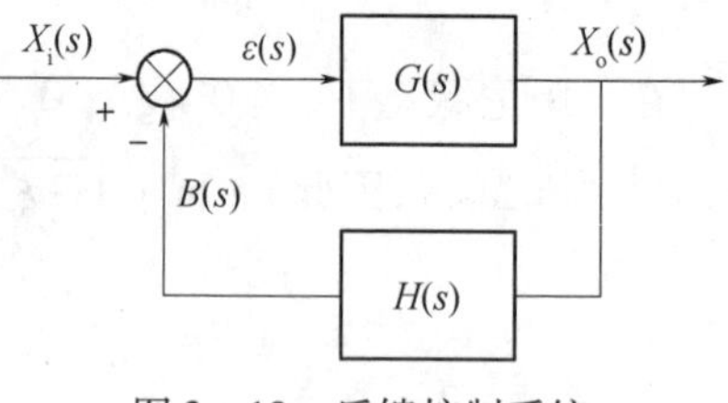

图 3-18　反馈控制系统

式中:$X_o(s)$ 为控制系统的实际输出信号;$H(s)$ 为主反馈通道的传递函数。

2. 误差信号 $E(s)$

控制系统的误差信号 $E(s)$ 被定义为控制系统的希望输出信号 $X_{or}(s)$ 与控制系统的实际输出信号 $X_o(s)$ 之差,即

$$E(s) = X_{or}(s) - X_o(S) \tag{3-22}$$

3. 希望输出信号 $X_{or}(s)$ 的确定

当控制系统的偏差信号 $\varepsilon(s)=0$ 时,该控制系统无调节控制作用,此时的实际输出信号 $X_o(s)$ 就是希望输出信号 $X_{or}(s)$,即 $X_{or}(s)=X_o(s)$。

当控制系统的偏差信号 $\varepsilon(s)\neq 0$ 时,实际输出信号 $X_o(s)$ 与希望输出信号 $X_{or}(s)$ 不同,因为

$$\varepsilon(s) = X_i(s) - H(s)\,X_o(s)$$

将 $\varepsilon(s)=0$,$X_{or}(s)=X_o(s)$ 代入上式,得

$$0 = X_i(s) - H(s)\,X_o(s)$$

即

$$X_{or}(s) = \frac{X_i(s)}{H(s)} \tag{3-23}$$

此式说明,控制系统的输入信号$X_i(s)$是希望输出信号$X_{or}(s)$的$H(s)$倍。

对于单位反馈系统,因为$H(s)=1$,所以$X_{or}(s)=X_i(s)$。

4. 偏差信号$\varepsilon(s)$与误差信号$E(s)$的关系

将式(3-23)代入式(3-22),并考虑式(3-21),得

$$E(s) = X_{or}(s) - X_o(s) = \frac{X_i(s)}{H(s)} - X_o(s)$$

$$= \frac{X_i(s) - H(s)X_o(s)}{H(s)} = \frac{\varepsilon(s)}{H(s)}$$

即

$$E(s) = \frac{\varepsilon(s)}{H(s)} \tag{3-24}$$

这就是偏差信号$\varepsilon(s)$与误差信号$E(s)$之间的关系式。由此式可知,对于一般的控制系统,误差不等于偏差,求出偏差后,由式(3-24)即可求出误差。

对于单位反馈系统,因为$H(s)=1$,所以$E(s)=\varepsilon(s)$。

5. 稳态误差e_{ss}

控制系统的稳态误差e_{ss}被定义为控制系统误差信号$e(t)$的稳态分量,即

$$e_{ss} = \lim_{t\to\infty} e(t)$$

根据拉普拉斯变换的终值定理,得

$$e_{ss} = \lim_{t\to\infty} e(t) = \lim_{s\to 0} sE(s) \tag{3-25}$$

3.4.2 稳态误差的计算

控制系统误差信号$e(t)$的拉普拉斯变换$E(s)$与控制系统输入信号$x_i(t)$的拉普拉斯变换$X_i(s)$之比被定义为控制系统的误差传递函数,记为$\Phi_e(s)$,即

$$\Phi_e(s) = \frac{E(s)}{X_i(s)} \tag{3-26}$$

根据控制系统的误差传递函数$\Phi_e(s)$可以立即求出控制系统的稳态误差,将式(3-26)代入式(3-25),得

$$e_{ss} = \lim_{t\to\infty} e(t) = \lim_{s\to 0} sE(s) = \lim_{s\to 0} s\,\Phi_e(s)\,X_i(s) \tag{3-27}$$

对于图3-14所示的反馈控制系统,其误差传递函数$\Phi_e(s)$根据式(3-24)的计算如下:

$$\Phi_e(s) = \frac{E(s)}{X_i(s)} = \frac{\varepsilon(s)}{H(s)\,X_i(s)} = \frac{X_i(s) - H(s)\,X_o(s)}{H(s)\,X_i(s)} = \frac{1}{H(s)} - \frac{X_o(s)}{X_i(s)}$$

$$= \frac{1}{H(s)} - \frac{G(s)}{1+G(s)H(s)} = \frac{1}{H(s)} \cdot \frac{1}{1+G(s)H(s)}$$

即

$$\Phi_e(s) = \frac{1}{H(s)} \cdot \frac{1}{G(s)H(s)} \tag{3-28}$$

将式(3－28)代入式(3－27)，得该反馈控制系统的稳态误差为

$$e_{ss} = \lim_{s \to 0} s\,\Phi_e(s)\,X_i(s) = \lim_{s \to 0} s \cdot \frac{1}{H(s)} \cdot \frac{1}{1 + G(s)H(s)} \cdot X_i(s) \tag{3-29}$$

由此式可见，控制系统的稳态误差e_{ss}取决于系统的结构参数 $G(s)$ 和 $H(s)$ 以及输入信号 $H(s)$ 的性质。

对于单位反馈系统，因为 $H(s)=1$，所以其稳态误差e_{ss}为

$$e_{ss} = \lim_{s \to 0} s \cdot \frac{1}{1 + G(s)} \cdot X_i(s) \tag{3-30}$$

例 3.3 某单位反馈控制系统如图 3－19 所示，求在单位阶跃输入信号作用下的稳态误差。

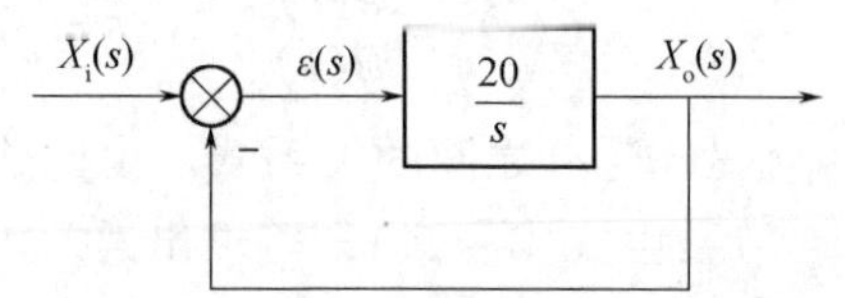

图 3－19 例 3.3 单位反馈控制系统

解：该单位反馈控制系统的误差传递函数为

$$\Phi_e(s) = \frac{1}{1 + G(s)} = \frac{1}{1 + \frac{20}{s}} = \frac{s}{s + 20}$$

则在单位阶跃输入信号作用下的稳态误差为

$$e_{ss} = \lim_{s \to 0} s \cdot \frac{1}{1 + G(s)} \cdot X_i(s) = \lim_{s \to 0} s \cdot \frac{s}{s + 20} \cdot \frac{1}{s} = 0$$

3.4.3 稳态误差系数

前面运用拉普拉斯变换的终值定理来求稳态误差。下面引出稳态误差系数的定义，用稳态误差系数来表达稳态误差的大小，并进一步阐明稳态误差与系统结构参数及输入信号类型之间的关系。

1. 稳态误差系数的定义

对于图 3－19 所示的反馈控制系统，当不同类型的典型信号输入时，其稳态误差不同。因此，可以根据不同的输入信号来定义不同的稳态误差系数，进而用稳态误差系数来表示稳态误差。

1）单位阶跃输入

根据式(3－29)，反馈控制系统在单位阶跃输入信号$X_i(s) = \frac{1}{s}$作用下的稳态误差为

$$e_{ss}=\lim_{s\to 0}s\cdot\frac{1}{H(s)}\cdot\frac{1}{1+G(s)H(s)}\cdot\frac{1}{s}=\frac{1}{H(0)}\cdot\frac{1}{1+\lim\limits_{s\to 0}G(s)H(s)}$$

定义$K_p=\lim\limits_{s\to 0}G(s)H(s)=G(0)H(0)$为稳态位置误差系数，于是可用$K_p$表示反馈控制系统在单位阶跃输入时的稳态误差，即

$$e_{ss}=\frac{1}{H(0)}\cdot\frac{1}{1+K_p} \tag{3-31}$$

对于单位反馈控制系统，有

$$K_p=\lim_{s\to 0}G(s)=G(0),e_{ss}=\frac{1}{1+K_p}$$

2）单位速度输入

根据式(3-29)，反馈控制系统在单位速度输入信号$X_i(s)=\frac{1}{s^2}$作用下的稳态误差为

$$\begin{aligned}e_{ss}&=\lim_{s\to 0}s\cdot\frac{1}{H(s)}\cdot\frac{1}{1+G(s)H(s)}\cdot\frac{1}{s^2}\\&=\frac{1}{H(0)}\cdot\lim_{s\to 0}\frac{1}{s+sG(s)H(s)}=\frac{1}{H(0)}\cdot\frac{1}{\lim\limits_{s\to 0}sG(s)H(s)}\end{aligned}$$

定义$K_v=\lim\limits_{s\to 0}sG(s)H(s)$为稳态速度误差系数，于是可用$K_v$来表示反馈控制系统在单位速度输入时的稳态误差，即

$$e_{ss}=\frac{1}{H(0)}\cdot\frac{1}{K_v} \tag{3-32}$$

对于单位反馈控制系统，有

$$K_v=\lim_{s\to 0}sG(s),e_{ss}=\frac{1}{K_v}$$

3）单位加速度输入

根据式(3-29)，反馈控制系统在单位加速度输入信号$X_i(s)=\frac{1}{s^3}$作用下的稳态误差为

$$\begin{aligned}e_{ss}&=\lim_{s\to 0}s\cdot\frac{1}{H(s)}\cdot\frac{1}{1+G(s)H(s)}\cdot\frac{1}{s^3}\\&=\frac{1}{H(0)}\cdot\lim_{s\to 0}\frac{1}{s^2+s^2G(s)H(s)}=\frac{1}{H(0)}\cdot\frac{1}{\lim\limits_{s\to 0}s^2G(s)H(s)}\end{aligned}$$

定义$K_a=\lim\limits_{s\to 0}s^2G(s)H(s)$为稳态加速度误差系数，于是可用$K_a$表示反馈控制系统在单位加速度输入时的稳态误差，有

$$e_{ss}=\frac{1}{H(0)}\cdot\frac{1}{K_a} \tag{3-33}$$

对于单位反馈控制系统，有

$$K_a=\lim_{s\to 0}s^2G(s),e_{ss}=\frac{1}{K_a}$$

以上说明了反馈控制系统在三种不同的典型输入信号的作用下，其稳态误差可以分别用稳态误差系数K_p、K_v 和K_a 来表示。而这三个稳态误差系数只与反馈控制系统的开环传递函数为 $G(s)H(s)$有关，而与输入信号无关，即只取决于系统的结构和参数。

2. 系统的类型

如图 3－18 所示的反馈控制系统，其开环传递函数一般可以写成时间常数乘积的形式，即

$$G(s)H(s)=\frac{K(\tau_1 s+1)(\tau_2 s+1)\cdots(\tau_m s+1)}{s^v(T_1 s+1)(T_2 s+1)\cdots(T_{n-v}s+1)} \tag{3-34}$$

式中：K 为系统的开环增益；τ_1、τ_2、…、τ_m 和T_1、T_2、…、T_{n-v}为时间常数。

式(3－34)的分母中包含s^v 项，其 v 对应于系统中积分环节的个数。当 s 趋于零时，积分环节s^v 项在确定控制系统稳态误差方面起主导作用，因此，控制系统可以按其开环传递函数中的积分环节的个数来分类。

当 $v=0$，即没有积分环节时，称系统为 0 型系统，其开环传递函数可以表示为

$$G(s)H(s)=\frac{K_0(\tau_1 s+1)(\tau_2 s+1)\cdots(\tau_m s+1)}{(T_1 s+1)(T_2 s+1)\cdots(T_n s+1)} \tag{3-35}$$

式中：K_0 为 0 型系统的开环增益。

当 $v=1$，即有一个积分环节时，称系统为 Ⅰ 型系统，其开环传递函数可以表示为

$$G(s)H(s)=\frac{K_1(\tau_1 s+1)(\tau_2 s+1)\cdots(\tau_m s+1)}{s(T_1 s+1)(T_2 s+1)\cdots(T_{n-1}s+1)} \tag{3-36}$$

式中：K_1 为 Ⅰ 型系统的开环增益。

当 $v=2$，即有两个积分环节时，称系统为Ⅱ型系统，其开环传递函数可以表示为

$$G(s)H(s)=\frac{K_2(\tau_1 s+1)(\tau_2 s+1)\cdots(\tau_m s+1)}{s^2(T_1 s+1)(T_2 s+1)\cdots(T_{n-2}s+1)} \tag{3-37}$$

式中：K_2 为Ⅱ型系统的开环增益。

依此类推。

3. 不同类型反馈控制系统的稳态误差系数

1）0 型系统

对于 0 型反馈控制系统，可以计算出上述三种稳态误差系数K_p、K_v 和K_a 分别为

$$K_p=\lim_{s\to 0}G(s)H(s)=K_0$$

$$K_v=\lim_{s\to 0}sG(s)H(s)=0$$

$$K_a=\lim_{s\to 0}s^2G(s)H(s)=0$$

2） Ⅰ 型系统

对于 Ⅰ 型反馈控制系统，可以计算出上述三种稳态误差系数K_p、K_v 和K_a 分别为

$$K_p=\lim_{s\to 0}G(s)H(s)=\infty$$

$$K_v=\lim_{s\to 0}sG(s)H(s)=K_1$$

$$K_a=\lim_{s\to 0}s^2G(s)H(s)=0$$

3）Ⅱ型系统

对于Ⅱ型反馈控制系统,可以计算出上述三种稳态误差系数K_p、K_v 和K_a 分别为

$$K_p = \lim_{s\to 0} G(s)H(s) = \infty$$

$$K_v = \lim_{s\to 0} sG(s)H(s) = \infty$$

$$K_a = \lim_{s\to 0} s^2 G(s)H(s) = K_2$$

4. 不同类型反馈控制系统在三种典型输入信号作用下的稳态误差

1）单位阶跃输入

在单位阶跃输入信号的作用下,不同类型反馈控制系统的稳态误差分别为

对于0 型系统,$K_p = K_0$,则

$$e_{ss} = \frac{1}{1+K_p} = \frac{1}{1+K_0}$$

对于Ⅰ型系统,$K_p = \infty$,则

$$e_{ss} = \frac{1}{1+K_p} = 0$$

对于Ⅱ型系统,$K_p = \infty$,则

$$e_{ss} = \frac{1}{1+K_p} = 0$$

以上计算表明,0 型系统能够跟踪单位阶跃输入,但是具有一定的稳态误差$e_{ss} = \frac{1}{1+K_0}$,其中K_0 是0 型系统的开环放大倍数,跟踪情况如图3 - 20 所示。Ⅰ型系统和Ⅱ型系统能够准确地跟踪单位阶跃输入,因为其稳态误差$e_{ss} = 0$。

2）单位速度输入

在单位速度输入信号的作用下,不同类型反馈控制系统的稳态误差分别为

对于0 型系统,$K_v = 0$,则

$$e_{ss} = \frac{1}{K_v} = \infty$$

对于Ⅰ型系统,$K_v = K_1$,则

$$e_{ss} = \frac{1}{K_v} = \frac{1}{K_1}$$

对于Ⅱ型系统,$K_v = \infty$,则

$$e_{ss} = \frac{1}{K_v} = 0$$

以上计算表明0 型系统不能跟踪单位速度输入,因为其稳态误差$e_{ss} = \infty$。Ⅰ型系统能够跟踪单位速度输入,但是具有一定的稳态误差$e_{ss} = \frac{1}{K_1}$,其中 K_1是Ⅰ型系统的开环放大倍数,跟踪情况如图3 - 21 所示。Ⅱ型系统能够准确地跟踪单位速度输入,因为其稳态误差为$e_{ss} = 0$。

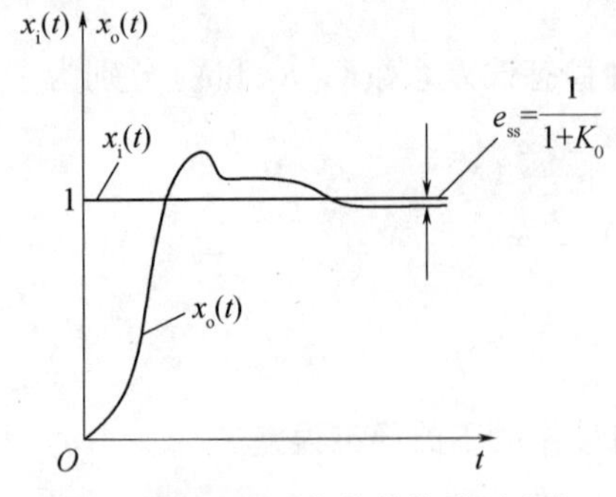

图 3－20　0 型系统的单位阶跃响应

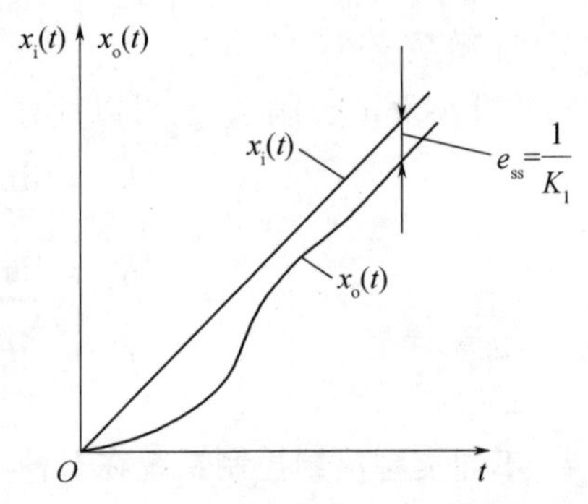

图 3－21　Ⅰ型系统的单位速度响应

3）单位加速度输入

在单位加速度输入信号的作用下，不同类型反馈控制系统的稳态误差分别为

对于 0 型系统，$K_a=0$，则

$$e_{ss}=\frac{1}{K_a}=\infty$$

对于Ⅰ型系统，$K_a=0$，则

$$e_{ss}=\frac{1}{K_a}=\infty$$

对于Ⅱ型系统，$K_a=0$，则

$$e_{ss}=\frac{1}{K_a}=\frac{1}{K_2}$$

以上计算表明，0 型系统和Ⅰ型系统都不能跟踪单位加速度输入，因为其稳态误差 $e_{ss}=\infty$。Ⅱ型系统能够跟踪单位加速度输入，但是具有一定的稳态误差$e_{ss}=\frac{1}{K_2}$，其中 k_2 是Ⅱ型系统的开环放大倍数，跟踪情况如图 3－22 所示。

表 3－3 概括了 0 型、Ⅰ型和Ⅱ型反馈控制系统在不同输入信号作用下的稳态误差。在对角线上，稳态误差为有限值；在对角线以上部分，稳态误差为无穷大；在对角线以下部分，稳态误差为零。由表 3－3 可得如下结论：

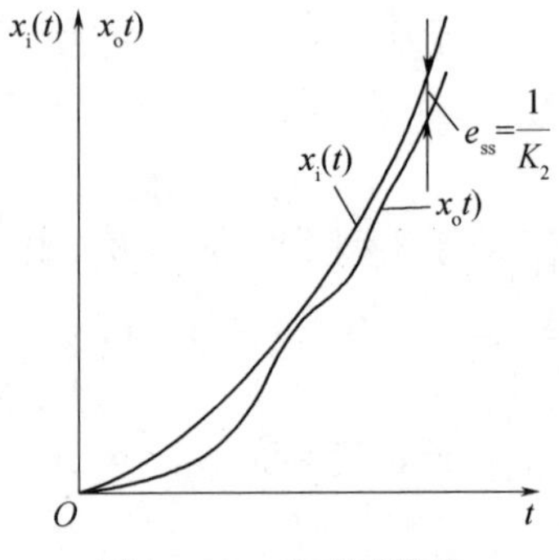

图 3－22　Ⅱ型系统的单位加速度响应

（1）同一个系统，如果输入的控制信号不同，其稳态误差也不同。

（2）同一个控制信号作用于不同的控制系统，其稳态误差也不同。

（3）系统的稳态误差与其开环增益有关，开环增益越大，系统的稳态误差越小；反之，开环增益越小，系统的稳态误差越大。

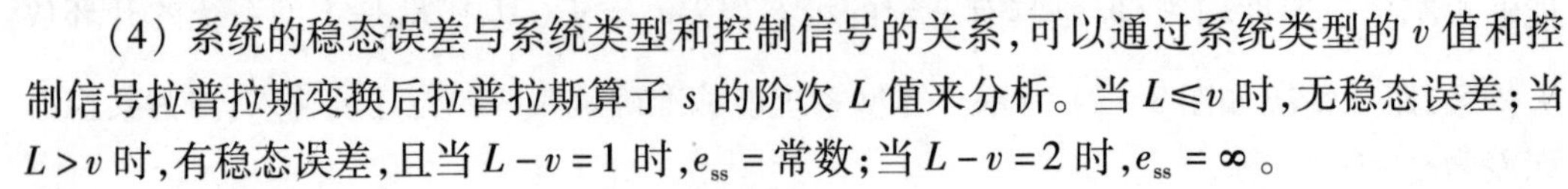

（4）系统的稳态误差与系统类型和控制信号的关系，可以通过系统类型的 v 值和控制信号拉普拉斯变换后拉普拉斯算子 s 的阶次 L 值来分析。当 $L \leqslant v$ 时，无稳态误差；当 $L>v$ 时，有稳态误差，且当 $L-v=1$ 时，$e_{ss}=$ 常数；当 $L-v=2$ 时，$e_{ss}=\infty$。

表 3-3　反馈控制系统在不同输入信号作用下的稳态误差

	单位阶跃输入	单位速度输入	单位加速度输入
0 型	$\frac{1}{1+K_0}$	∞	∞
Ⅰ型	0	$\frac{1}{K_1}$	∞
Ⅱ型	0	0	$\frac{1}{K_2}$

用稳态误差系数K_p、K_v 和K_a 表示的稳态误差分别称为位置误差、速度误差和加速度误差，都表示系统的过渡过程结束后，虽然输出能够跟踪输入，但是却存在着位置误差。速度误差和加速度误差并不是指速度上或加速度上的误差，而是指系统在速度输入或加速度输入时所产生的在位置上的误差。位置误差、速度误差和加速度误差的量纲是一样的。

在以上的分析中，习惯地称输出量是"位置"，输出量的变化率是"速度"，但是，对于误差分析所得到的结论同样适用于输出量为其他物理量的系统。例如在温度控制中，上述的"位置"就表示温度，"速度"就表示温度的变化率等。因此，对于"位置""速度"等名词应当作广义的理解。

如果系统的输入是阶跃函数、速度函数和加速度函数三种输入的线性组合，即

$$x_i(t) = A + Bt + Ct^2$$

式中：A、B、C 为常数。

根据线性叠加原理可以证明，系统的稳态误差为

$$e_{ss} = \frac{A}{1+K_p} + \frac{B}{K_v} + \frac{2C}{K_a}$$

例 3.4　已知两个系统如图 3-23 所示，当系统输入的控制信号为$x_i(t) = 4 + 6t + 3t^2$时，试分别求出两个系统的稳态误差。

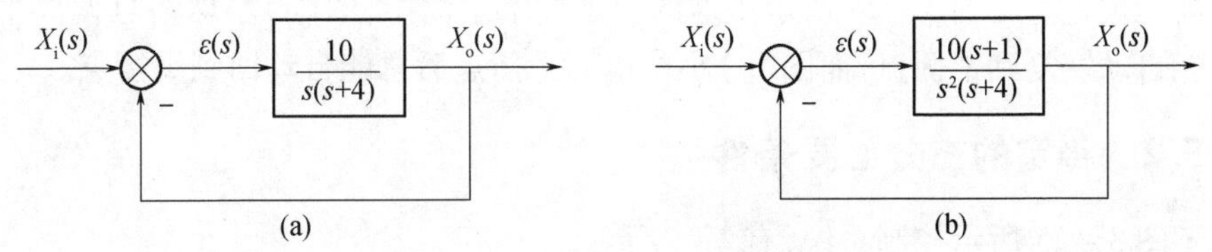

图 3-23　例 3.4 系统框图

解：(1) 系统(a)的开环传递函数的时间常数表达式为

$$G_a(s) = \frac{2.5}{s(0.25s+1)}$$

系统(a)为Ⅰ型系统，其开环增益为$K_1 = 2.5$，则有$K_p = \infty$，$K_v = K_1 = 2.5$，$K_a = 0$，可得系统(a)的稳态误差为

$$e_{ss} = \frac{A}{1+K_p} + \frac{B}{K_v} + \frac{2C}{K_a} = \frac{4}{1+\infty} + \frac{6}{2.5} + \frac{2\times 3}{0} = \infty$$

也就是说，$K_a = 0$，系统(a)的输出不能跟踪输入$x_i(t) = 4 + 6t + 3t^2$ 中的加速度分量$3t^2$，稳

态误差为无穷大。

(2) 系统(b)的开环传递函数的时间常数表达式为

$$G_b(s) = \frac{2.5(s+1)}{s^2(0.25s+1)}$$

系统(b)为Ⅱ型系统,其开环增益为$K_2 = 2.5$,则有$K_p = \infty$,$K_v = \infty$,$K_a = K_2 = 2.5$,系统(b)的稳态误差为

$$e_{ss} = \frac{A}{1+K_p} + \frac{B}{K_v} + \frac{2C}{K_a} = \frac{4}{1+\infty} + \frac{6}{\infty} + \frac{2\times 3}{2.5} = 2.4$$

3.5 系统稳定的充要条件

3.5.1 稳定的概念

稳定性是一个系统能够正常运行的首要条件,对系统进行各类品质指标的分析也必须在系统稳定的前提下进行。如果一个系统不稳定,在实际应用中也就失去了意义。一个控制系统在实际使用中,总会受到外界以及自身一些因素的扰动,例如负载的变化,电源的波动,环境条件的改变如温度、湿度、压力,系统自身参数的变化如电阻、电容、电感的变化等。设某线性定常系统原处于某一平衡状态,若它瞬间受到某一扰动作用而偏离了原来的平衡状态,当此扰动撤消后,系统仍能回到原有的平衡状态,则称该系统是稳定的。反之,系统不稳定。如在空气中垂直悬挂的小摆,在一阵风的扰动下,破坏其平衡,来回摆动,但是随着时间的推移,振荡越来越小,最后又恢复到平衡的位置。在图3-24所示小球的稳定性示意图中,图(a)小球一旦偏离平衡点,就不可能自动恢复到平衡点;而图(b)小球偏离平衡点后总能自动回到平衡点。

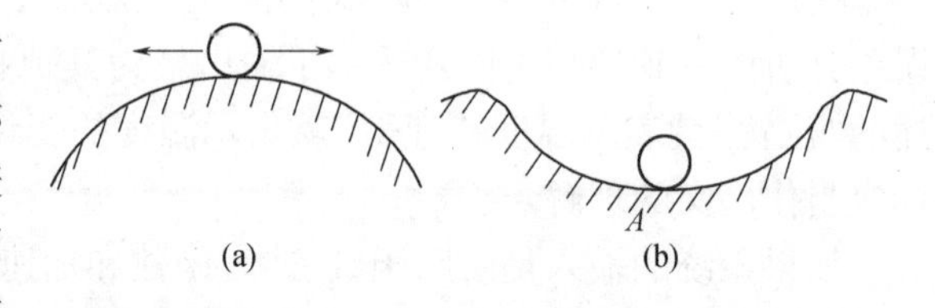

图3-24 小球的稳定性

3.5.2 稳定的充分必要条件

对于图3-25所示控制系统,有

$$\begin{cases} \dfrac{X_o(s)}{N(s)} = \dfrac{G_2(s)}{1+G_1(s)G_2(s)H(s)} = \dfrac{b_0s^m + b_1s^{m-1} + \cdots + b_{m-1}s + b_m}{a_0s^n + a_1s^{n-1} + \cdots + a_{n-1}s + a_n} \\ (a_0s^n + a_1s^{n-1} + \cdots + a_{n-1}s + a_n)X_o(s) = (b_0s^m + b_1s^{m-1} + \cdots + b_{m-1}s + b_m)N(s) \end{cases}$$

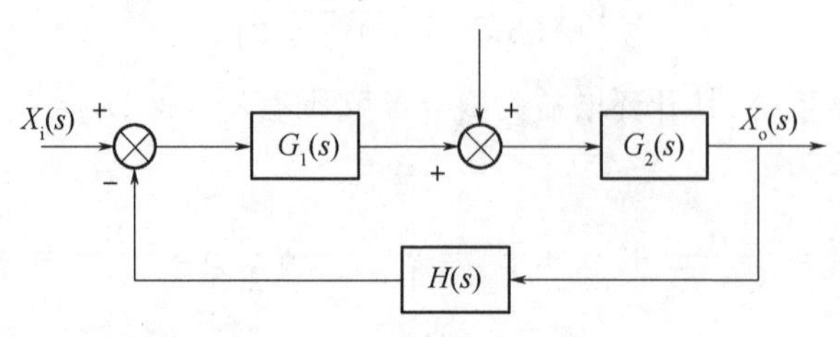

图3-25 控制系统方框图

撤除扰动,即

$$\begin{cases}(a_0s^n + a_1s^{n-1} + \cdots + a_{n-1}s + a_n)X_o(s) = 0\\a_0x_o^n(t) + a_1x_o^{n-1}(t) + \cdots + a_{n-1}\dot{x}_o(t) + a_nx_o(t) = 0\end{cases}$$

按照稳定性定义,如果系统稳定,当时间趋近于无穷大时,该齐次方程的解趋近于零,即

$$\begin{cases}x_o(t) = \sum_{i=1}^{k} D_i e^{\lambda_i t} + \sum_{i=k+1}^{k} e^{\delta_i t}(E_j\cos\omega_j t + F_j\sin\omega_j t)\\ \underset{t\to\infty}{x_o(t)} = 0\end{cases} \tag{3-38}$$

当 $\lambda_i<0,\delta_i<0$ 时,式(3-38)成立,以上条件是系统稳定的充分必要条件之一。可见,稳定性是控制系统自身的固有特性,它取决于系统本身的结构和参数,而与输入无关。对于纯线性系统来说,系统的稳定与否并不与初始偏差的大小有关。如果这个系统是稳定的,则该系统称为大范围稳定的系统。但这种纯线性系统在实际中并不存在。我们所研究的线性系统大多是经过"小偏差"线性化处理后得到的线性系统,因此用线性化方程来研究系统的稳定性时,就只限于讨论初始偏差不超出某一范围时的稳定性,称为"小偏差"稳定性。由于实际系统在发生等幅振荡时的幅值有时不大,因此,这种"小偏差"稳定性仍有一定的实际意义。控制理论中所讨论的稳定性其实都是指自由振荡下的稳定性,也就是说,是讨论输入为零,系统仅存在初始偏差不为零时的稳定性,即讨论自由振荡是收敛的还是发散的。

设线性系统具有一个平衡点,对该平衡点来说,当输入信号为零时,系统的输出信号亦为零。当干扰信号作用于系统时,其输出信号将偏离工作点,输出信号本身就是控制系统在初始偏差影响下的过渡过程。若系统稳定,则输出信号经过一定的时间就能以足够精确的程度恢复到原平衡工作点,即随着时间的推移趋近于零。若系统不稳定,则输出信号就不可能回到原平衡工作点。

式(3-38)中 λ_i、δ_i 对应闭环系统传递函数特征根的实部,因此对于线性定常系统,若系统所有特征根的实部均为负值,则零输入响应最终将衰减到零,这样的系统就是稳定的。反之,若特征根中有一个或多个根具有正实部时,则零输入响应将随时间的推移而发散,这样的系统就是不稳定的。

因此,可得出控制系统稳定的另一个充分必要条件是:系统特征方程式的根全部具有负实部。系统特征方程式的根就是闭环极点,所以控制系统稳定的充分必要条件也可说是闭环传递函数的极点全部具有负实部,或说闭环传递函数的极点全部在 s 平面的左半平面。

3.6 稳定性判据

定常线性系统稳定的充要条件是特征方程的根具有负实部。因此,判别其稳定性,要解系统特征方程根。但当系统阶数高于4时,求解特征方程遇到较大的困难,计算工作将相当麻烦。为避开对特征方程的直接求解,可讨论特征根的分布,看其是否全部具有负实

部,并以此来判别系统的稳定性,这样也就产生了一系列稳定性判据。其中,最主要的一个判据就是1884年由E. J. Routh(劳斯)提出的判据,称为劳斯判据。1895年,A. Hurwitz(赫尔维兹)又提出了根据特征方程的系数来判别系统稳定性的另一方法,称为赫尔维兹判据。

定常线性系统稳定的充要条件是控制系统的特征方程的根具有负实部。因此,判断一个系统是否稳定,可以通过求解该系统的特征方程的根来判别。但是对于高阶系统,求解特征方程是十分困难的。例如 $D(s) = 3s^3 + s + 1 = 0$,对于高阶方程通常没有代数解法。

劳斯稳定判据是基于特征方程的根与其系数的关系而建立的。

(1) 列写系统的特征方程,设控制系统的特征方程为

$$D(s) = a_0 s^n + a_1 s^{n-1} + \cdots + a_{n-1} s + a_n$$

(2) 将各项系数按下面的格式排成劳斯阵列表:

$$\begin{array}{llllll}
s^n & a_0 & a_2 & a_4 & a_6 & \cdots \\
s^{n-1} & a_1 & a_3 & a_5 & a_7 & \cdots \\
s^{n-2} & b_1 & b_2 & b_3 & b_4 & \cdots \\
s^{n-3} & c_1 & c_2 & c_3 & c_4 & \cdots \\
\vdots & \vdots & \vdots & \vdots & \vdots & \vdots \\
s^2 & u_1 & u_2 & & & \\
s^1 & v_1 & & & & \\
s^0 & w_1 & & & &
\end{array}$$

其中

$$b_1 = \frac{a_1 a_2 - a_0 a_3}{a_1}, b_2 = \frac{a_1 a_4 - a_0 a_5}{a_1}, b_3 = \frac{a_1 a_6 - a_0 a_5}{a_1}$$

$$c_1 = \frac{b_1 a_3 - a_1 b_2}{b_1}, c_2 = \frac{b_1 a_5 - a_1 b_3}{b_1}$$

这一过程中列一直计算到 s^0 处,行一直计算到0为止。

(3) 劳斯稳定判据:观察劳斯阵列表第一列系数的符号。假设劳斯阵列表中第一列系数均为正数,则该系统是稳定的;假设第一列系数有负数,则系统不稳定,并且第一列系数符号的改变次数等于右半平面上根的个数。

例3.5 已知某调速系统的特征方程式为

$$D(s) = s^3 + 41.5s^2 + 517s + 2.3 \times 10^4 = 0$$

试用劳斯判据判别系统的稳定性。

解:列劳斯阵列表,即

$$
\begin{array}{llll}
s^3 & 1 & 517 & 0 \\
s^2 & 41.5 & 2.3\times10^4 & 0 \\
s^1 & -38.5 & & \\
s^0 & 2.3\times10^4 & &
\end{array}
$$

由于该表第一列系数的符号变化了两次，所以该方程中有两个根在复平面的右半平面，因而系统是不稳定的。

例 3.6 已知某调速系统的特征方程式为

$$D(s)=s^3+41.58s^2+517s+1670(1+K)=0$$

试用劳斯判据确定该系统稳定的 K 值范围。

解：列劳斯阵列表，即

$$
\begin{array}{lll}
s^3 & 1 & 517 \\
s^2 & 41.58 & 1670\times(1+K) \\
s^1 & b_1 & \\
s^0 & 1670\times(1+K) &
\end{array}
$$

其中

$$b_1=\frac{41.58\times517-1\times1670(1+K)}{41.58}$$

由劳斯判据可知，若系统稳定，则劳斯表中第一列的系数必须全为正值，得

$$b_1=\frac{41.58\times517-1\times1670(1+K)}{41.58}>0$$

$$1670\times(1+K)>0$$

解得

$$-1<K<11.9$$

例 3.7 已知某调速系统的特征方程式为

$$D(s)=s^3+2s^2+s+2=0$$

试用劳斯判据判别系统的稳定性。

解：列劳斯阵列表，即

$$
\begin{array}{lll}
s^3 & 1 & 2 \\
s^2 & 1 & 2 \\
s^1 & 0(\varepsilon) & \\
s^0 & 2 &
\end{array}
$$

上面的符号与其下面系数的符号相同，表示该方程中有一对共轭虚根存在，相应的系统为不稳定系统。

结论：劳斯表某一行中的第一项等于零，而该行的其余各项不等于零或没有余项。解

决的办法是以一个很小的正数 ε 来代替为零的这项，据此算出其余的各项，完成劳斯表的排列。

如果劳斯表第一列中系数的符号有变化，其变化的次数就等于该方程在 s 右半平面上根的数目，相应的系统为不稳定。

如果第一列上面的系数与下面的系数符号相同，则表示该方程中有一对共轭虚根存在，相应的系统也属不稳定。

例 3.8 已知某调速系统的特征方程式为

$$D(s)=s^6+2s^5+8s^4+12s^3+20s^2+16s+16=0$$

试用劳斯判据判别系统的稳定性。

解：列劳斯阵列表，即

s^6	1	8	20	16
s^5	2	12	16	
s^4	2	12	16	
s^3	0	0	0	
	8	24		
s^2	6	16		
s^1	$\frac{8}{3}$			
s^0	16			

利用特征方程 $F(s)=2s^4+12s^2+16$ 求得两对大小相等、符号相反的根 $\pm \mathrm{j}\sqrt{2}$ 和 $\pm \mathrm{j}2$，显然这个系统处于临界稳定状态。

结论：特征方程中含有一些大小相等符号相反的实根或共轭虚根。在这种情况下，可利用系数全为零行的上一行系数构造一个辅助多项式，即 $F(s)=2s^4+12s^2+16$，并以这个辅助多项式导数的系数 $F'(s)=8s^3+24s$ 代替表中系数为全零的行，完成劳斯表的排列。这些共轭虚根可以通过求解这个辅助方程式得到。

习　题

3-1　已知系统的单位脉冲响应为 $x_o(t)=7-5\mathrm{e}^{-6t}$，试求系统的传递函数。

3-2　已知系统的传递函数为 $G(s)=\dfrac{13s^2}{(s+5)(s+6)}$，输入为 $x_i(t)=\dfrac{1}{2}t^2$，试求系统的输出。

3-3　已知系统单位反馈系统的开环传递函数为 $G(s)=\dfrac{4}{s(s+5)}$，试求该系统的单位阶跃响应和单位脉冲响应。

3-4　已知系统的单位阶跃响应为 $x_o(t)=1+0.2\mathrm{e}^{-60t}-1.2\mathrm{e}^{-10t}$，试求：

(1) 系统的闭环传递函数；

（2）系统的阻尼比 ξ 和无阻尼固有频率 ω_n。

3-5　已知单位反馈系统的开环传递函数为 $G(s)=\dfrac{20}{(0.5s+1)(0.04s+1)}$，试分别求出系统在单位阶跃输入、单位速度输入和单位加速度输入时的稳态误差。

3-6　某单位反馈系统如图3-26所示，试求在单位阶跃、单位速度和单位加速度输入信号作用下的稳态误差。

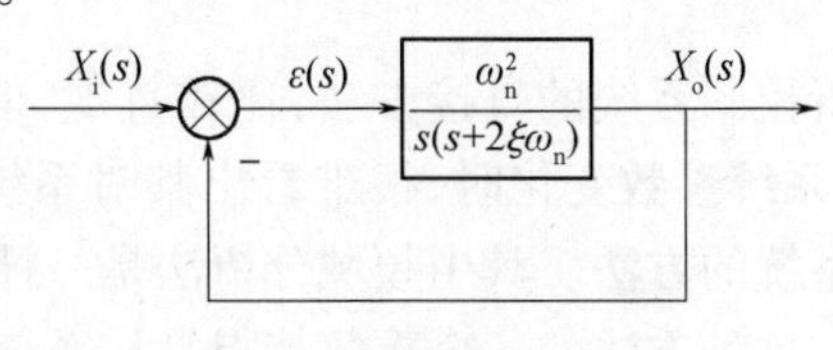

图3-26　习题3-6图

3-7　对于具有如下特征方程的反馈系统，试用劳斯稳定判据判别系统的稳定性：

（1）$s^3-15s+126=0$；

（2）$s^4+8s^3+18s^2+16s+5=0$；

（3）$s^3+4s^2+5s+10=0$；

（4）$s^5+s^4+2s^3+2s^2+3s+5=0$；

（5）$s^3+10s^2+16s+160=0$。

3-8　对于具有如下特征方程的反馈系统，试用劳斯稳定判据确定使系统稳定的 K 的取值范围：

（1）$s^4+22s^3+10s^2+2s+K=0$；

（2）$s^4+20Ks^3+5s^2+(K+10)s+15=0$；

（3）$s^3+(K+0.5)s^2+4Ks+50=0$；

（4）$s^4+Ks^3+s^2+s+1=0$；

（5）$s^3+5Ks^2+(2K+3)s+10=0$。

第4章　频域响应分析

时域瞬态响应法是分析控制系统的直接方法,比较直观,但是不借助于计算机时,分析高阶系统非常繁琐,且当系统参数变化时,很难看出其对系统动态性能的影响。因此,发展了其他一些分析控制系统的方法。其中频域分析法是一种工程上广为采用的分析和综合系统的间接方法之一。这种方法的一个重要特点是从系统的开环频域特性去分析闭环控制系统的各种特性,而开环频域特性是容易绘制的,也可通过实验获得。系统的频域特性和系统的时域响应之间也存在对应关系,即可以通过系统的频域特性分析系统的稳定性、瞬态性能和稳态性能等。

频域特性分析法(Frequency - response approach)是经典控制理论中研究与分析系统特性的另一种重要方法,简称频域分析法。该方法与时域分析法不同,它不是通过系统的闭环极点和闭环零点来分析系统的时域性能,而是通过系统对正弦函数的稳态响应来分析系统性能的。它将传递函数从复域引到具有明确物理概念的频域来分析系统的特性。利用此方法,不必求解微分方程就可估算出系统的性能,从而可以简单、迅速地判断某些环节或参数对系统性能的影响,并能指明改进系统性能的方向。

4.1　频域特性概述

4.1.1　频域响应与频域特性

频域响应(frequency - response)是线性时不变系统对正弦输入(或者谐波输入)的稳态响应。也就是说,给线性系统输入某一频域的正弦波,经过长时间后,系统的输出响应仍是同频域的正弦波,而且输出与输入的正弦幅值之比以及输出与输入的相位之差,对于一定的系统来说是完全确定的。然而,仅仅在某个特定频域时幅值比和相位差是不能完整说明系统特性的。当不断改变输入的正弦波频域(由零变化到无穷大)时,该幅值比和相位差的变化情况即称为系统的频域特性。图4-1所示为线性定常系统的频域响应。

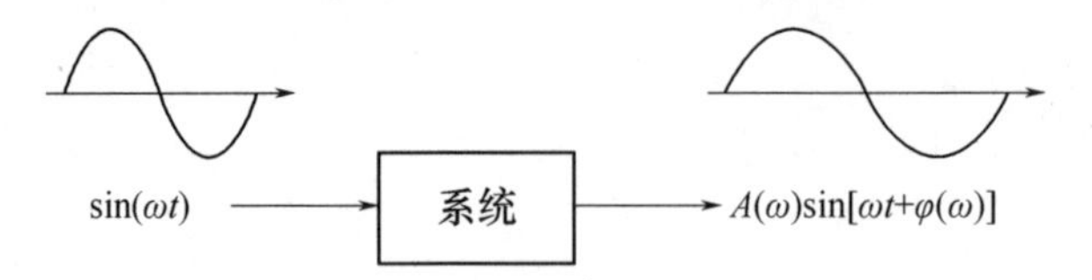

图4-1　线性定常系统的频域响应

考虑图4-1所示的线性定常系统,其传递函数环模型为

$$G(s) = \frac{C(s)}{R(s)} = \frac{b_0 s^m + b_1 s^{m-1} + \cdots + b_m}{a_0 s^n + a_1 s^{n-1} + \cdots a_n} \tag{4-1}$$

当系统输入为 $r(t)=\sin(\omega t)$ 时,其拉普拉斯变换为

$$R(s)=\frac{\omega}{s^2+\omega^2} \tag{4-2}$$

由式(4-1)和式(4-2),得

$$C(s)=G(s)R(s)=\frac{b_0s^m+b_1s^{m-1}+\cdots+b_m}{a_0s^n+a_1s^{n-1}+\cdots+a_n}\cdot\frac{\omega}{s^2+\omega^2} \tag{4-3}$$

下面对于式(4-3)求输出的拉普拉斯变换。根据系统是否含重极点,分两种情况讨论。

(1) 设系统有 n 个互不相同的极点 $s_i(i=1,2,\cdots,n)$,则输出的拉普拉斯变换为

$$\begin{aligned}C(s)&=\frac{C_1}{s-s_1}+\frac{C_2}{s-s_2}+\cdots+\frac{C_n}{s-s_n}+\frac{B}{s+j\omega}+\frac{D}{s-j\omega}\\&=\sum_{i=1}^{n}\frac{C_i}{s-s_i}+\left(\frac{B}{s+j\omega}+\frac{D}{s-j\omega}\right)\end{aligned} \tag{4-4}$$

式中:s_i 为系统传递函数的极点;C_i、B、D 为待定系数。

对式(4-4)进行拉普拉斯反变换,得输出响应为

$$c(t)=\sum_{i=1}^{n}C_i\mathrm{e}^{S_it}+B\mathrm{e}^{-j\omega t}+D\mathrm{e}^{j\omega t}(t\geqslant 0) \tag{4-5}$$

对稳定系统而言,极点即特征根 s_i 具有负实部,则当 $t\to\infty$ 时,式(4-5)中的瞬态分量将衰减为零,系统的稳态响应为

$$c(t)=B\mathrm{e}^{-j\omega t}+D\mathrm{e}^{j\omega t}(t\geqslant 0) \tag{4-6}$$

(2) 设系统有 K 重极点 s_j,则 $c(t)$ 将含有 $t^k\mathrm{e}^{S_jt}(k=1,2,\cdots,k-1)$。对于稳定系统,由于 s_j 的实部为负,t^k 的增长没有 e^{S_jt} 衰减得快。所以 $t^k\mathrm{e}^{S_jt}$ 的各项随着 $t\to\infty$ 也都趋于零。因此,对于稳定的系统,不管系统是否有重极点,其稳态响应都如式(4-6)所示。这正是要求解的部分,其中系数 B 和 D 可由式(4-4)用待定系数法确定。

$$B=-\frac{1}{2j}|G(j\omega)|\mathrm{e}^{-j\angle G(j\omega)} \tag{4-7}$$

同理,得

$$D=\frac{1}{2j}|G(j\omega)|\mathrm{e}^{j\angle G(j\omega)} \tag{4-8}$$

将 B 和 D 代入式(4-6),得

$$c(t)=A(\omega)\sin[\omega t+\varphi(\omega)] \tag{4-9}$$

式中

$$A(\omega)=|G(j\omega)| \tag{4-10}$$

$$\varphi(\omega)=\angle G(j\omega) \tag{4-11}$$

可以看出,系统的稳态输出与输入是同频域的正弦函数,输出振幅与相位角虽与输入不同,但都与下式有关,即

$$G(j\omega)=|G(j\omega)|\mathrm{e}^{\angle G(j\omega)}=A(\omega)\mathrm{e}^{j\varphi(\omega)} \tag{4-12}$$

定义 $G(\mathrm{j}\omega)$ 为该系统的频域特性(frequency characteristic),它是将传递函数 $G(s)$ 中的 s 用 $\mathrm{j}\omega$ 取代后的结果,是 ω 的复变函数。显然,频域特性的量纲就是传递函数的量纲,也是输出信号与输入信号的量纲之比。下面给出一些常用的描述频域特性的定义。

1. 幅频特性

频域特性的幅值是正弦稳态输出与输入的幅值比,是角频域 ω 的函数,称为幅频特性(amplitude - frequency characteristic),记为 $A(\omega)$。它描述了系统对于不同频域的谐波输入信号,其幅值的衰减或增大的特性。

2. 相频特性

稳态输出信号与输入信号的相位差,也是角频域 ω 的函数,称为相频特性(phase - frequency characteristic),记为 $\varphi(\omega)$。它描述了系统的稳态输出对不同频域的谐波输入信号在相位上产生滞后($\varphi(\omega)<0$)或超前($\varphi(\omega)>0$)的特性。规定 $\varphi(\omega)$ 按逆时针方向旋转为正值,按顺时钟方向旋转为负值。对于实际的物理系统,相位一般是滞后的,即 $\varphi(\omega)$ 一般是负值。显然,$\varphi(\omega)=\angle G(\mathrm{j}\omega)$。幅频特性与相频特性统称为系统的频域特性。

3. 实频特性

频域特性的实部 $U(\mathrm{j}\omega)$,称为实频特性。

4. 虚频特性

频域特性的虚部 $V(\mathrm{j}\omega)$,称为虚频特性。

通过对频域特性的分析,这里还要说明几点:

(1) 时间响应分析主要用于分析线性系统过渡过程,以获得系统的动态特性;而频域特性分析则通过分析不同的谐波输入时系统的稳态响应,以获得系统的动态特性。

(2) 频域特性对开环系统、闭环系统以及控制装置均适用。

(3) 从频域特性与传递函数的关系可以看出,两者都只适用于线性定常系统。

(4) 前面推导频域特性是在假设系统稳定的条件下进行的,在理论上可以将频域特性的概念推广到不稳定系统。系统不稳定时,瞬态分量不可能消失,瞬态分量和稳态分量始终存在,所以不稳定系统的频域特性是观察不到的。

(5) 频域特性有明显的物理意义,可以通过实验方法测出系统和元部件的频域特性,为列写系统或元部件的动态方程提供了具有实际意义的工程方法。

(6) 频域特性包含了系统和元部件全部的结构特性和参数,它同微分方程、传递函数一样,是描述系统动态特性的数学模型。频域响应法运用稳态的频域特性间接地研究系统的特性,避免了直接求解微分方程的困难。

(7) 若系统在输入信号的同时,在某些频带中有着严重的噪声干扰,则对系统采用频域特性分析法可设计出合适的通频带,以抑制噪声的影响。

例 4.1 如图 4-2 所示的系统,设其传递函数为 $G(s)=\dfrac{K}{Ts+1}$,$H(s)=1$,求系统的频域特性及系统对正弦输入 $r(t)=A\sin\omega t$ 的稳态响应。

解 系统的闭环传递函数为

$$\Phi(s)=\frac{K}{Ts+K+1}$$

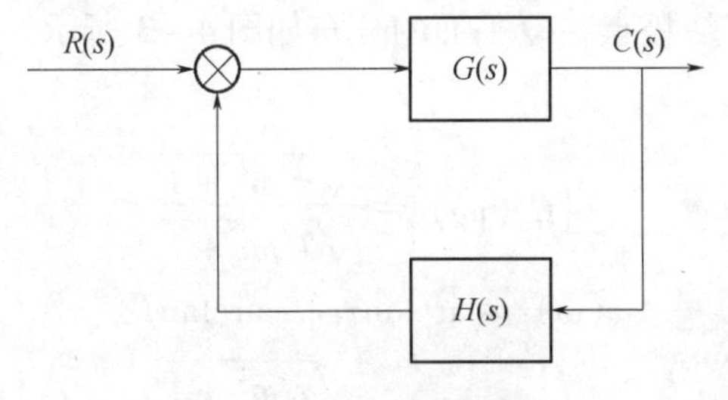

图 4-2　系统方框图

令 $s=\mathrm{j}\omega$,系统的频域特性为

$$\Phi(\mathrm{j}\omega) = \frac{K}{\mathrm{j}\omega T + K + 1}$$

频域特性的幅值为

$$A(\omega) = |\Phi(\mathrm{j}\omega)| = \frac{K}{\sqrt{(K+1)^2 + \omega^2 T^2}}$$

频域特性的相位为

$$\varphi(\omega) = \angle\Phi(\mathrm{j}\omega) = -\arctan\frac{\omega T}{K+1}$$

系统的稳态输出响应为

$$c(t) = \frac{AK}{\sqrt{(K+1)^2 + \omega^2 T^2}}\sin\left(\omega t - \arctan\frac{\omega T}{K+1}\right) \quad (t \geqslant 0)$$

4.1.2　频域特性的表示方法

由前面所述可知,已知系统的传递函数,即可求出系统的频域特性。但是,为了在较宽的频域范围内直观地表示系统的频域响应,用图形表示方法比较方便。在频域特性的图形表示方法中,常用的方法有两种,即极坐标图(Nyquist 图)和对数坐标图(Bode 图)。

4.1.3　最小相位系统和非最小相位系统的概念

1. 最小相位系统

若系统的开环传递函数 $G(s)$ 在 s 右半平面内既无极点也无零点,则称为最小相位系统(minimum phase system)。对于最小相位系统,当频域从零变化到无穷大时,相角的变化范围最小,其相角为 $-(n-m)\times 90°$。

2. 非最小相位系统

若系统的开环传递函数 $G(s)$ 在 s 右半平面内有零点或者极点,称为非最小相位系统(non-minimum phase system)。对于非最小相位系统而言,当频域从零变化到无穷大时,相角的变化范围总是大于最小相位系统的相角范围,其相角不等于 $-(n-m)\times 90°$。

以下两个系统,它们的传递函数为

$$G_a(s) = \frac{\tau s + 1}{Ts + 1}, G_b(s) = \frac{\tau s - 1}{Ts + 1} \quad (0 < \tau < T)$$

这两个系统的开环零、极点在复平面的分布如图4－3所示。其开环幅频特性和开环相频特性分别为

$$|G_a(j\omega)| = \frac{\sqrt{\tau^2\omega^2+1}}{\sqrt{T^2\omega^2+1}} \tag{4-13}$$

$$\varphi(\omega) = \arctan\tau\omega - \arctan T\omega \tag{4-14}$$

$$|G_b(j\omega)| = \frac{\sqrt{\tau^2\omega^2+1}}{\sqrt{T^2\omega^2+1}} \tag{4-15}$$

$$\varphi(\omega) = -\arctan\tau\omega - \arctan T\omega \tag{4-16}$$

比较式(4－13)~式(4－16)，可以发现这两个系统具有相同的开环幅频特性和不同的开环相频特性。

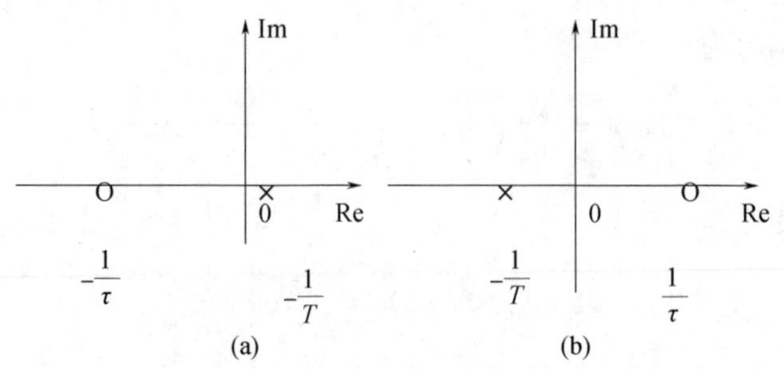

图4－3　开环零、极点分布图

由式(4－14)和式(4－16)可以看出，当频域从零到无穷大时，图4－3(a)所示系统的相位变化量为0°，图4－3(b)所示系统的相位变化量为－180°。由此可见，最小相位系统的相位变化量总小于非最小相位系统的相位变化量，这就是“最小相位”的由来。

4.2　频域特性的奈奎斯特图

在实际应用系统中，常常把频域特性画成极坐标图或对数坐标图，根据这些图形曲线对系统进行分析和设计。下面介绍极坐标图的概念及其绘制方法。

4.2.1　极坐标图

频域特性 $G(j\omega)$ 的极坐标图(polar plot)是当 ω 从零变化到无穷大时，表示在极坐标上的 $G(j\omega)$ 的幅值与相角的关系图。因此，极坐标图是当 ω 从零变化到无穷大时矢量 $G(j\omega)$ 的矢量轨迹。极坐标图又称幅相频域特性图或者奈奎斯特图(Nyquist plot)。

绘制极坐标图，首先要计算不同频域下的 $|G(j\omega)|$ 和 $\angle G(j\omega)$，或者 $\mathrm{Re}[G(j\omega)]$ 和 $\mathrm{Im}[G(j\omega)]$，以便在极坐标上或者复平面上确定该频域下的 $G(j\omega)$ 的矢端位置。然后将各矢端连接起来就得到系统的极坐标图。需要注意的是，在极坐标图上，正(或负)相角是从正实轴开始以逆时针旋转(或顺时钟旋转)来定义的。

若系统由若干个环节串联组成，它们之间没有负载效应，则在绘制该系统的极坐标图时，对于每一个频域，通过将各个环节幅频特性值相乘，相频特性相加，就可求得系统在该

频域下的幅值和相角。

采用极坐标图的优点在于可在一张图上描绘出整个频域中的频域响应特性，不足之处是不能明显地表示开环传递函数中每个单独因子的作用。

4.2.2 典型环节的极坐标图

由于一般系统都是典型环节组成，所以，系统的频域特性也是由典型环节的频域特性组成的。因此，熟悉典型环节的频域特性，是了解和分析系统的频域特性和分析系统的动态特性的基础。

1. 比例环节 *K*

比例环节的频域特性为

$$G(j\omega) = K$$

幅频特性为

$$|G(j\omega)| = K$$

相频特性为

$$\angle G(j\omega) = 0°$$

所以，比例环节的幅频特性和相频特性与频域无关。其极坐标图为实轴上距离原点为 K 的一个点，如图 4－4 所示。

2. 积分环节

积分环节的频域特性为

$$G(j\omega) = \frac{1}{j\omega}$$

幅频特性为

$$|G(j\omega)| = \frac{1}{\omega}$$

相频特性为

$$\angle G(j\omega) = -90°$$

因为$\angle G(j\omega) = -90°$（常数），而当频域由零趋于无穷大时，$|G(j\omega)|$则由无穷大趋于零。所以积分环节的极坐标图是负虚轴，且由无穷远处趋于原点，如图 4－5 所示。积分环节具有恒定的相位滞后。

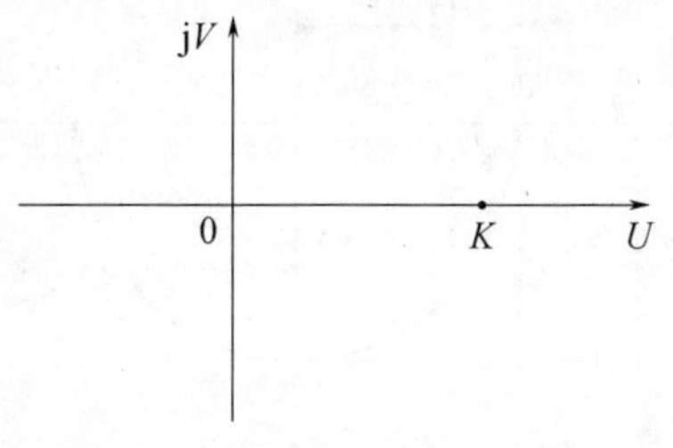

图 4－4　比例环节的极坐标图

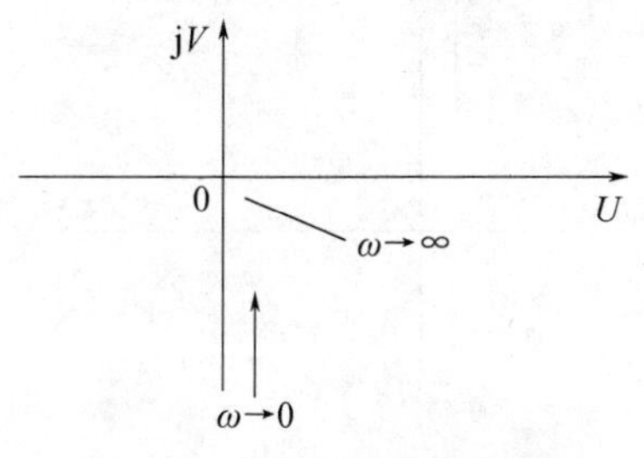

图 4－5　积分环节的极坐标图

3. 微分环节

微分环节的频域特性为

$$G(j\omega) = j\omega$$

幅频特性为

$$|G(j\omega)| = \omega$$

相频特性为

$$\angle G(j\omega) = 90^\circ$$

显然,微分环节的极坐标图是正虚轴,且由原点指向无穷远处,如图 4-6 所示,微分环节具有恒定的相位超前。

4. 惯性环节

惯性环节的频域特性为

$$G(j\omega) = \frac{1}{j\omega T + 1}$$

幅频特性为

$$|G(j\omega)| = \frac{1}{\sqrt{T^2\omega^2 + 1}}$$

相频特性为

$$\angle G(j\omega) = \arctan(-T\omega) = -\arctan T\omega$$

当 $\omega = 0$ 时,有

$$|G(j\omega)| = 1, \angle G(j\omega) = 0^\circ$$

当 $\omega = \frac{1}{T}$时,有

$$|G(j\omega)| = \frac{1}{\sqrt{2}}, \angle G(j\omega) = -45^\circ$$

当 $\omega \to \infty$ 时,有

$$|G(j\omega)| \to 0, \angle G(j\omega) \to -90^\circ$$

可见,当频域由零趋于无穷大时,惯性环节的极坐标图均处于复平面上的第四象限内。由图 4-7 可见,惯性环节的极坐标图是一个圆心为(0.5,j0)、半径为 0.5 的半圆。

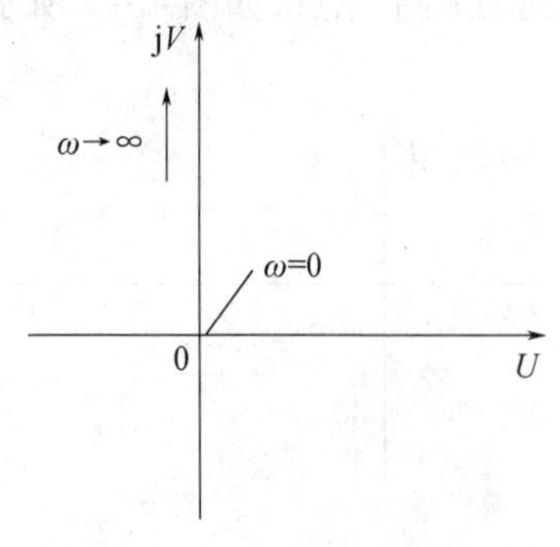

图 4-6　微分环节的极坐标图

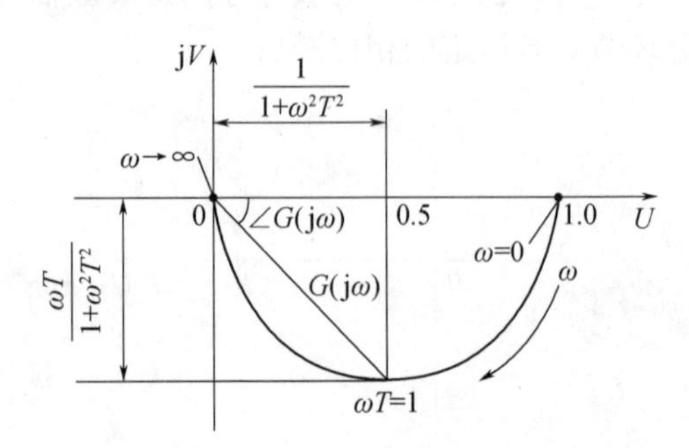

图 4-7　惯性环节的极坐标图

惯性环节频域特性幅值随着频域的增大而减小，因此具有低通滤波的性能。它存在相位滞后，且滞后相角随频域的增大而增大，最大滞后相角为90°。

5. 一阶微分环节

一阶微分环节的频域特性为

$$G(\mathrm{j}\omega) = \mathrm{j}\omega\tau + 1$$

幅频特性为

$$|G(\mathrm{j}\omega)| = \sqrt{\omega^2\tau^2 + 1}$$

相频特性为

$$\angle G(\mathrm{j}\omega) = \arctan\omega\tau$$

当 $\omega = 0$ 时，有

$$|G(\mathrm{j}\omega)| = 1, \angle G(\mathrm{j}\omega) = 0°$$

当 $\omega = \frac{1}{\tau}$ 时，有

$$|G(\mathrm{j}\omega)| = \sqrt{2}, \angle G(\mathrm{j}\omega) = -45°$$

当 $\omega \to \infty$ 时，有

$$|G(\mathrm{j}\omega)| \to \infty, \angle G(\mathrm{j}\omega) \to -90°$$

可见，当频域从零趋于无穷大时，一阶微分环节的极坐标图处于第一象限内，为过点（1,j0）、平行于虚轴的上半部的直线，如图4-8所示。

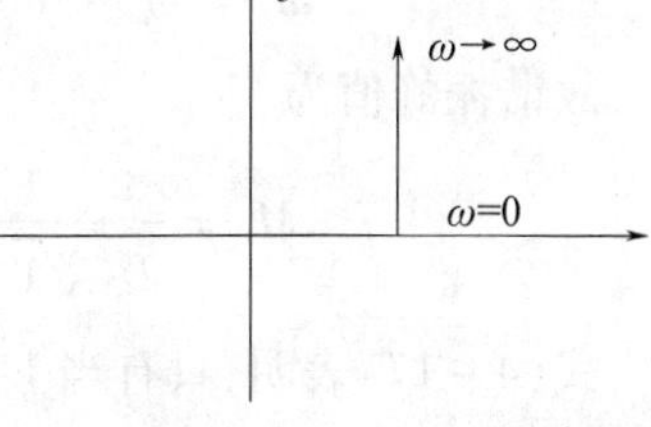

图4-8 一阶微分环节的极坐标图

6. 振荡环节

振荡环节的频域特性为

$$G(\mathrm{j}\omega) = \frac{1}{\left(\mathrm{j}\frac{\omega}{\omega_n}\right)^2 + \mathrm{j}2\xi\frac{\omega}{\omega_\mathrm{n}} + 1}$$

幅频特性为

$$|G(\mathrm{j}\omega)| = \frac{1}{\sqrt{\left(1 - \frac{\omega^2}{\omega_n^2}\right)^2 + \left(2\xi\frac{\omega}{\omega_\mathrm{n}}\right)^2}}$$

相频特性为

$$\angle G(\mathrm{j}\omega) = \begin{cases} -\arctan\dfrac{2\xi\dfrac{\omega}{\omega_\mathrm{n}}}{1 - \dfrac{\omega^2}{\omega_\mathrm{n}^2}} & (0 \leqslant \omega \leqslant \omega_\mathrm{n}) \\ -\pi - \arctan\dfrac{2\xi\dfrac{\omega}{\omega_2}}{1 - \dfrac{\omega^2}{\omega_\mathrm{n}^2}} & (\omega > \omega_\mathrm{n}) \end{cases}$$

当 $\omega=0$ 时，有

$$|G(\mathrm{j}\omega)|=1, \angle G(\mathrm{j}\omega)=0^\circ$$

当 $\omega=\omega_n$ 时，有

$$|G(\mathrm{j}\omega)|=\frac{1}{2\xi}, \angle G(\mathrm{j}\omega)=-90^\circ$$

当 $\omega\to\infty$ 时，有

$$|G(\mathrm{j}\omega)|\to 0, \angle G(\mathrm{j}\omega)\to -180^\circ$$

可见，当频域从零趋于无穷大时，振荡环节的极坐标图处于下半平面上，而且与阻尼比 ξ 有关。不同阻尼比 ξ 时的极坐标图如图 4-9 所示。

对于欠阻尼情况，$\xi<1$，$|G(\mathrm{j}\omega)|$ 会出现峰值。此峰值叫谐振峰值，用 M_r 表示，出现谐振峰值的频域用 ω_r 表示。对于过阻尼情况，$\xi>1$，$G(\mathrm{j}\omega)$ 有两个相异的实数极点，其中一个极点远离虚轴。显然，远离虚轴的这个极点对瞬态性能的影响很小，而起主导作用的是靠近原点的实极点，它的极坐标图近似于一个半圆，此时系统已经接近为一个惯性环节。

由于当 $\omega=\omega_r$ 时，$|G(\mathrm{j}\omega)|=M_r$，有

$$\frac{\mathrm{d}|G(\mathrm{j}\omega)|}{\mathrm{d}\omega}=0$$

所以求得谐振频域为

$$\omega_r=\omega_n\sqrt{1-2\xi^2} \qquad (4-17)$$

故谐振峰值为

$$M_r=\frac{1}{2\xi\sqrt{1-\xi^2}} \qquad (4-18)$$

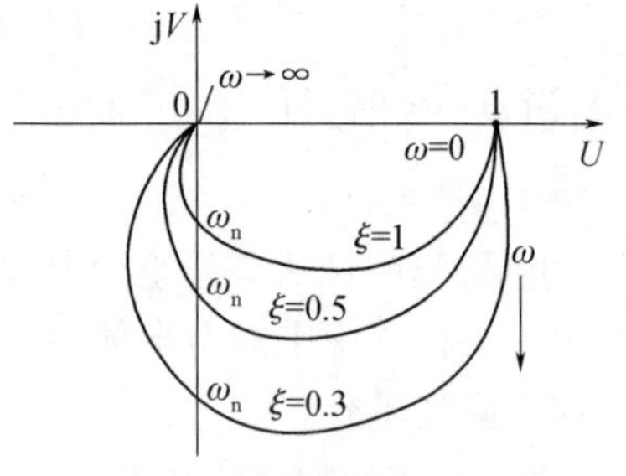

图 4-9　振荡环节的极坐标图

式(4-17)表明，只有当 $1-2\xi^2>0$ 时，即 $0<\xi<0.707$ 时，$|G(\mathrm{j}\omega)|$ 才会出现谐振峰值。另外，从式(4-17)还看到，对于实际系统，谐振频域 ω_r 不等于它的无阻尼固有频域 ω_n，而是比 ω_n 小。式(4-18)表明，谐振峰值 M_r 随阻尼比 ξ 的减小而增大。当 ξ 趋于零时，M_r 值便趋于无穷大。此时 $\omega_r=\omega_n$。也就是说，在这种情况下，当输入正弦函数的频域等于无阻尼固有频域时，环节将引起共振。

7. 二阶微分环节

二阶微分环节的频域特性为

$$G(\mathrm{j}\omega)=\left(\mathrm{j}\frac{\omega}{\omega_n}\right)^2+\mathrm{j}2\xi\frac{\omega}{\omega_n}+1$$

幅频特性为

$$|G(\mathrm{j}\omega)|=\sqrt{\left(1-\frac{\omega}{\omega_n}\right)^2+\left(2\xi\frac{\omega}{\omega_n}\right)^2}$$

相频特性为

$$
\angle G(\mathrm{j}\omega)=\begin{cases}\arctan\dfrac{2\xi\dfrac{\omega}{\omega_{\mathrm{n}}}}{1-\dfrac{\omega^{2}}{\omega_{\mathrm{n}}^{2}}} & (0\leqslant\omega\leqslant\omega_{\mathrm{n}})\\ \pi+\arctan\dfrac{2\xi\dfrac{\omega}{\omega_{\mathrm{n}}}}{1-\dfrac{\omega^{2}}{\omega_{\mathrm{n}}^{2}}} & (\omega>\omega_{\mathrm{n}})\end{cases}
$$

当 $\omega=0$ 时,有

$$|G(\mathrm{j}\omega)|=1,\angle G(\mathrm{j}\omega)=0^{\circ}$$

当 $\omega=\omega_{\mathrm{n}}$ 时,有

$$|G(\mathrm{j}\omega)|=2\xi,\angle G(\mathrm{j}\omega)=90^{\circ}$$

当 $\omega\to\infty$ 时,有

$$|G(\mathrm{j}\omega)|\to\infty,\angle G(\mathrm{j}\omega)\to180^{\circ}$$

可见,当频域从零变化到无穷大时,二阶微分环节的极坐标图处于复平面的上半平面,极坐标图在 $\omega=0$ 时,从点(1,j0)开始,在 $\omega\to\infty$ 时指向无穷远处,如图 4-10 所示。

8. 延迟环节

延迟环节的频域特性为

$$G(\mathrm{j}\omega)=\mathrm{e}^{-\mathrm{j}\omega\tau}=\cos\omega\tau-\mathrm{j}\sin\omega\tau$$

幅频特性为

$$|G(\mathrm{j}\omega)|=1$$

相频特性为

$$\angle G(\mathrm{j}\omega)=\arctan\frac{-\sin\omega\tau}{\cos\omega\tau}=-\omega\tau$$

由于延迟环节的幅值恒为1,而其相角随 ω 顺时针的变化成比例变化,因而它的极坐标图是以原点为圆心的单位圆,如图 4-11 所示。

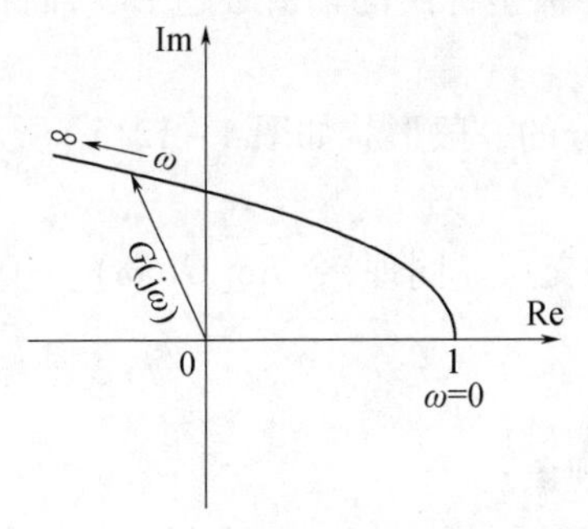

图 4-10 二阶微分环节的极坐标图

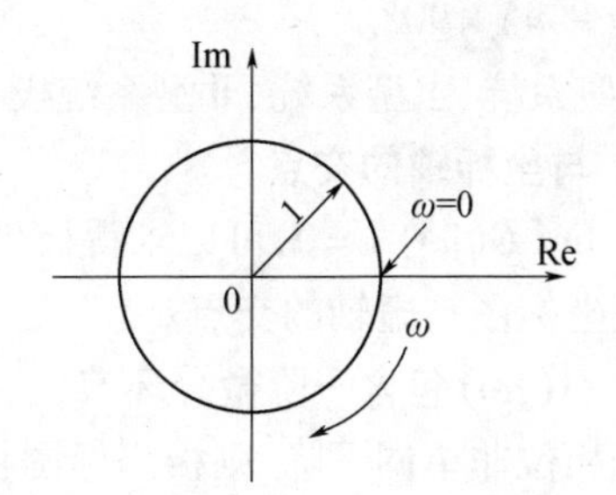

图 4-11 延迟环节的极坐标图

4.2.3 系统极坐标图的一般画法

如果要准确绘制 ω 从零开始到无穷大的整个频域范围内的系统的极坐标图,可以按

照逐点描图法绘出系统的极坐标图。通常并不需要精确知道 ω 从零开始到无穷大整个频域范围内系统每一点的幅值和相角，而只需要精确知道极坐标图与负实轴的交点以及 $|G(j\omega)|=1$ 时的点，其余部分只需知道一般形式即可。绘制这种概略的极坐标图，只要根据极坐标图的特点，便可方便地绘出。

系统的开环频域特性曲线具有以下规律：

1. 起始段($\omega=0$)

(1) 对于0型系统，由于 $|G(j\omega)|=K$，$\angle G(j\omega)=0°$，则极坐标图的起点是位于实轴上的有限值。

(2) 对于Ⅰ型系统，由于 $|G(j\omega)|\to\infty$，$\angle G(j\omega)=-90°$，在低频时，极坐标图是一条渐近线，它趋近于一条平行于负虚轴的直线。

(3) 对于Ⅱ型系统，由于 $|G(j\omega)|\to\infty$，$\angle G(j\omega)=-180°$，在低频时，极坐标图是一条渐近线，它趋近于一条平行于负实轴的直线。

0型、Ⅰ型、Ⅱ型系统极坐标图低频部分的一般形状如图4-12(a)所示。

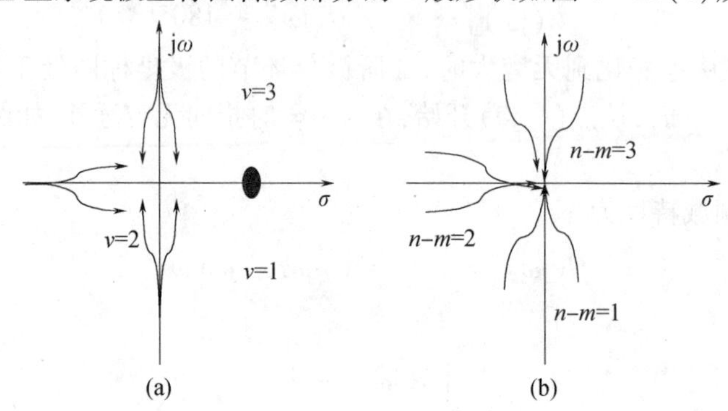

图4-12　极坐标图

(a) 低频时；(b) 高频时。

2. 终止段($\omega=\infty$)

对于0型、Ⅰ型、Ⅱ型系统，$|G(j\omega)|=0$，$\angle G(j\omega)=-(n-m)\times 90°$（$n$ 为基点数，m 为零点数）。因此对于任何 $n>m$ 的系统，$\omega\to\infty$ 时的极坐标图的幅值必趋于零，而相角趋于 $-(n-m)\times 90°$。

0型系统、Ⅰ型系统、Ⅱ型系统极坐标图高频部分的一般形状如图4-12(b)所示。

3. 与坐标轴的交点

令 $\mathrm{Im}[G(j\omega)]=0$，可以求得极坐标图与实轴的交点。同理，令 $\mathrm{Re}[G(j\omega)]=0$，可以求得极坐标图与虚轴的交点。

4. $G(j\omega)$包含一阶微分环节

若相位非单调下降，则极坐标图将发生“弯曲”现象。

按照上述特点，便可方便地画出系统的极坐标图。由此可以归纳出极坐标图的一般步骤：

(1) 写出 $|G(j\omega)|$ 和 $\angle G(j\omega)$ 表达式。

(2) 分别求出 $\omega=0$ 和 $\omega\to\infty$ 时的 $G(j\omega)$。

(3) 求极坐标图与实轴的交点，交点可利用 $\mathrm{Im}[G(j\omega)]=0$ 的关系式求出。

（4）求极坐标图与虚轴的交点，交点可利用 $\mathrm{Re}[G(\mathrm{j}\omega)]=0$ 的关系式求出。

（5）判断极坐标图的变化象限、单调性，勾画出大致曲线。

例 4.2 画出下列两个 0 型系统的极坐标图，式中 K,T_1,T_2,T_3 均大于 0。

$$G_1(s)=\frac{K}{(T_1s+1)(T_2s+1)}$$

$$G_2(s)=\frac{K}{(T_1s+1)(T_2s+1)(T_3s+1)}$$

解：系统的频域特性分别为

$$G_1(\mathrm{j}\omega)=\frac{K}{(1+\mathrm{j}\omega T_1)(1+\mathrm{j}\omega T_2)}$$

$$G_2(\mathrm{j}\omega)=\frac{K}{(1+\mathrm{j}\omega T_1)(1+\mathrm{j}\omega T_2)(1+\mathrm{j}\omega T_3)}$$

幅频特性分别为

$$A_1(\omega)=\frac{K}{\sqrt{1+\omega^2T_1^2}\cdot\sqrt{1+\omega^2T_2^2}}$$

$$A_2(\omega)=\frac{K}{\sqrt{1+\omega^2T_1^2}\cdot\sqrt{1+\omega^2T_2^2}\cdot\sqrt{1+\omega^2T_3^2}}$$

相频特性分别为

$$\varphi_1(\omega)=-\arctan(\omega T_1)-\arctan(\omega T_2)$$

$$\varphi_2(\omega)=-\arctan(\omega T_1)-\arctan(\omega T_2)-\arctan(\omega T_3)$$

当 $\omega=0$ 时，有

$$A_1(\omega)=K,\varphi_1(\omega)=0^\circ$$

$$A_2(\omega)=K,\varphi_2(\omega)=0^\circ$$

当 $\omega\to\infty$ 时，有

$$A_1(\omega)=0,\varphi_1(\omega)=-180^\circ$$

$$A_2(\omega)=0,\varphi_2(\omega)=-270^\circ$$

以上分析说明 0 型系统 $G_1(\mathrm{j}\omega)$、$G_2(\mathrm{j}\omega)$ 的极坐标图的起始点位于正实轴上的一个有限点 $(K,\mathrm{j}0)$。而当 $\omega\to\infty$ 时分别以 -180° 和 -270° 趋于坐标原点。它们的极坐标图分别如图 4-13(a)、(b) 所示。

例 4.3 画出 I 型系统的极坐标图，式中 K,T 均大于 0。

$$G(s)=\frac{K}{s(Ts+1)}$$

解：系统的频域特性为

$$G(\mathrm{j}\omega)=\frac{K}{\mathrm{j}\omega(1+\mathrm{j}\omega T)}$$

幅频特性为

$$A(\omega)=\frac{K}{\omega\cdot\sqrt{1+\omega^2T^2}}$$

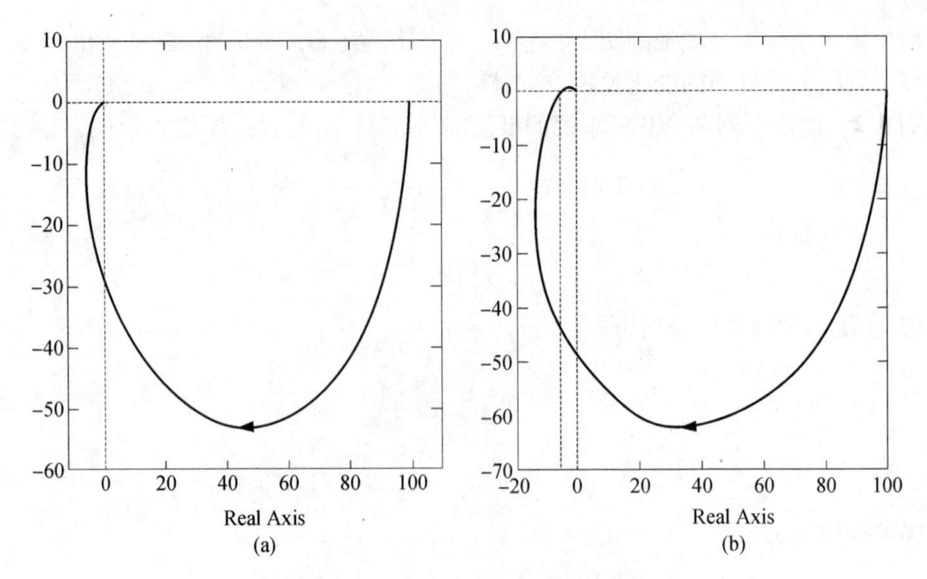

图 4-13 两个零型系统的极坐标图

相频特性为

$$\varphi(\omega) = -90° - \arctan\omega T$$

当 $\omega=0$ 时,有

$$A(\omega) \to \infty, \varphi(\omega) = -90°$$

当 $\omega\to\infty$ 时,有

$$A(\omega) = 0, \varphi(\omega) = -180°$$

上述分析表明当 $\omega=0$ 时,系统的极坐标图起点在无穷远处,所以下面求出系统起始于无穷远点时的渐近线。

令 $\omega\to 0$ 时,对 $G(\mathrm{j}\omega)$ 的实部和虚部分别取极限,得

$$\lim_{\omega\to 0}\mathrm{Re}[G(\mathrm{j}\omega)] = \lim_{\omega\to 0}\frac{-KT}{1+T^2\omega^2} = -KT$$

$$\lim_{\omega\to 0}\mathrm{Im}[G(\mathrm{j}\omega)] = \lim_{\omega\to 0}\frac{-K}{1+T^2\omega^2} = -\infty$$

上式表明,$G(\mathrm{j}\omega)$ 的极坐标图在 $\omega\to 0$ 时,即图形的起始点,位于相角为 $-90°$ 的无穷远处,且趋于一条渐近线,该渐近线为过点 $(-KT, \mathrm{j}0)$ 且平行于虚轴的直线;当 $\omega\to\infty$ 时,幅值趋于0,相角趋于 $-180°$,如图 4-14 所示。

例 4.4 已知系统的开环传递函数如下式,试绘制该系统的极坐标图。

$$G(s) = \frac{K}{s^2(T_1 s+1)(T_2 s+1)}$$

解:系统的频域特性为

$$G(\mathrm{j}\omega) = \frac{K}{-\omega^2\cdot(1+\mathrm{j}\omega T_1)(1+\mathrm{j}\omega T_2)}$$

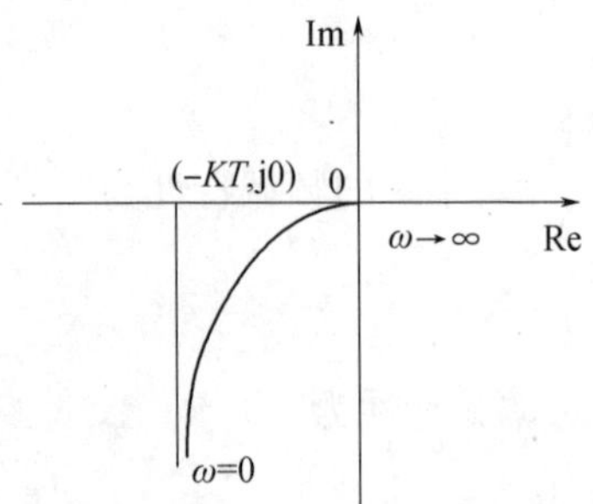

图 4-14 例 4.3 系统的极坐标图

幅频特性为

$$A(\omega) = \frac{K}{\omega^2 \cdot \sqrt{1+\omega^2 T_1{}^2} \cdot \sqrt{1+\omega^2 T_2{}^2}}$$

相频特性为

$$\varphi(\omega) = -180° - \arctan\omega T_1 - \arctan\omega T_2$$

当 $\omega=0$ 时,有

$$A(\omega) \to \infty, \varphi(\omega) = -180°$$

当 $\omega\to\infty$ 时,有

$$A(\omega) = 0, \varphi(\omega) = -360°$$

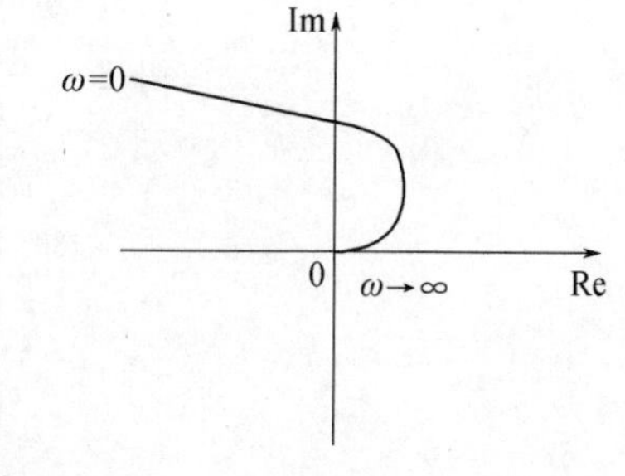

图 4-15　例 4.4 系统的极坐标图

上述分析表明,当 $\omega=0$ 时,系统的极坐标图起点在无穷远处;在 $\omega\to\infty$ 时,幅值趋于 0,相角趋于 $-360°$,如图 4-15 所示。

4.3　频域特性的伯德图

本节主要介绍描述系统频域特性的伯德图的概念和特点,组成系统典型环节的伯德图表示,系统伯德图的绘制方法。

4.3.1　伯德图

频域特性的对数坐标图,即伯德图(Bode diagram)或对数频域特性图(logarithmic plot)。伯德图容易绘制,从图形上容易看出某些参数的变化和某些环节对系统性能的影响,所以它在频域特性法中成为应用最广的图示法。

伯德图由两张图组成,一张是对数幅频特性图(Plot of the logarithm of the magnitude),另一张是对数相频特性图(Plot of the phase angle),分别表示频域特性的幅值和相位与角频域之间的关系。两张图的横坐标都是角频域 ω(rad/s),采用对数分度,即横轴上标识的是角频域 ω,但它实际上是按 $\lg\omega$ 来均匀分度的。采用对数分数的优点是可以将很宽的频域范围清楚地画在一张图上,从而能同时清晰地表示出频域特性在低频段、中频段和高频段的情况,这对于分析和设计控制系统是非常重要的。

幅频特性的坐标图如图 4-16 所示。

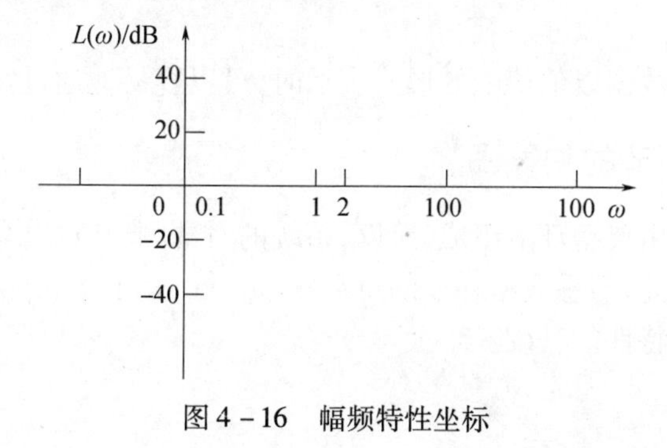

图 4-16　幅频特性坐标

相频特性的坐标图如图 4－17 所示。

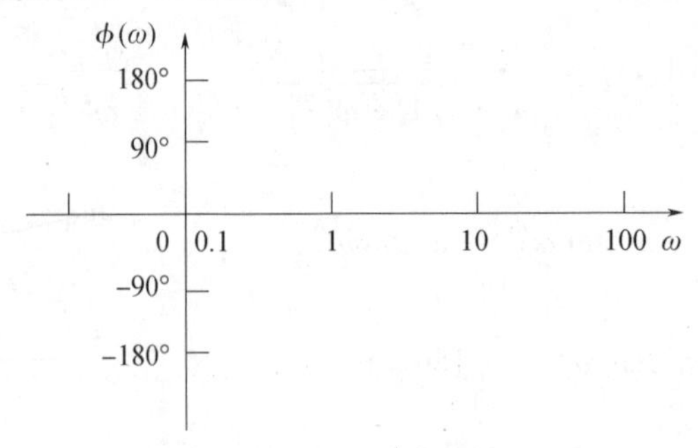

图 4－17　相频特性坐标

在 ω 轴上，对应于频域每增加 1 倍，称为一倍频程，例如 ω 从 1 到 2，从 2 到 4，从 10 到 20 等，其长度都相等。对应于频域每增大 10 倍的频域范围，称为十倍频程，单位为 dec，例如 ω 从 1 到 10，从 2 到 20，从 10 到 100 等，所有十倍频程在 ω 轴上的长度相等。由于 $\lg 0 = -\infty$，所以横轴上画不出频域为 0 的点。至于横轴的起始频域取何值，应视所要表示的实际频域范围而定。

对数幅频特性图的纵坐标表示 $20\lg|G(j\omega)|$，记为 $L(\omega)$，单位为分贝(dB)，采用线性分度。纵轴上 0dB 表示 $|G(j\omega)|=1$，纵轴上没有 $|G(j\omega)|=0$ 的点。对数幅频特性就是以 $20\lg|G(j\omega)|$ 为纵坐标、以 $\lg\omega$ 为横坐标所绘制的曲线。对数相频特性图纵坐标是 $\angle G(j\omega)$，记为 $\varphi(\omega)$，单位是度(°)或弧度(rad)，线性分度。由于对数幅频特性和对数相频特性的纵坐标都是线性分度，横坐标都是对数分度，所以两张图绘制在同一张对数坐标纸上，并且两张图按频域上下对齐，容易看出同一频域时的幅值和相位。

采用伯德图的优点主要在于：

(1) 由于频域坐标按照对数分度，故可合理利用纸张，以有限的纸张空间表示很宽的频域范围。

(2) 由于幅值采用分贝作单位，可以将串联环节幅值的相乘、除，化为幅值的相加、减，使得计算和作图过程简化。

(3) 提供了绘制近似对数幅频曲线的简便方法。幅频特性往往用直线作出对数幅频特性曲线的近似线，系统的幅频特性用组成该系统各环节的幅频特性折线叠加使得作图非常方便。

(4) 因为在实际系统中，低频特性最为重要，所以通过对频域采用对数尺度，以扩展低频范围是很有利的。

(5) 当频域响应数据以伯德图的形式表示时，可以容易地通过实验确定传递函数。

4.3.2　典型环节的伯德图

由于一般系统都由典型环节组成，所以，系统的对数频域特性也是由典型环节的对数频域特性组成的。因此，熟悉典型环节的对数频域特性，是了解和分析系统的对数频域特性和分析系统的动态特性的基础。

1. 比例环节 K

对数幅频特性为

$$20\lg|G(j\omega)| = 20\lg K(\text{dB})$$

对数相频特性为

$$\angle G(j\omega) = 0°$$

所以比例环节的对数幅频特性曲线是一条平行于横轴的直线。当 $K>1$ 时，直线位于0dB 线上方；当 $K<1$ 时，直线位于0dB 线下方；当 $K=1$ 时，直线与0dB 线重合。相频特性曲线是与0°线重合的直线。K 的数值变化时，幅频特性图中的直线 $20\lg K$ 向上与向下平移，但相频特性不变。图 4－18 所示为比例环节的对数幅频特性曲线和对数相频特性曲线都与频域无关。

2．积分环节$\frac{1}{j\omega}$

对数幅频特性为

$$20\lg|G(j\omega)| = 20\lg\frac{1}{\omega} = -20\lg\omega(\text{dB})$$

对数相频特性为

$$\angle G(j\omega) = -90°$$

可见，每当频域增加 10 倍时，积分环节对数幅频特性就下降 20dB，积分环节的对数复频特性曲线是一条在 $\omega=1$ 时通过 0dB 线，斜率为 －20dB/dec 的直线。积分环节的对数相频特性曲线是一条在整个频域范围内为 －90°的水平线。如图 4－19 所示。

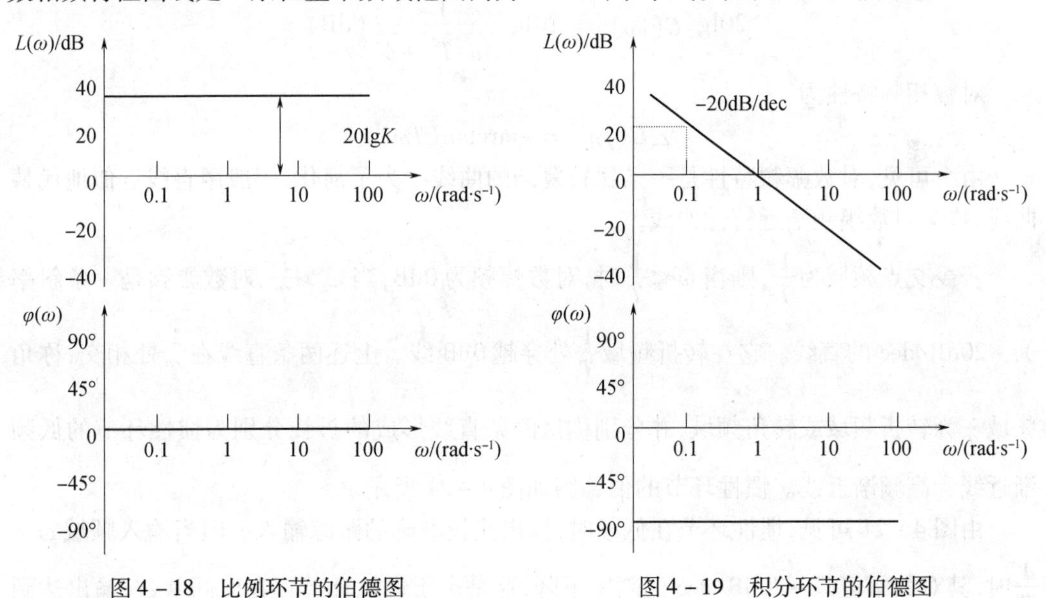

图 4－18　比例环节的伯德图　　　图 4－19　积分环节的伯德图

如果 ν 个积分环节串联，则传递函数为

$$G(s) = \frac{1}{s^{\nu}} \tag{4-19}$$

对数幅频特性为

$$20\lg|G(j\omega)| = 20\lg\frac{1}{s^{\nu}} = -20\nu\lg\omega(\text{dB})$$

对数相频特性为

$$\angle G(j\omega) = -\nu\cdot 90°$$

它的对数幅频特性曲线是一条在 $\omega=1$ 处穿越频域 0dB 线，斜率为 -20νdB/dec 的直线，相频特性曲线是一条在整个频域范围内为 $-\nu\cdot 90°$的水平线。

3. 理想微分环节 $j\omega$

对数幅频特性为

$$20\lg|G(j\omega)| = 20\lg\omega\ (\text{dB})$$

对数相频特性为

$$\angle G(j\omega) = 90°$$

可见，每当频域增加 10 倍时，理想微分环节的对数幅频特性就增加 20dB。

故微分环节的对数幅频特性是一条在 $\omega=1$ 时通过 0dB 线，斜率为 20dB/dec 的直线。对数相频特性曲线是一条在整个频域内为90°的水平线。如图 4－20 所示。

理想微分环节具有恒定的相位超前。

4. 惯性环节$\frac{1}{j\omega T+1}$

对数幅频特性为

$$20\lg|G(j\omega)| = 20\lg\frac{1}{\sqrt{\omega^2T^2+1}}\ (\text{dB})$$

对数相频特性为

$$\angle G(j\omega) = -\arctan(T\omega)$$

由上可见，对数幅频特性是一条比较复杂的曲线。为了简化，一般用直线近似地代替曲线，称为对数幅频渐近特性曲线。

若令交点频域为$\frac{1}{T}$，则当 $\omega\ll\frac{1}{T}$时，对数幅频为 0dB；当 $\omega\gg\frac{1}{T}$，对数幅频是一条斜率为 －20dB/dec 的直线。它在转折频域$\frac{1}{T}$处穿越 0dB 线。上述两条直线在$\frac{1}{T}$处相交，称角频域$\frac{1}{T}$为转折频域或转角频域，并分别称这两条直线形成的折线分别为惯性环节的低频渐近线和高频渐近线。惯性环节的伯德图如图 4－21 所示。

由图 4－21 可见，惯性环节在低频时，输出比较准确的跟踪输入。但当输入频域 $\omega>\frac{1}{T}$时，其对数幅值以 －20dB/dec 的斜率下降，这是由于惯性环节存在时间常数，输出达到一定幅值时，需要一定的时间。当频域过高时，输出便跟不上输入的变化，故在高频时，输出的幅值很快衰减。如果输入函数中包含多种谐波，则输入中的低频分量得到精确的复现，而高频分量的幅值就要衰减，并产生较大的相移。所以，惯性环节具有低通滤波器的功能。

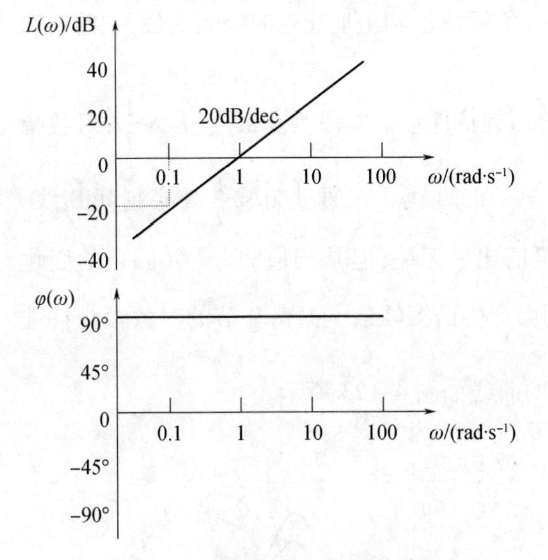

图 4-20　理想微分环节的伯德图

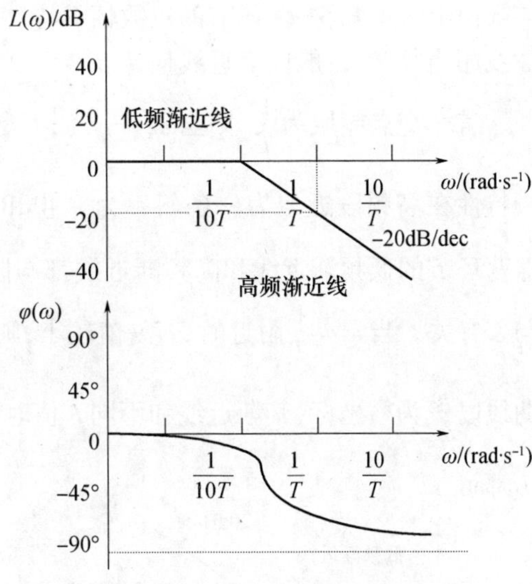

图 4-21　惯性环节的伯德图

用渐近线作图简单方便，而且和精确曲线很接近，在系统初步设计阶段经常采用。

5. 一阶微分环节 $j\omega T+1$

对数幅频特性为

$$20\lg|G(j\omega)| = 20\lg\sqrt{\omega^2T^2+1}$$

对数相频特性为

$$\angle G(j\omega) = \arctan\omega T$$

若令交点频域为$\frac{1}{T}$，则当 $\omega\ll\frac{1}{T}$时，对数幅频为 0dB；当 $\omega\gg\frac{1}{T}$，对数幅频是一条斜率为 20dB/dec 的直线。它同样在转折频域$\frac{1}{T}$处穿越 0dB 线。

由上可知，一阶微分环节的传递函数为惯性环节的倒数，与惯性环节对数幅频和对数相频相比，仅差一个符号。所以，一阶微分环节的对数幅频特性与惯性环节的对数幅频特性曲线关于 0dB 线对称，对数相频特性曲线关于 0°线对称，如图 4-22 所示。

6. 振荡环节$\dfrac{1}{\left(j\dfrac{\omega}{\omega_n}\right)^2+j2\xi\dfrac{\omega}{\omega_n}+1}$

对数幅频特性为

$$20\lg|G(j\omega)| = 20\lg\frac{1}{\sqrt{\left(1-\frac{\omega}{\omega_n}\right)^2+\left(2\xi\frac{\omega}{\omega_n}\right)^2}}$$

对数相频特性为

$$\angle G(j\omega) = -\arctan\frac{2\xi\frac{\omega}{\omega_n}}{1-\frac{\omega^2}{\omega_n^2}}$$

由上式可知，振荡环节的对数幅频特性是角频域 ω 和阻尼比 ξ 的二元函数，它的精确曲线相当复杂，一般以渐近线代替。

若令交点频域为$\frac{1}{T}$，则当 $\omega \ll \frac{1}{T}$时，对数幅频特性在低频段为 0dB；当 $\omega \gg \frac{1}{T}$，对数幅频特性在高频段近似为一条斜率为 -40dB/dec 的直线。它通过频域$\frac{1}{T}$处穿越 0dB 线。振荡环节的低频渐近线和高频渐近线都与阻尼比 ξ 无关，但是幅值 $20\lg|G(j\omega)|$的变化与 ξ 有关。当 $\omega=\frac{1}{T}$附近时，若 ξ 值较小，则会产生谐振峰值。振荡环节的对数幅频特性曲线以$\frac{\omega}{\omega_n}$为横坐标，其渐近线和不同 ξ 值时的曲线如图 4-23 所示。

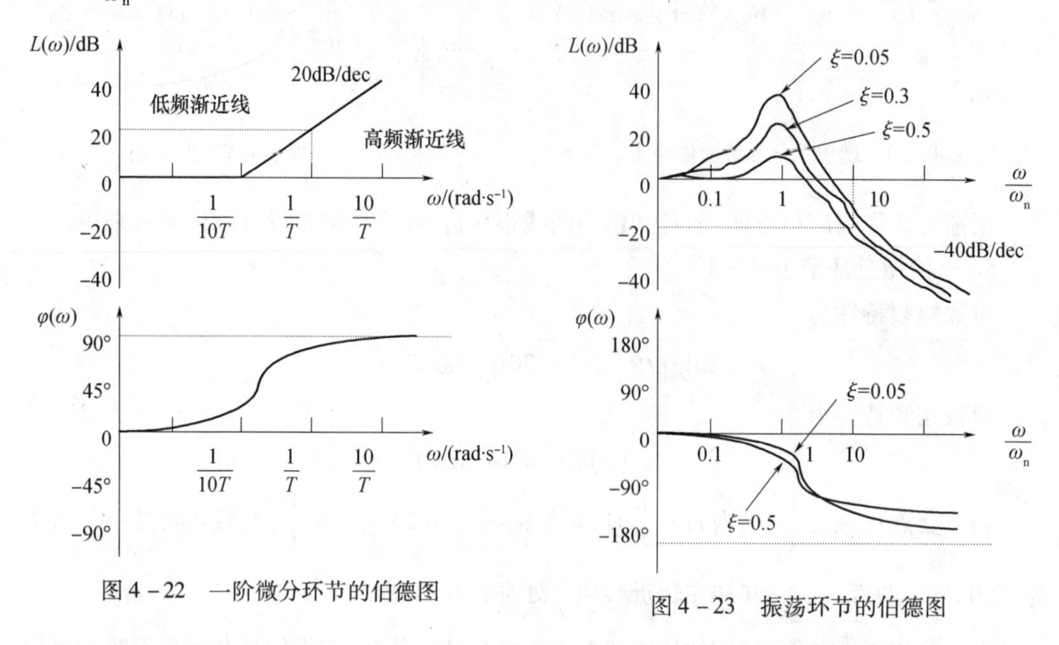

图 4-22　一阶微分环节的伯德图

图 4-23　振荡环节的伯德图

由对数相频特性表达式可以画出对数相频特性曲线，仍以$\frac{\omega}{\omega_n}$为横坐标，对应于不同的 ξ 值，形成一簇对数相频特性曲线，如图 4-23 所示。对于任何 ξ 值，当 $\omega \to 0$ 时，$\angle G(j\omega) \to 0°$；当 $\omega \to \infty$ 时，$\angle G(j\omega) = -180°$；当 $\omega=\frac{1}{T}$时，$\angle G(j\omega) = -90°$。

振荡环节的精确幅频特性与渐近线之间的误差可能很大，特别是在转折频域处误差最大。

7. 二阶微分环节$\left(j\frac{\omega}{\omega_n}\right)^2+j2\xi\frac{\omega}{\omega_n}+1$

对数幅频特性为

$$20\lg|G(j\omega)| = 20\lg\sqrt{\left(1-\frac{\omega^2}{\omega_n^2}\right)^2+\left(2\xi\frac{\omega}{\omega_n}\right)^2}$$

对数相频特性为

$$\angle G(\mathrm{j}\omega) = \arctan\frac{2\xi\dfrac{\omega}{\omega_{\mathrm{n}}}}{1-\dfrac{\omega^2}{\omega_{\mathrm{n}}^2}}$$

二阶微分环节的传递函数为振荡环节的倒数。与振荡环节对数幅频特性和对数相频特性相比，仅差一个符号。所以二阶微分环节的对数幅频特性与振荡环节的对数幅频特性曲线对称于0dB线，对数相频特性对称于0°线，如图4-24所示。

8. 延时环节 $\mathrm{e}^{-\mathrm{j}\omega T}$

$$G(\mathrm{j}\omega) = \mathrm{e}^{-\mathrm{j}\omega T} = \cos\omega T - \mathrm{j}\sin\omega T$$

对数幅频特性为

$$20\lg|G(\mathrm{j}\omega)| = 20\lg 1 = 0(\mathrm{dB})$$

对数相频特性为

$$\angle G(\mathrm{j}\omega) = \arctan\frac{-\sin\omega T}{\cos\omega T} = -\omega T$$

延时环节的对数幅频特性曲线为0dB直线，对数相频特性曲线随着 ω 的增大而减小，如图4-25所示。

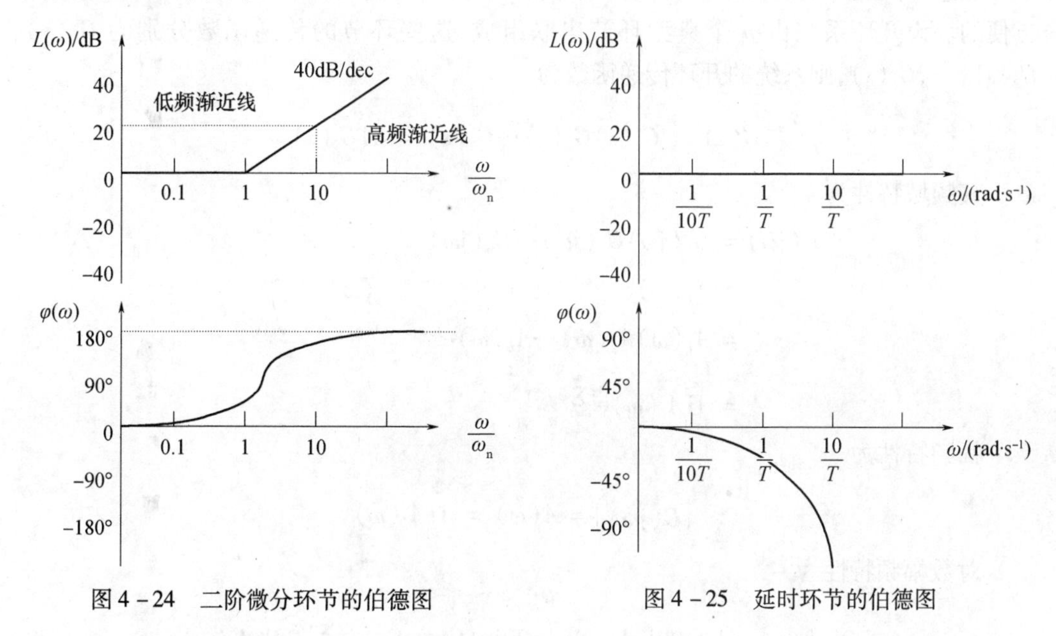

图4-24 二阶微分环节的伯德图　　　　图4-25 延时环节的伯德图

综上所述，某些典型环节的对数幅频特性及其渐近线和对数相频特性具有以下特点：

(1) 就对数幅频而言：

积分环节为过点(1,0)、斜率为-20dB/dec的直线；

微分环节为过点(1,0)、斜率为20dB/dec的直线；

惯性环节的低频渐近线为0dB，高频渐近线为始于点$\left(\frac{1}{T},0\right)$、斜率为-20dB/dec的直线；

一阶微分环节的低频渐近线为 0dB，高频渐近线为始于点$\left(\frac{1}{T},0\right)$、斜率为 20dB/dec 的直线；

振荡环节的低频渐近线为 0dB，高频渐近线为始于点(1,0)、斜率为 -40dB/dec 的直线；

二阶微分环节的低频渐近线为 0dB，高频渐近线为始于点(1,0)、斜率为 40dB/dec 的直线；

(2) 就对数相频而言：

积分环节为过 -90°的水平线；

微分环节为过90°的水平线；

惯性环节为在 0° ~ -90°范围内变化的曲线；

一阶微分环节为在 0° ~90°范围内变化的曲线；

振荡环节为在 0° ~ -180°范围内变化的曲线；

二阶微分环节为在 0° ~180°范围内变化的曲线。

4.3.3 系统伯德图的一般画法

熟悉了典型环节的伯德图后，绘制系统的伯德图，特别是按渐近线绘制伯德图是非常方便的。设开环系统由 n 个典型环节串联组成，这些环节的传递函数分别为 $G_1(s)$，$G_2(s)$，…，$G_n(s)$，则系统的开环传递函数为

$$G(s) = G_1(s)G_2(s)\cdots G_n(s) = \prod_{i=1}^{n} G_i(s)$$

其频域特性为

$$\begin{aligned}G(\mathrm{j}\omega) &= G_1(\mathrm{j}\omega)G_2(\mathrm{j}\omega)\cdots G_n(\mathrm{j}\omega)\\ &= A_1(\omega)\mathrm{e}^{\mathrm{j}\varphi_1(\omega)}A_2(\omega)\mathrm{e}^{\mathrm{j}\varphi_2(\omega)}\cdots A_n(\omega)\mathrm{e}^{\mathrm{j}\varphi_n(\omega)}\\ &= A_1(\omega)A_2(\omega)\cdots A_n(\omega)\mathrm{e}^{\mathrm{j}[\varphi_1(\omega)+\varphi_2(\omega)+\cdots+\varphi_n(\omega)]}\\ &= \prod_{i=1}^{n}A_i(\omega)\mathrm{e}^{\mathrm{j}\sum_{i=1}^{n}\varphi_i(\omega)}\end{aligned}$$

幅频特性为

$$|G(\mathrm{j}\omega)| = A(\omega) = \prod_{i=1}^{n}A_i(\omega)$$

对数幅频特性为

$$20\lg|G(\mathrm{j}\omega)| = 20\lg A(\omega) = 20\lg\prod_{i=1}^{n}A_i(\omega) = \sum_{i=1}^{n}20\lg A_i(\omega) \qquad (4-20)$$

相频特性为

$$\angle G(\mathrm{j}\omega) = \varphi(\omega) = \sum_{i=1}^{n}\varphi_i(\omega) \qquad (4-21)$$

式(4 -20)和式(4 -21)表明，由 n 个典型环节串联组成的开环系统的对数幅频特性曲线和相频特性曲线可由各典型环节相应的曲线叠加得到。所以，绘制系统伯德图的一

般步骤如下：

(1) 由传递函数 $G(s)$，求出频域特性 $G(j\omega)$，并将 $G(j\omega)$ 分解转化为若干个标准形式的典型环节频域特性相乘的形式。

(2) 确定各环节的转折频域，并将各转折频域标注在伯德图的 ω 轴上。

(3) 确定低频段的斜率为 -20νdB/dec，同时确定低频线上一点 $L_a(\omega_0)=20\lg K-20\nu\cdot\lg\omega_0$。

(4) 作系统经过各转折频域后的渐进特性线，表现为分段折线；每两个相邻转折频域之间为直线，在每个转折频域处，斜率发生变化，变化规律取决于该转折频域对应的典型环节的种类，具体如表 4-1 所列。

表 4-1　转折频域点处斜率的变化表

<table>
<tr><th>典型环节种类</th><th>典型环节传递函数</th><th>转折频域</th><th>斜率变化</th></tr>
<tr><td rowspan="4">一阶环节
($T>0$)</td><td>$\frac{1}{1+Ts}$</td><td rowspan="4">$\frac{1}{T}$</td><td rowspan="2">-20dB/dec</td></tr>
<tr><td>$\frac{1}{1-Ts}$</td></tr>
<tr><td>$1+Ts$</td><td rowspan="2">20dB/dec</td></tr>
<tr><td>$1-Ts$</td></tr>
<tr><td rowspan="4">二阶环节
($\omega_n>0, 0\leqslant\xi<1$)</td><td>$\frac{1}{\left(\frac{s^2}{\omega_n^2}+2\xi\frac{s}{\omega_n}+1\right)}$</td><td rowspan="4">$\omega_n$</td><td rowspan="2">-40dB/dec</td></tr>
<tr><td>$\frac{1}{\left(\frac{s^2}{\omega_n^2}-2\xi\frac{s}{\omega_n}+1\right)}$</td></tr>
<tr><td>$\frac{s^2}{\omega_n^2}+2\xi\frac{s}{\omega_n}+1$</td><td rowspan="2">40dB/dec</td></tr>
<tr><td>$\frac{s^2}{\omega_n^2}-2\xi\frac{s}{\omega_n}+1$</td></tr>
</table>

应该注意的是，当系统的多个环节具有相同交接频域时，该交接频域点处的斜率的变化应为各个环节对应的斜率变化值的代数和。

例 4.5　已知系统的开环传递函数为

$$G(s)H(s)=\frac{K}{(T_1s+1)(T_2s+1)}\quad(T_1>T_2>0)$$

试绘制系统的伯德图。

解：系统由比例环节和两个惯性环节组成，系统的开环频域特性为

$$G(j\omega)H(j\omega)=\frac{K}{(j\omega T_1+1)(j\omega T_2+1)}$$

对数幅频特性和相频特性分别为

$$L(\omega) = 20\lg \frac{K}{\sqrt{\omega^2 T_1{}^2 + 1} \cdot \sqrt{\omega^2 T_2{}^2 + 1}}$$

相频特性为

$$\varphi(\omega) = -\arctan T_1\omega - \arctan T_2\omega$$

两个转折频域从小到大依次为$\frac{1}{T_1}$，$\frac{1}{T_2}$。

画出该系统的对数幅频特性渐近曲线和相频曲线，如图 4－26 所示。

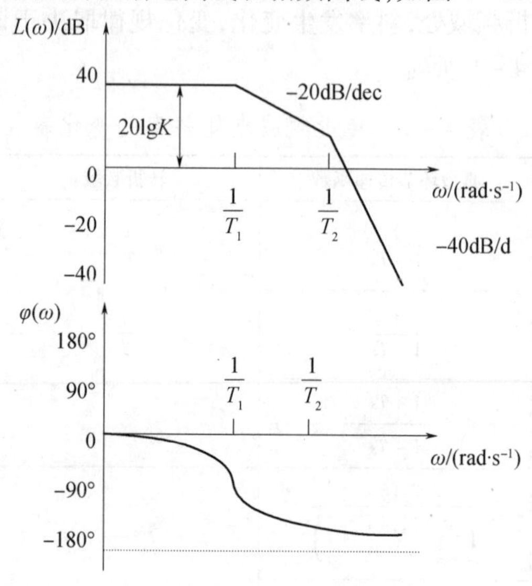

图 4－26　例 4.5 的伯德图

例 4.6　已知系统的开环传递函数 $G(s)=\frac{24(0.25s+0.5)}{(5s+2)(0.05s+2)}$的系统的伯德图。

解：(1) 将系统的传递函数 $G(s)$ 中各环节化为标准形式，得

$$G(s) = \frac{3(0.5s + 1)}{(2.5s + 1)(0.025s + 1)}$$

开环传递函数包含比例环节、两个惯性环节和一阶微分环节，频域特性为

$$G(j\omega) = \frac{3(j0.5\omega + 1)}{(j2.5\omega + 1)(j0.025\omega + 1)}$$

(2) 确定各环节的转折频域。

惯性环节$\frac{1}{j2.5\omega+1}$的转折频域为$\frac{1}{2.5}=0.4$；

惯性环节$\frac{1}{j0.025\omega+1}$的转折频域为$\frac{1}{0.025}=40$；

一阶微分环节 $j0.5\omega+1$ 的转折频域为$\frac{1}{0.5}=2$。

将转折频域从小到大排列在横坐标轴上，依次为 0.4，2，40。画出该系统的对数幅频特性渐近曲线和相频曲线，如图 4－27 所示。

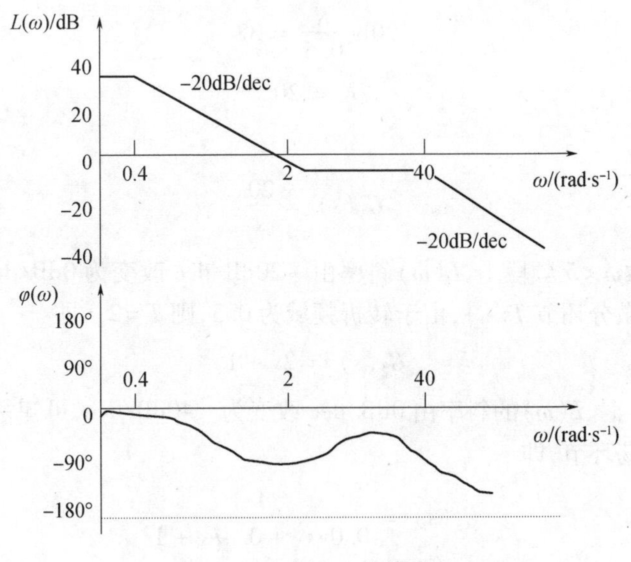

图 4－27　例 4.6 的伯德图

4.3.4　由频域特性确定传递函数

频域特性是线性系统(环节)在特定情况下(输入正弦信号)下的传递函数,故由传递函数可以得到系统(环节)的频域特性。反过来,由频域特性也可求得相应的传递函数。最小相位系统的幅频特性和相频特性是一一对应的,一条对数幅频特性曲线只有一条对数相频特性曲线与之对应。因而利用伯德图对最小相位系统写出传递函数、进行分析以及综合校正时,往往只需作出对数幅频特性曲线就可以。

例 4.7　已知最小相位系统开环对数幅频特性如图 4－28 所示。图中虚线为修正后的精确曲线,试确定开环传递函数。

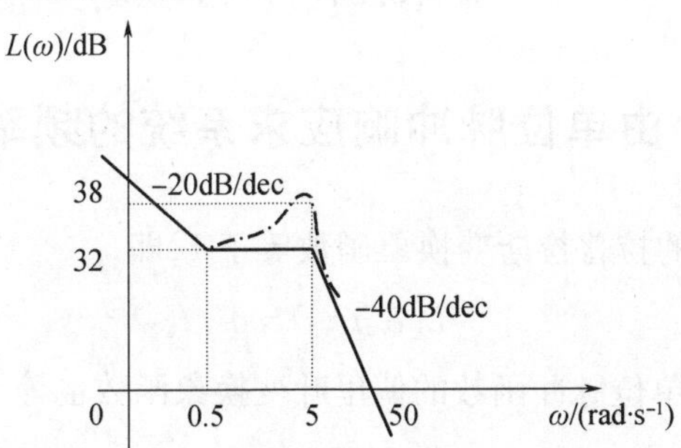

图 4－28　例 4.7 最小相位系统的对数幅频特性

解:由对数幅频特性最小相位系统开环传递函数时,应由 $L(\omega)$ 的起始段开始,逐步由各段斜率确定对应环节类型,由各转折频域确定各环节时间常数,而开环增益则由起始段位置计算。若某频域处 $L(\omega)$ 斜率改变 $\pm 40\text{dB/dec}$,需由修正曲线方可确定对应环节的 ξ 值。

(1) $L(\omega)$ 起始段($0<\omega<0.5$)的斜率为 20dB/dec,说明传递函数中包含一个积分环节,即 $\nu=1$。$\omega=0.5$ 时,纵坐标为 32dB/dec。则

$$20\lg\frac{K}{0.5}=32$$

$$K=20$$

即

$$G_1(s)=\frac{20}{s}$$

(2) 在 $0.5\leqslant\omega<5$ 频段上,$L(\omega)$斜率由 -20dB/dec 改变为 0dB/dec,说明开环传递函数中包含一阶微分环节 $Ts+1$,由于转折频域为 0.5,则 $T=2$。即

$$G_2(s)=2s+1$$

(3) 在 $\omega=5$ 时,$L(\omega)$的斜率由 0dB/dec 改变为 -40dB/dec,可知系统中包含一个转折频域为 5 的振荡环节,即

$$G_3(s)=\frac{1}{0.04s^2+0.4\xi s+1}$$

(4) 由修正曲线可确知 ξ 值。由图 4-27 可知

$$38-32=20\lg\frac{1}{\sqrt{(1-0.04\times 25)^2+(0.4\times 5\xi)^2}}=20\lg\frac{1}{2\xi}$$

$$\xi=0.25$$

即

$$G_3(s)=\frac{1}{0.04s^2+0.1\xi s+1}$$

故 $L(\omega)$对应的最小相位系统的传递函数为

$$G(s)=\frac{20(2s+1)}{s(0.04s^2+0.1s+1)}$$

4.4 由单位脉冲响应求系统的频率特性

已知单位脉冲函数的拉普拉斯变换象函数等于 1,即

$$L[\delta(t)]=1$$

其象函数不含 s,故单位脉冲函数的傅里叶变换象函数也等于 1,即

$$F[\delta(t)]=1$$

上式说明,$\delta(t)$隐含着幅值相等的各种频率。如果对某系统输入一个单位脉冲,则相当于用等单位强度的所有频率去激发系统。

由于当 $x_i(j\omega)=\delta(t)$时,$X_i(j\omega)=1$,则系统传递函数等于其输出象函数,即

$$G(j\omega)=\frac{X_o(j\omega)}{X_i(j\omega)}=X_o(j\omega)$$

系统脉冲响应的傅里叶变换即为系统的频率特性。单位脉冲响应简称为脉冲响应,脉冲响应函数又称为权函数。

为了识别系统的传递函数,可以产生一个近似的单位脉冲信号 $\delta(t)$ 作为系统的输入,记录系统响应的曲线 $g(t)$,则系统的频率特性按照定义可表示为

$$G(\mathrm{j}\omega) = \int_0^{+\infty} g(t)\mathrm{e}^{-\mathrm{j}\omega t}\mathrm{d}t \tag{4-22}$$

对于渐进稳定的系统,系统的单位脉冲响应随时间增长逐渐趋于零。因此,可以对照式(4-22)对响应 $g(t)$ 采样足够的点,借助计算机,用多点求和的方法即可近似求出系统频率特性,即

$$\begin{aligned} G(\mathrm{j}\omega) &\approx \Delta t \sum_{n=0}^{N-1} g(n\Delta t)\mathrm{e}^{-\mathrm{j}\omega t} \\ &= \Delta t \sum_{n=0}^{N-1} g(n\Delta t)[\cos(\omega n\Delta t) - \mathrm{j}\sin(\omega n\Delta t)] \\ &= \mathrm{Re}(\omega) + \mathrm{j}\mathrm{Im}(\omega) \end{aligned} \tag{4-23}$$

则系统幅频特性可由式(4-23)求得,即

$$|G(\mathrm{j}\omega)| = \sqrt{\mathrm{Re}^2(\omega) + \mathrm{Im}^2(\omega)} \tag{4-24}$$

系统相频特性也可由式(4-23)求得,即

$$\angle G(\mathrm{j}\omega) = \arctan\frac{\mathrm{Im}(\omega)}{\mathrm{Re}(\omega)}$$

4.5 闭环频域特性及频域性能指标

前面主要介绍系统的开环频域特性。本节主要介绍系统的闭环频域特性及主要的频域性能指标。

4.5.1 闭环频域特性

一个闭环系统当然应有闭环频域特性,不过,由于闭环频域特性图上不易看出系统的结构和各环节的作用,所以工程上较少绘制闭环系统频域特性图。这里主要阐明如何用系统的开环频域特性 $G(\mathrm{j}\omega)$ 得到系统的闭环频域特性 $\Phi(\mathrm{j}\omega)$。对于图 4-29 所示的单位负反馈系统,闭环传递函数为

$$\Phi(s) = \frac{C(s)}{R(s)} = \frac{G(s)}{1+G(s)} \tag{4-25}$$

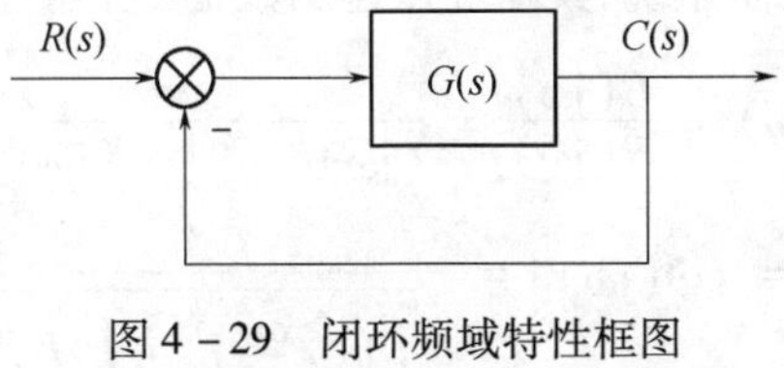

R(s)
G(s)
C(s)
−

图 4-29 闭环频域特性框图

令 $s=\mathrm{j}\omega$,代入式(4-25)得到闭环频域特性为

$$\Phi(\mathrm{j}\omega)=\frac{C(\mathrm{j}\omega)}{R(\mathrm{j}\omega)}=\frac{G(\mathrm{j}\omega)}{1+G(\mathrm{j}\omega)} \tag{4-26}$$

由于 $G(\mathrm{j}\omega)$、$\Phi(\mathrm{j}\omega)$均是 ω 的复变函数,所以 $\Phi(\mathrm{j}\omega)$的幅值和相位可分别表示为

$$|\Phi(\mathrm{j}\omega)|=\frac{|\Phi(\mathrm{j}\omega)|}{|1+G(\mathrm{j}\omega)|}=M \tag{4-27}$$

$$\angle\Phi(\mathrm{j}\omega)=\angle G(\mathrm{j}\omega)-\angle[1+G(\mathrm{j}\omega)] \tag{4-28}$$

式(4-27)称为系统的闭环幅频特性,式(4-28)称为系统的闭环相频特性。

因此,已知开环频域特性,就可以求出系统的闭环频域特性,也就可以做出系统的闭环频域特性图,而且其繁琐的计算可以由计算机完成。

4.5.2 频域性能指标

频域性能指标是根据闭环控制系统的性能指标要求制订的。与时域特性中有超调量、调整时间等性能指标一样,在频域中也有相应的指标,如谐振峰值 M_r 及谐振频域 ω_r,系统的截止频域 ω_b 与频宽。频域性能指标也是选用频域特性曲线的某些特征点来评价系统的性能的。

1. 相对谐振峰值 M_r 及谐振频域 ω_r

闭环频域特性 $\Phi(\mathrm{j}\omega)$的幅值出现最大值 $M_{\max}$ 的频域称为谐振频域(Resonant frequency)ω_r。$\omega=\omega_r$ 时的幅值 $M_{\max}(\omega_r)$与 $\omega=0$ 时的幅值 $M(0)$之比$\dfrac{M_{\max}(\omega_r)}{M(0)}$称为谐振比或相对谐振峰值 M_r,如图 4-30 所示。

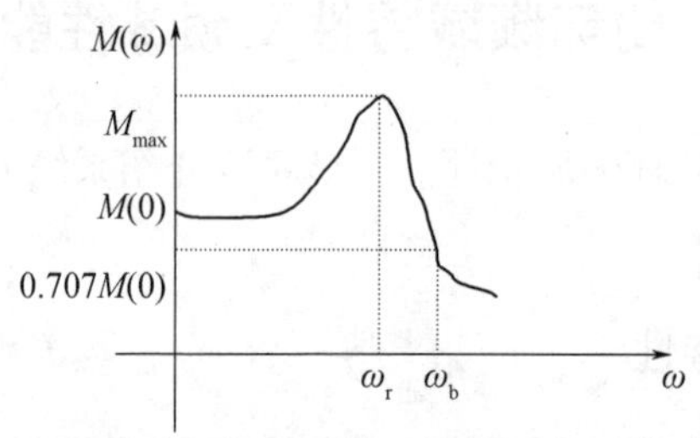

图 4-30 闭环频域特性的 M_r 和 ω_r

若取分贝值,则

$$20\lg M_r=20\lg M_{\max}(\omega_r)-20\lg M(0)\quad(\mathrm{dB})$$

M_r 表征了系统的相对稳定性的好坏。一般来说,M_r 越大,系统阶跃响应的超调量也越大,系统的阻尼比小,相对稳定性差。

对于图 4-31 所示的二阶系统,其闭环传递函数是一个典型的振荡环节,且频域特性为

$$\Phi(\mathrm{j}\omega)=\frac{C(\mathrm{j}\omega)}{R(\mathrm{j}\omega)}=\frac{\omega_n^2}{(\mathrm{j}\omega)^2+2\xi\omega_n(\mathrm{j}\omega)+\omega_n^2}$$

$$M=|\Phi(\mathrm{j}\omega)|=\frac{1}{\sqrt{\left(1-\dfrac{\omega^2}{\omega_n^2}\right)^2+\left(2\xi\dfrac{\omega}{\omega_n}\right)^2}}$$

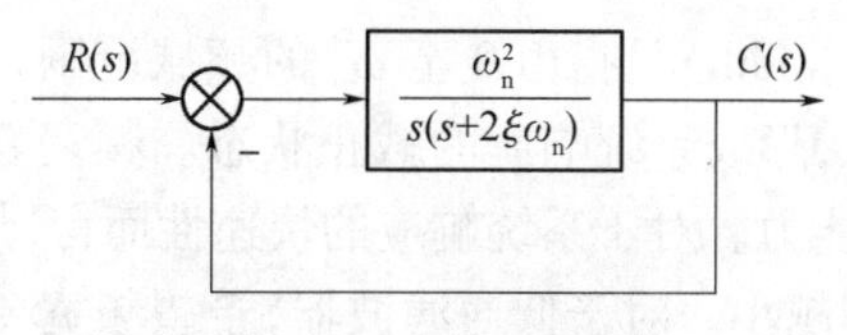

图4-31　二阶系统框图

根据 M 表达式及系统参数 ξ 和 ω_n，可以求得 M_r 和 ω_r。

令

$$\frac{\omega}{\omega_r} = \Omega$$

则

$$M(\Omega) = \frac{1}{\sqrt{(1-\Omega^2)^2 + 4\xi^2\Omega^2}}$$

令 $\frac{dM(\Omega)}{d\Omega}$，可求得 $M(\Omega)$ 最大值 M_r 和 Ω_r，即

$$M_r = \frac{1}{\sqrt{2\xi\sqrt{1-\xi^2}}} \tag{4-29}$$

$$\Omega_r = \frac{\omega_r}{\omega_n} = \sqrt{1-2\xi^2} \tag{4-30}$$

则

$$\omega_r = \omega_n\sqrt{1-2\xi^2} \tag{4-31}$$

由式(4-31)和式(4-30)可知，在 $0 \leqslant \xi \leqslant \frac{1}{\sqrt{2}} = 0.707$ 范围内，系统会产生谐振峰值 M_r，而且 ξ 越小，M_r 越大；谐振频域 ω_r 与系统的有阻尼固有频域 ω_d、无阻尼固有频域 ω_n 的关系为

$$\omega_r < \omega_d = \omega_n\sqrt{1-\xi^2} < \omega_n$$

当 $\xi \to 0$ 时，$\omega_r \to \omega_n$，$M_r \to \infty$，系统产生共振。当 $\xi \geqslant 0.707$ 时，由式(4-31)计算的 ω_r 为零或者虚数，说明系统不存在谐振频域 ω_r，即不产生谐振。在二阶系统中，希望选取 $M_r < 1.4$，因为这时阶跃响应的最大超调量 $M_p < 25\%$，系统有较满意的过渡过程。

谐振频域 ω_r 在一定程度上反映了系统瞬态响应的速度。ω_r 值越大，则瞬态响应越快。一般来说，ω_r 与上升时间 t_r 成反比。

2. 截止频域 ω_b 与频宽

截止频域(cutoff frequency) ω_b 是系统闭环频域特性的幅值下降到其零频域幅值以下3dB时的频域(也称带宽频域)，即

$$20\lg M_{\omega_b} = 20\lg M(0) - 3 = 20\lg 0.707 M(0)\ (\text{dB})$$

所以截止频域 ω_b 也可以说是系统闭环频域特性的幅值为其零频域幅值的 $0.707 = \frac{1}{\sqrt{2}}$ 倍时的频域，如图4-29所示。

系统的频宽(frequency width)是指由0至ω_b的频域范围。它表示超过此频域后,输出就急剧衰减,跟不上输入,形成系统响应的截止状态。频宽表征系统响应的快速性,也反映了系统对噪声的滤波能力。对于系统响应的快速性而言,频宽越大,响应的快速性就越好,过渡过程的上升时间越小。对于低通滤波器,希望频宽要小,只允许频域较低的输入信号通过信号,而频域较高的高频噪声信号被滤掉。

4.6 用系统开环频率特性分析闭环系统性能

系统的开环频率特性、对数幅频特性与闭环幅频特性存在密切的关系。稳定系统开环频率特性曲线$G(j\omega)$距离$(-1,j0)$点的远近,反映了系统的稳定程度和动态特性,而$G(j\omega)$曲线靠近$(-1,j0)$点的部分,相当于系统开环对数幅频特性曲线与分贝线相交点附近的区段。对于最小相位系统,对数幅频特性和对数相频特性是一一对应的。研究对数幅频特性图可知,开环对数频率特性的低频段、中频段、高频段分别表征了系统的稳态精度、动态特性、稳定性和抗干扰能力。三个频段的划分并没有严格的界限,但它反映了对控制系统性能影响的主要方面,为进一步确定开环频域指标与闭环系统性能之间的关系指出了原则和方向。低频段取决于开环增益和开环积分环节数目,通常是指开环对数幅频特性在第一个转折频率以前的区段。中频段是指开环频率特性曲线在幅值穿越频率ω_c附近的区段。高频段是指开环幅频特性曲线在中频段以后的区段($\omega > \omega_c$),这部分特性是由开环传递函数小时间常数环节决定的。下面着重分析低频段和中频段系统性能。

4.6.1 低频段

研究稳态误差系统时,已得到重要结论:稳态位置误差系数K_p、稳态速度误差系数K_v和稳态加速度误差系数K_a,分别是0型系统、Ⅰ型系统和Ⅱ型系统的开环放大系数。在对数幅频特性图上,K_p、K_v和K_a分别描述了0型系统、Ⅰ型系统和Ⅱ型系统的低频特性。系统的型号确定了低频时对数频率特性的斜率。因此,控制系统对给定的输入信号是否引起稳态误差以及误差的量值都可由对数频率特性的低频段观察确定。

考查图4-32所示0型系统。其对数幅频特性曲线渐近线低频段的斜率为0dB/dec。$L(\omega)$的值在低频时为$20\lg K_p$(dB)。此时,稳态位置误差系统$K_p = K_0$。

考查图4-33所示Ⅰ型系统。其低频段是斜率为-20dB/dec的直线(或它的延长线),它与$\omega=1$直线的交点,具有的幅值为$20\lg K_v$;它与0分贝线的交点频率是ω_v,其数值等于K_v。

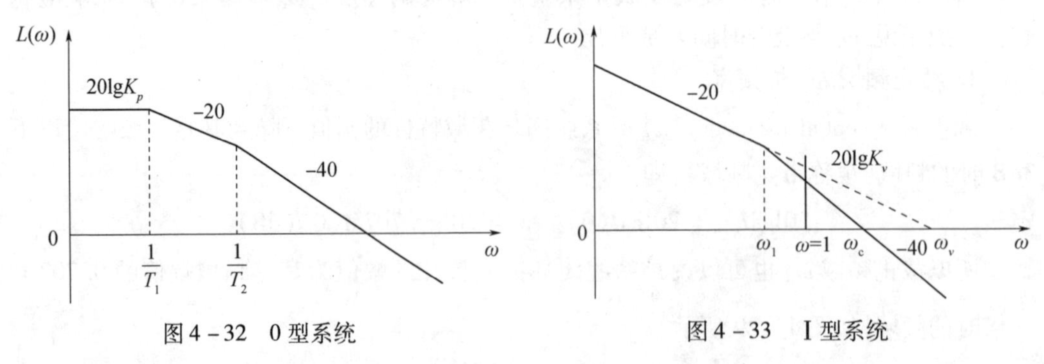

图4-32 0型系统　　图4-33 Ⅰ型系统

因为

$$G(\mathrm{j}\omega) = \frac{K_v}{\mathrm{j}\omega} \quad (\omega \ll 1) \tag{4-32}$$

所以

$$20\lg\left|\frac{K_v}{\mathrm{j}\omega}\right|_{\omega=1} = 20\lg K_v \tag{4-33}$$

又因为

$$20\lg\left|\frac{K_v}{\mathrm{j}\omega_v}\right| = 0$$

所以

$$20\lg\left|\frac{K_v}{\mathrm{j}\omega_v}\right| = \lg 1, 即 K_v = \omega_v \tag{4-34}$$

考查图4-34所示Ⅱ型系统对数幅频特性。低频段是斜率为-40dB/dec的直线(或它的延长线),它与 $\omega=1$ 直线交点处的幅值是 $20\lg K_a$;它与0分贝线的交点频率为 ω_a,数值上等于 $\sqrt{K_a}$。

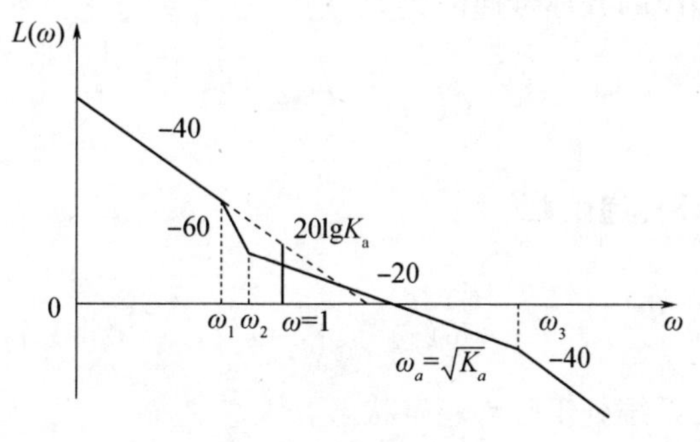

图4-34　Ⅱ型系统

由于在低频时,有

$$G(\mathrm{j}\omega) = \frac{K_a}{(\mathrm{j}\omega)^2} \tag{4-35}$$

所以

$$20\lg\left|\frac{K_a}{(\mathrm{j}\omega_a)^2}\right|_{\omega=1} = 20\lg K_a \tag{4-36}$$

又因为

$$20\lg\left|\frac{K_a}{(\mathrm{j}\omega_a)^2}\right| = 0 \tag{4-37}$$

则

$$20\lg\left|\frac{K_a}{(\mathrm{j}\omega_a)^2}\right| = \lg 1, 即 K_a = \omega_a^2 \tag{4-38}$$

由此可得

$$\omega_a = \sqrt{K_a} \tag{4-39}$$

4.6.2 中频段

考虑最小相位系统。如果通过幅值穿越频率 ω_n 的斜率为 -20dB/dec,假设系统是稳定的,并只考虑幅值穿越频率 ω_c 附近的开环特性,则开环传递函数为

$$G(s) = \frac{K}{s} = \frac{\omega_c}{s} \tag{4-40}$$

对单位负反馈系统,其闭环传递函数为

$$\Phi(s) = \frac{G(s)}{1+G(s)} = \frac{\omega_c/s}{1+\omega_c/s} = \frac{1}{\dfrac{s}{\omega_c}+1} \tag{4-41}$$

所以,相位裕量 $r(\omega_c)=90°$,幅值裕量无穷大,调节时间 $t_s=(3\sim4)/\omega_c$,ω_c 越大,t_s 越小。显然,系统具有良好的动态品质。

如果通过 ω_c 的斜率为 -40dB/dec,也假设系统是稳定的,并只考虑幅值穿越频率 ω_c 附近的开环特性,其相应的开环传递函数为

$$G(s) = \frac{K}{s^2} = \frac{\omega_c^2}{s^2} \tag{4-42}$$

单位负反馈的闭环传递函数

$$\Phi(s) = \frac{G(s)}{1+G(s)} = \frac{\omega_c^2/s^2}{1+\omega_c^2/s^2} = \frac{\omega_c^2}{s^2+\omega_c^2} \tag{4-43}$$

所以,$r(\omega_c)=0°$,系统处于临界稳定状态。

考虑低频段、高频段斜率变化对相位裕量的影响。设开环对数幅频特性曲线低频段的斜率为 -40dB/dec,中、高频段的斜率为 -20dB/dec,如图 4-35 所示。其开环频率特性表达式为

$$G(j\omega)H(j\omega) = \frac{K(1+jT_1\omega)}{(j\omega)^2} \tag{4-44}$$

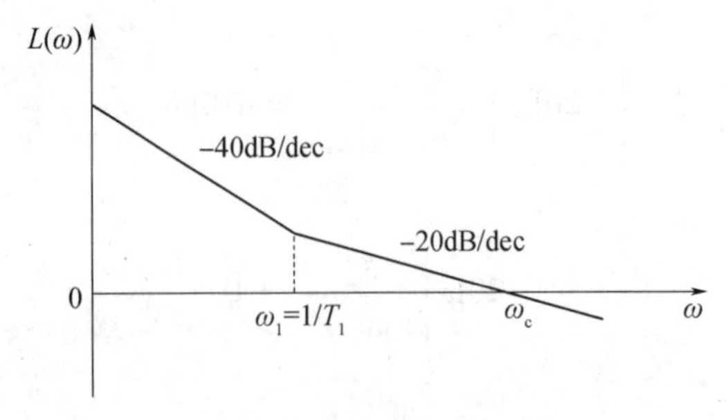

图 4-35 低、高频段斜率变化对相位余量的影响之一
(低频段斜率为 -40dB/dec,中、高频段斜率为 -20dB/dec)

相频特性为

$$\varphi(\omega) = -180^\circ + \arctan\frac{\omega}{\omega_1} \quad \left(\omega_1 = \frac{1}{T_1}\right) \tag{4-45}$$

相位裕量为

$$r(\omega_c) = \arctan\frac{\omega_c}{\omega_1} \tag{4-46}$$

因此,在低频段有更大的斜率时,系统的相位裕量将减小,其减小的程度与$\frac{\omega_c}{\omega_1}$的值有关,$\omega_1$ 离 ω_c 越远,影响越小。当 $\omega_1 = \frac{1}{2}\omega_c$ 时,相位裕量由90°减小到63.6°。由图4-35可知,ω_1 不会大于 ω_c,因此相位裕量不会小于45°。根据这一点可以断定,要保证系统相位裕量 $r(\omega_c) = 30^\circ \sim 70^\circ$,那么中频段的斜率一般应为 -20dB/dec。

若低、中频段的斜率为 -20dB/dec,高频段斜率为 -40dB/dec,如图4-36所示。其频率特性表达式为

$$G(j\omega)H(j\omega) = \frac{K}{j\omega(1 + jT_1\omega)} \tag{4-47}$$

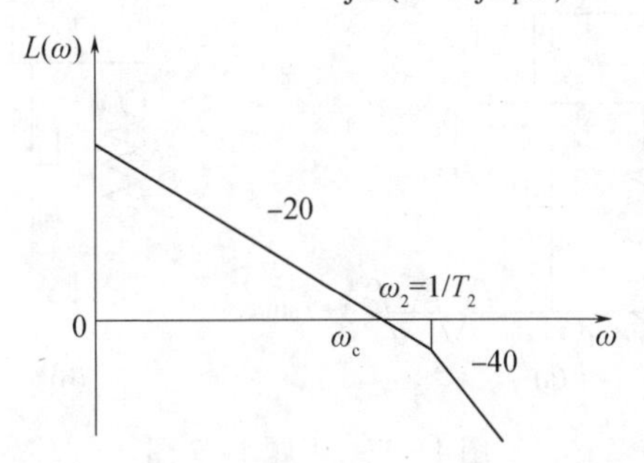

图4-36 低、高频段斜率变化对相位余量的影响之二
(低频段斜率为 -20dB/dec,中、高频段斜率为 -40dB/dec)

相频特性为

$$\varphi(\omega) = -90^\circ - \arctan\frac{\omega}{\omega_2} \quad \left(\omega_2 = \frac{1}{T_2}\right) \tag{4-48}$$

相位裕量为

$$r(\omega_c) = 90^\circ - \arctan\frac{\omega_c}{\omega_2} = \arctan\frac{\omega_2}{\omega_c} \tag{4-49}$$

由上式可知,高频段斜率更大时,相位裕量将减小,其减小程度与$\frac{\omega_2}{\omega_c}$的比值有关,研究表明 ω_2 不会小于 ω_c,因此 $r(\omega_c)$ 不会小于45°,ω_2 离 ω_c 越远,相位裕量越大。

4.6.3 结论

通过以上分析可以得出如下结论:一个设计合理的系统,其开环对数幅频特性在低频段要满足稳态精度的要求;中频段要根据动态过程的要求来确定其形状。各频段的形状

大致如下：

（1）中频段的斜率以 -20dB/dec 为宜。

（2）低频段和高频段可以有更大的斜率。低频段位置高、斜率大，可以提高系统的精度；高频段斜率大，可以排除高频干扰。但中频段必须有足够的带宽，以保证系统的相位裕量。中频段带宽越宽，相位裕量越大。

（3）中频段幅值穿越频率 ω_c 的选择，取决于动态过程响应速度的要求。一般来说，要求提高系统的响应速度，ω_c 应选大一些，但 ω_c 过大又会降低系统的抗干扰能力。

以上结论将是控制系统设计和综合的理论基础。

习 题

4-1　某放大器的传递函数 $G(s)=K/(Ts+1)$，今测得其频域响应，当 $\omega=1\text{rad/s}$ 时，频幅 $A=12/\sqrt{2}$，相频 $\varphi=-45^\circ$。试求放大系数 K 和时间常数 T 各为多少？

4-2　图 4-37(a) 是机器支承在隔振器上，如果基础是按 $y=Y\sin\omega t$ 振动，Y 是振幅。试写出机器的振幅（系统结构图可用图 4-37(b) 表示）。

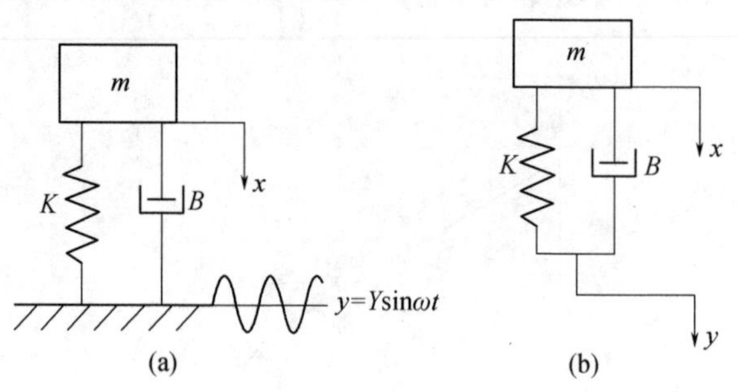

图 4-37　习题 4-2 图

4-3　已知系统传递函数为 $\dfrac{7}{3s+2}$，当输入信号为 $x_i(t)=\dfrac{1}{7}\sin\left(\dfrac{2}{3}t+45^\circ\right)$ 时，试根据频域特性的物理意义，求系统的稳态响应。

4-4　单位反馈控制系统的开环传递函数为 $G(s)=\dfrac{10}{s+1}$，当系统作用有以下输入信号时，求其稳态输出响应信号。

（1）$x_i(t)=\sin(t+30^\circ)$；

（2）$x_i(t)=2\cos(2t-45^\circ)$；

（3）$x_i(t)=\sin(t+30^\circ)-2\cos(2t-45^\circ)$。

第5章　系统校正与PID控制

为了满足系统的各项性能指标要求,可以调整系统的参数。如果调整了系统参数还是达不到要求,就要对系统的结构进行调整,在系统中引入某些附加装置来改变控制系统的结构和参数,称为系统的校正,其目的是使引入附加装置后的闭环控制系统能够满足希望的性能要求。控制系统的设计与校正,简单说就是系统的构造和修正。其中,前者是指根据被控对象、输入信号、扰动等条件,设计一个满足给定指标的系统。当系统中固有部分不能满足性能指标时,还必须在系统中加入一些其参数可以根据需要而改变的机构和装置,使系统整个特性发生变化,从而满足给定的性能指标,这些装置称为校正装置。随着计算机技术的发展,目前已有越来越多的校正功能可通过软件来实现。

5.1　系统校正的概念

本节首先介绍系统的性能指标,在此基础上重点介绍校正的基本概念、校正的基本方式以及希望的系统伯德图。

5.1.1　系统的性能指标

系统的性能指标是衡量所设计系统是否符合要求的一个标准,通常由系统的使用者或设计制造单位提出。不同的控制系统对性能指标的要求应有不同的侧重。例如,调速系统对平稳性和稳态精度要求较高,而随动系统则侧重于快速性要求。

性能指标类型可分为时域性能指标和频域性能指标。

1. 时域性能指标

时域指标比较直观,系统使用者通常以时域指标作为性能指标提出。它包括瞬态性能指标和稳态性能指标。瞬态性能指标一般是在单位阶跃响应输入下,由系统输出的过渡过程给出,通常采用下列5个性能指标:延迟时间t_{d}、上升时间t_{r}、峰值时间t_{p}、调节时间t_{s}和超调量$\sigma\%$;稳态性能指标主要由系统的系统的稳态误差e_{ss}来体现,一般可用3种误差系数来表示:静态位置误差系数K_p、静态速度误差系数K_v和静态加速度误差系数K_a。

但由于直接采用时域方法进行校正装置的设计比较困难,通常采用频域方法进行设计,因此作为系统的设计者,通常将时域指标转换为相应的频域指标,然后进行校正装置的设计。

2. 频域性能指标

常用的频域性能指标包括相角裕度γ、幅值裕度h、剪切频率ω_{c}(也叫穿越频率)、谐振峰值M_{r}、闭环带宽ω_{b}。

3. 时域和频域性能指标的转换

目前,工程技术中多习惯采用频率法,故通常通过近似公式进行两种指标的互换。由

前面几章可知,频域指标与时域指标存在以下关系:

谐振峰值 $M_r=\frac{1}{2\zeta\sqrt{1-\zeta^2}}(\zeta\leqslant0.707)$

谐振频率 $\omega_r=\omega_n\sqrt{1-2\zeta^2}(\zeta\leqslant0.707)$

带宽频率 $\omega_b=\omega_n\sqrt{1-2\zeta^2+\sqrt{2-4\zeta^2+4\zeta^4}}$

相角裕度 $\gamma=\arctan\frac{2\zeta}{\sqrt{\sqrt{1+4\zeta^4}-2\zeta^2}}$

穿越频率 $\omega_c=\omega_n\sqrt{\sqrt{1+4\zeta^4}-2\zeta^2}$

调节时间 $t_s=\frac{3.5}{\zeta\omega_n}(\Delta=5\%)$或$t_s=\frac{4.4}{\zeta\omega_n}(\Delta=2\%)$

超调量 $\sigma\%=e^{-\pi\xi/\sqrt{1-\xi^2}}\times100\%$

5.1.2 校正的概念

当被控对象给定后,按照被控对象的工作条件及对系统的性能要求,可以初步选定组成系统的基本元件,如执行元件、放大元件及测量元件的型式、特性和参数,将它们和被控对象连接在一起就组成了所要设计的控制系统。上述元件(除放大元件外)一旦选定,其系统参数和结构就固定了,因此这一部分称为系统的不可变部分。设计控制系统的目的,是将构成控制器的各元件与被控对象适当组合起来,使之满足表征控制精度、阻尼程度和响应速度的性能指标要求。然而在进行系统设计时,经常会出现这种情况:设计出来的系统只是部分指标,而不是全部指标都满足指标要求,就是说,指标间发生了矛盾,如稳态误差性能达到了,而稳定性却受到影响,而如果注意力集中体现在系统的稳定性上,稳态误差却超标了,顾此失彼。而且,如上所述,各元件一经选定,时间常数改变也是有限的。因此,想通过改变系统基本元件的参数值来全面满足系统要求是困难的。此时就需要加入校正装置。由此可知,系统的设计过程包括系统不可变部分的选型和校正装置的设计两个步骤。所谓校正,就是在系统中加入一些其参数可以根据需要而改变的机构和装置,使系统整个特性发生变化,从而满足给定的各项指标。

5.1.3 校正的方式

校正装置的形式及它们和系统其他部分的连接方式,称为系统的校正方式。按校正装置的引入位置和校正装置在系统中与其他部分的连接方式,校正方式通常可分为串联校正、并联校正、反馈校正和复合校正;按校正装置的特性又可分为超前校正、滞后校正、滞后—超前校正。

1. 串联校正

校正装置串联在系统的前向通道中,与系统原有部分串联,称为串联校正,如图5-1所示。图中,$G_o(s)$、$H(s)$为系统的不可变部分,$G_c(s)$为校正环节的传递函数。

校正前系统的闭环传递函数为

$$\Phi(s)=\frac{G_o(s)}{1+G_o(s)H(s)} \tag{5-1}$$

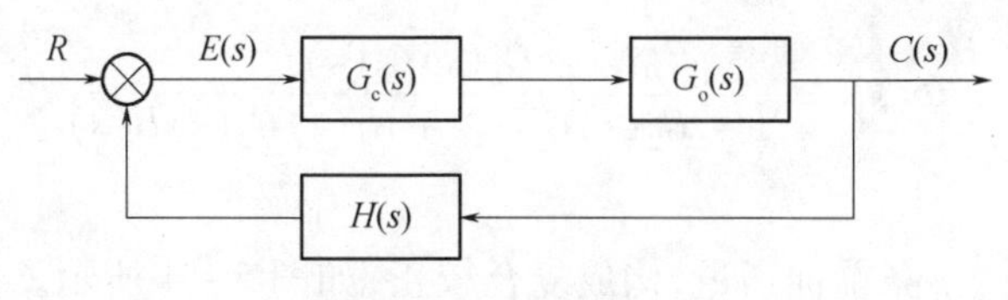

图 5 - 1　串联校正

串联校正后系统的闭环传递函数为

$$\Phi(s) = \frac{G_c(s)G_o(s)}{1 + G_c(s)G_o(s)H(s)} \tag{5-2}$$

2. 并联校正

并联校正方案如图 5 - 2 所示。

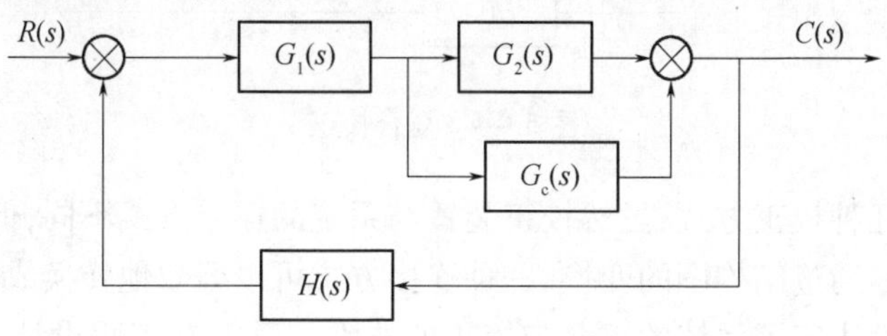

图 5 - 2　并联校正

校正前,系统的闭环传递函数为

$$\Phi(s) = \frac{G_1(s)G_2(s)}{1 + G_1(s)G_2(s)H(s)} \tag{5-3}$$

并联校正后,系统的闭环传递函数为

$$\Phi(s) = \frac{G_1(s)[G_2(s) + G_c(s)]}{1 + G_1(s)[G_2(s) + G_c(s)]H(s)} \tag{5-4}$$

3. 反馈校正

校正装置也可以从系统的某一环节引出反馈信号构成一个反馈通道,如图 5 - 3 所示,这样的校正称为反馈校正。

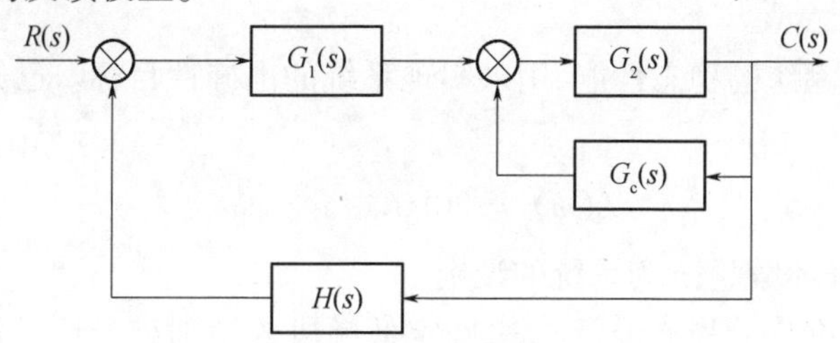

图 5 - 3　反馈校正

校正前,系统的闭环传递函数为

$$\Phi(s) = \frac{G_1(s)G_2(s)}{1 + G_1(s)G_2(s)H(s)} \tag{5-5}$$

反馈校正后,系统的闭环传递函数为

$$\Phi(s) = \frac{G_1(s)G_2(s)}{1 + G_2(s)G_c(s) + G_1(s)G_2(s)H(s)} \tag{5-6}$$

4. 复合校正

在原系统中加入一条前向通道，构成复合校正，如图 5-4 所示。这种复合校正既能改善系统的稳态性能，又能改善系统的动态性能。

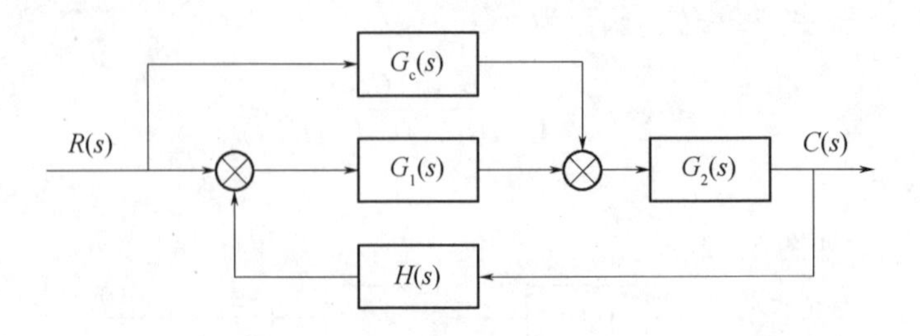

图 5-4　复合校正

上面介绍的几种校正方式，虽然校正装置与系统的连接方式不同，但都可以达到改善系统性能的目的。通过结构图的变换，一种连接方式可以等效地转换成另一种连接方式，它们之间的等效性决定了系统的综合与校正的非唯一性。在工程设计与应用中，究竟选用哪种校正方式，要视具体情况而定。这主要取决于原系统的物理结构、系统中的信号性质，技术实现的方便性、可供选用的元件、抗扰性要求、经济性要求、环境使用条件以及设计者的经验等因素，应根据实际情况，综合考虑各种条件和要求，选择合理的校正装置和校正方式，有时，还可同时采用两种或两种以上的校正方式。

5.1.4　希望的伯德图

如果一个系统的设计指标已经提出，并且已转化为频域指标形式，那么就要在伯德图上体现出来。现在应有一个希望的伯德图作为设计目标，并且设法去实现设计。

一个希望的伯德图，确切地说，是对它的低频、中频以及高频段提出各自的要求。可以结合各段的特点来绘制希望的伯德图。

1. 低频段

低频段表现了系统的稳态性能，用来实现系统的准确性目标。已知低频段幅频渐近曲线

$$L(\omega) = 20\lg K - \nu \cdot \lg\omega \tag{5-7}$$

式中：K 为系统的开环增益；ν 为系统的型别。

应该根据系统允许的稳态误差 e_{ss} 来确定低频段的型别和开环增益。系统型别 ν 的增加对减小稳态误差 e_{ss} 的效果十分显著，甚至可以做到理论上的无差。ν 又称为无差度阶数。0 型系统是有差系统，Ⅰ型系统和Ⅱ型系统可分别称为具有 1 阶和 2 阶无差系统。但是无差度的提高受很多方面制约，在前向环节串入一个纯积分环节很难，且即便可行，由于纯积分环节带来 $-90°$ 的相位滞后，也使系统稳定性变坏。所以稳态误差的控制更多地体现在对于系统的开环增益，即静态误差系数的要求上。

绘制希望伯德图的低频段可以这样进行：按照对系统提出的稳态误差要求，决定系统

的开环增益 K。然后在 $\omega=1$ 处过 $20\lg K$(dB)作低频渐近线,其斜率为 $-20\cdot\nu$dB/dec。这条渐近线一直延长 $\omega=\omega_1$ 到第一个转折频率,如图 5-5 所示。

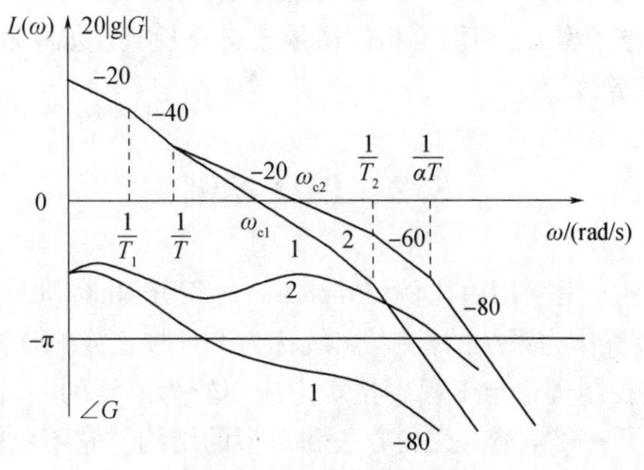

图 5-5 希望的伯德图

这里应注意的是,作出的低频渐近线是保证稳态精度的最低线。因此,希望伯德图的低频段渐近线或它的延长线必须在 $\omega=1$ 高于或等于 $20\lg K$。

2. 中频段

中频段是指希望伯德图幅频特性穿过 0dB 线的区段,它的斜率和位置直接与稳定性和动态品质有关。确定中频段有两个要素:幅值穿越频率 ω_c 和决定系统稳定裕量的中频渐近线的长度。

确定幅值穿越频率 ω_c 的因素较多,但其主要依据还是系统的快速性指标,当快速性指标以调节时间 t_s 的形式给出时,下面的近似公式或许有用:

$$\omega_c \approx \frac{3}{t_s} \tag{5-8}$$

上式近似地把 $\frac{1}{\omega_c}$ 作为时间常数。

当快速性指标以截止频率(频宽)ω_b 的形式给出时,下面的近似公式或许有用:

$$\omega_c \approx 1.6\omega_b \tag{5-9}$$

ω_c 越大,系统的快速响应能力越强。但这一指标受到物理装置的功率限制,较高的快速性要求意味着较大的功率装置需求,同时,系统的效率也会变得较低。

当选定 ω_c 后,过 ω_c 作斜率为 -20dB/dec 的斜线作为中频渐近线。中频渐近线的长度直接影响系统的稳定性和稳定裕量。一般地,希望中频线长度不要低于 0.8 十倍频程,且位于中频渐近线的中间位置。这样,系统的相位裕量和主导极点的阻尼比通常适中,也兼顾了超调量。例如,相位裕量 $\gamma\approx30°\sim70°$,阻尼比 $\xi\approx0.3\sim0.7$。如果必须要以 -40dB/dec 作为中频渐近线的频率,系统的稳定性就要受到极大影响,即便稳定了,稳定裕量也较难把握。此时,中频渐近线的长度应适当短些。设计与调试过程也更要仔细地反复进行,做到心中有数。

3. 高频段

高频段没什么特别的要求,考虑到高频抗干扰性,只要求高频段斜率有足够的衰减率即可。

4. 校核

希望的伯德图在校正设计后是否满足要求应予以校验。为方便起见,通常可只对中频段性能,即幅值穿越频率 ω_c 和稳定相位裕量 γ 进行检查。如果相位裕量 γ 不足,可适当延长中频渐近线的长度。

5.2 PID 控制

在工程控制系统中,常采用由比例(Proportion)、积分(Integral)和微分(Derivation)控制策略形成的校正装置作为系统的控制器,统称为 PID 校正或 PID 控制。

PID 控制是经典控制理论与工程中技术中应用较为广泛的一种控制策略,经过长期的工程实践,已形成了一套完整的控制方法和典型的结构。它不仅适用于数学模型确定的控制系统,而且适用于大多数数学模型难以确定的工业过程。PID 控制参数整定方便,结构改变灵活,在众多工业过程控制中取得了满意的应用效果。

PID 控制器是串联在系统的前向通道中的,因而也属于串联校正。随着计算机技术的迅速发展,将 PID 控制数字化,在计算机控制系统中实施数字 PID 控制,已成为一个新的发展趋势。因此,PID 控制是一种很重要、很实用的控制规律,由于它在工业中应用极为广泛,因此认识其特性十分重要。

PID 控制器在系统中的位置如图 5-6 所示。在计算机控制系统广为应用的今天,PID 控制器的控制策略已越来越多地由计算机程序来实现。

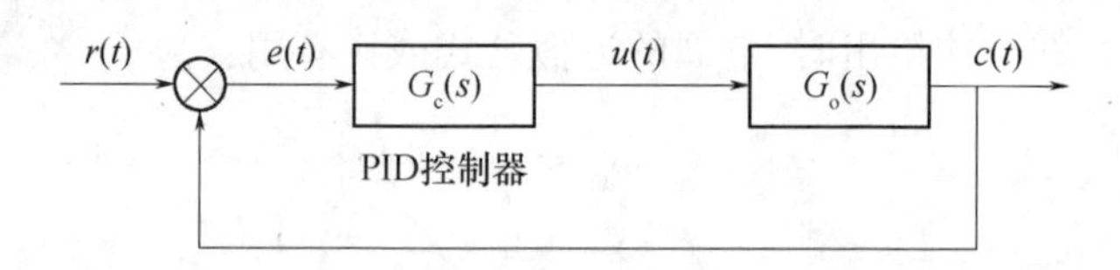

图 5-6 PID 控制器用于控制系统

PID 校正的物理概念十分明确,比例、积分、微分等概念不仅可以应用于时域,也可以应用于频域。设计工程师、现场工程师都可以从自身的角度去审视、理解和调试 PID 控制器。这也是 PID 校正得以普及的一大原因。

所谓 PID 校正,就是对偏差信号进行比例、积分、微分运算后,形成的一种控制规律。即控制器输出为

$$u(t) = K_P e(t) + K_I \int_0^t e(\tau)\mathrm{d}\tau + K_D \frac{\mathrm{d}}{\mathrm{d}t} e(t)$$

式中:$K_P e(t)$ 为比例控制项,K_P 称为比例系数;$K_I \int_0^t e(\tau)\mathrm{d}\tau$ 为积分控制项,K_I 称为积分系数;$K_D \frac{\mathrm{d}}{\mathrm{d}t} e(t)$ 为微分控制项,K_D 称为微分系数。

上述三项中,可以有各种组合,除了必例控制项是必须有的,积分控制项和微分控制项则要根据被控系统的情况选用,所以一共有四种组合:P、PD、PI 和 PID 等控制器。

以下讨论各种组合的控制策略。

5.2.1 P 控制——比例控制器

比例控制器如图 5-7 所示。

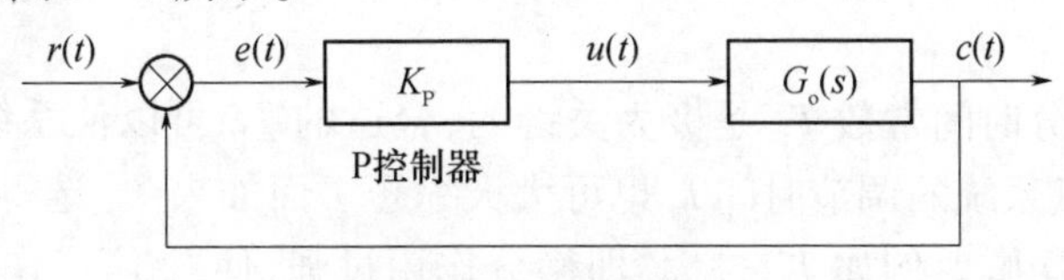

图 5-7 比例控制器

其关系式为

$$u(t) = K_P e(t)$$

传递函数为

$$G_c(s) = K_P$$

式中:K_P 为比例系数,又称比例控制器的增益。

比例控制器实质上是一个系数可调的放大器,显然,调整 P 控制的比例系数 K_P,将改变系统的开环增益,从而对系统的性能产生影响。

若增大 K_P,将增加系统的开环增益,使系统的伯德图的幅频曲线上移,引起穿越频率 ω_c 增大,而相频特性曲线不变。其结果是由于开环增益的加大,使稳态误差减小,系统的稳态精度提高。穿越频率 ω_c 的增大使系统的快速性得到改善,但也使相位裕量减小,相对稳定性变差。

由于调整 P 控制的比例系数相当于调整系统的开环增益,对系统的相对稳定性、快速性和稳态精度都有影响,因此比例系数的确定要综合考虑,某种程度上是一种折衷的选择。但有时候光靠调整比例系数,无法同时满足系统的各项性能指标要求。因此,需要使比例控制会同其他控制规律,如微分控制与积分控制一起应用,才会得到较高的控制质量。

5.2.2 PD 控制——比例—微分控制器

PD 控制器如图 5-8 所示。

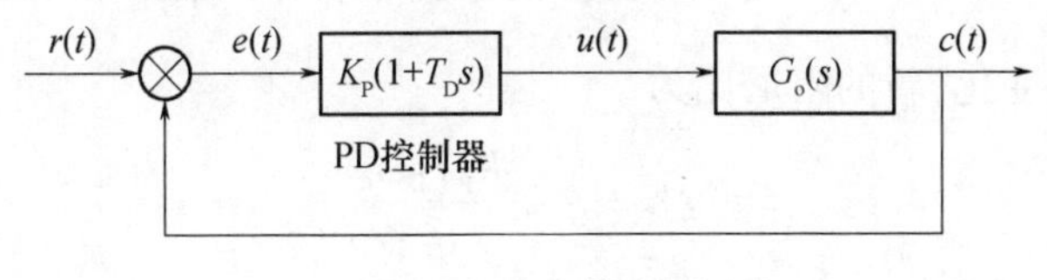

图 5-8 PD 控制器

其关系式为

$$u(t) = K_P\left[e(t) + T_D \frac{\mathrm{d}}{\mathrm{d}t}e(t)\right]$$

传递函数为

$$G_c(s) = K_P(1 + T_D s)$$

式中:T_D 为微分时间常数。

PD 控制器中的微分作用能反映偏差信号的变化趋势，对偏差信号的变化进行“预测”，这就能在偏差信号值变得太大之前，引入早期纠正信号，从而加快系统的响应能力，并有助于增加系统的稳定性。微分作用的强弱取决于微分时间常数 T_D。T_D 越大，微分作用就越大。

正确地选择微分时间常数 T_D 是极为关键的，合适的 T_D 可以使系统的超调量 $\sigma\%$ 控制在合适的水平，且系统的调节时间 t_s 也可大大缩短。而如果 T_D 选得不合适，则系统的控制性能会受很大影响。例如 T_D 过大，即微分作用过强，使“预测”作用过于敏感，提前调节，这样会使系统输出尚未达到足够的强度时即被纠偏，其结果是调节时间 t_s 势必拖长。反之，如果 T_D 过小，即微分作用过弱，会使系统超调量很大，当然也无法缩短系统的调节时间 t_s。

例 5.1 图 5－9 所示为一个二阶系统，试分析采用 PD 控制对该系统控制性能的影响。

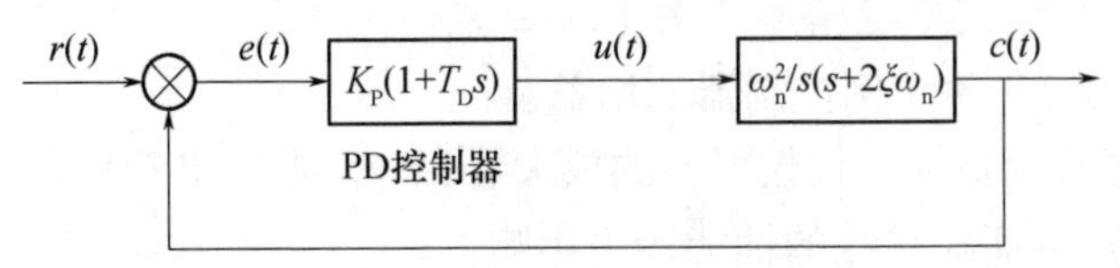

图 5－9 例 5.1 系统方块图

解：在未采用 PD 控制时，原系统闭环传递函数为二阶振荡环节：

$$\frac{C(s)}{R(s)} = \frac{\omega_n^2}{s^2 + 2\xi\omega_n s + \omega_n^2}$$

我们知道，系统阻尼比 ξ 对其动态指标如超调量 $\sigma\%$、调节时间 t_s 等有着至关重要的影响，是一个重要的参数。

对该系统施加 PD 控制，其闭环传递函数为

$$\begin{aligned}\frac{C(s)}{R(s)} &= \frac{K_P(1 + T_D s)\omega_n^2}{s^2 + 2\xi\omega_n s + K_P(1 + T_D s)\omega_n^2} \\ &= \frac{K_P(1 + T_D s)\omega_n^2}{s^2 + (2\xi\omega_n + K_P T_D\omega_n^2)s + K_P\omega_n^2}\end{aligned}$$

阻尼比发生了变化，新的阻尼比为

$$\xi' = \xi + \frac{K_P T_D\omega_n}{2}$$

无阻尼自然频率也发生了变化，新的无阻尼自然频率为

$$\omega'_n = \omega_n\sqrt{K_P}$$

可见，选用合适的 PD 控制器参数 K_P 和 T_D，可以设计合适的阻尼比和无阻尼自然频率，从而使系统的超调量 $\sigma\%$ 和调节时间 t_s 都比较合理，使系统的动态性能得到优化。此外，还可以使系统相对稳定性改善，在保证相对稳定性的前提下，允许增大系统的开环增益，间接地使系统的稳态性能也得到提高。

5.2.3 I 控制——积分控制器

具有积分控制规律的控制器，称为 I 控制器。I 控制器如图 5-10 所示。

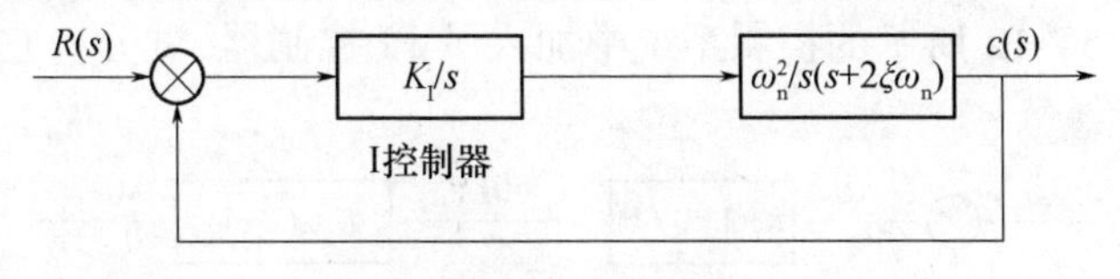

图 5-10　I 控制器

其关系式为

$$u(t) = K_{\mathrm{I}}\int_0^t e(t)\,\mathrm{d}t$$

传递函数为

$$u(t) = \frac{K_{\mathrm{I}}}{s}$$

式中：K_{I} 为可调比例系数。

由于 I 控制器的积分作用，当其输入 $e(t)$ 消失后，输出信号 $u(t)$ 有可能是一个不为零的常量。

在串联校正时，采用 I 控制器可以提高系统的型别（无差度），有利于系统稳定性能的提高，但积分控制使系统增加了一个位于原点的开环极点，使信号产生90°的相角滞后，对系统的稳定性不利。因此，在控制系统的的校正设计中，通常不宜采用单一的 I 控制器。

5.2.4 PI 控制——比例—积分控制器

PI 控制器如图 5-11 所示。

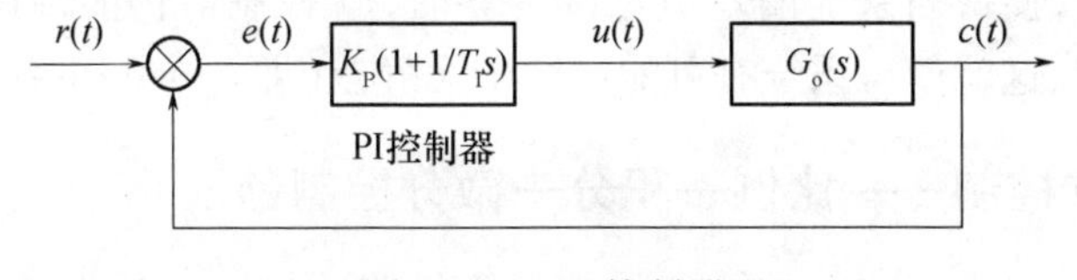

图 5-11　PI 控制器

其关系式为

$$u(t) = K_{\mathrm{P}}\left[e(t) + \frac{1}{T_{\mathrm{I}}}\int_0^t e(\tau)\,\mathrm{d}\tau\right]$$

传递函数为

$$G_{\mathrm{c}}(s) = K_{\mathrm{P}}\left(1 + \frac{1}{T_{\mathrm{I}}s}\right)$$

式中：T_{I} 为积分时间常数。

积分环节的引入使得系统的型别增加，其无差度将增加，从而使稳态精度大为改善。积分环节将引起 -90°的相移，这对系统的稳定性是不利的，但比例微分环节的引入，又有可能使系统的稳定性和快速性向好的方向变化，适当选择两个参数 K_{P} 和 T_{I}，就可使系统的稳态和动态性能满足要求。PI 控制器中积分控制作用的强弱取决于积分时间常数 T_I。T_I 越大则积分作用越弱。在控制系统中,PI 控制器主要用于在系统稳定的基础上提高无差度,使稳态性能得以明显改善。

例 5.2 在图 5-12 所示的控制系统中加入了 PI 控制器,试分析它在改善系统稳态性能中的作用。

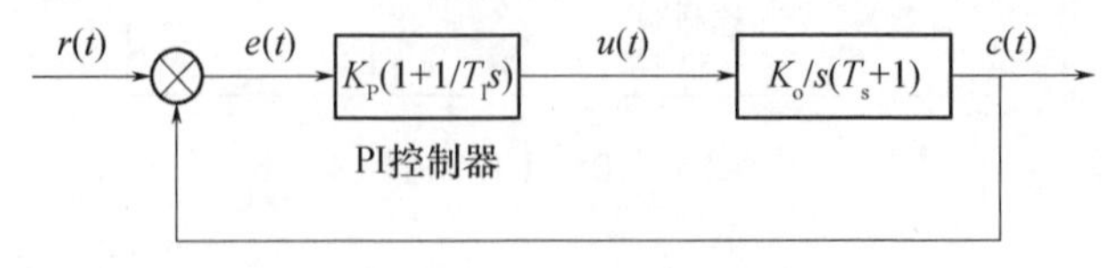

图 5-12 例 5.2 系统方块图

解:在未加 PI 控制器时,系统的开环传递函数为

$$G_o(s) = \frac{K_o}{s(Ts+1)}$$

这是一个 I 型系统,其静差速度误差系数 $K_v = K_o$,若输入为斜坡信号 $r(t) = A_t t$,则稳态误差为 $e_{ss} = \frac{A_t}{K_v} = \frac{A_t}{K_0}$,即有固定稳态误差。

当采用 PI 控制后,系统的开环传递函数变为

$$G(s) = \frac{K_P K_o(T_I s + 1)}{T_I s^2 (Ts + 1)}$$

系统从一阶提高到二阶,其静态速度误差系数 $K_v = \infty$,若同样输入斜坡信号 $r(t) = A_t t$,则稳态误差为 $e_{ss} = \frac{A_t}{K_v} = 0$,即消除了稳态误差。由此可以看出 PI 控制器的效果。由于积分累加的效应,使得当系统偏差 $e(t)$ 降为零时,PI 控制器仍能维持一恒定的输出作为系统的控制作用,这就使得系统有可能运行于无静差(即 $e_{ss} = 0$)的状态。

5.2.5 PID 控制——比例—积分—微分控制器

如果既需要改善系统的稳态精度,也希望改善系统的动态特性,这时就应考虑 PID 控制器。PID 控制器实际上综合了 PD 和 PI 控制器的特点,在低频段,PID 控制器中的积分控制规律,将使系统的无差度提高一阶,从而大大改善了系统的稳态性能;在中频段,PID 控制器中的微分控制规律,使系统的相位裕量增大,穿越频率提高,从而使系统的动态性能改善;在高频段,PID 控制器中的微分部分会放大噪音,使系统的抗高频干扰能力降低。

总的来说,由于 PID 控制器有三个可调参数,它们不仅在设计中,而且在系统现场调试种都可以足够灵活地调节,并且像比例、积分、微分等这些术语的物理概念都很直观,目的性明确。因而 PID 控制器受到工程技术人员的欢迎,相对于串联校正更具有工程实用上的优越性。

比例—积分—微分控制器各有其优缺点,对于性能要求高的系统,单独使用其中一种控制器有时达不到预想效果,可组合使用。PID 控制器的方程如下:

$$u = K_{P}e + K_{t}\int_{0}^{t} e\mathrm{d}t + K_{D}\frac{\mathrm{d}e}{\mathrm{d}t}$$

其传递函数表示为

$$G(s) = K_{P} + \frac{K_{I}}{s} + K_{D}s$$

其方块图如图 5－13 虚线框内所示。

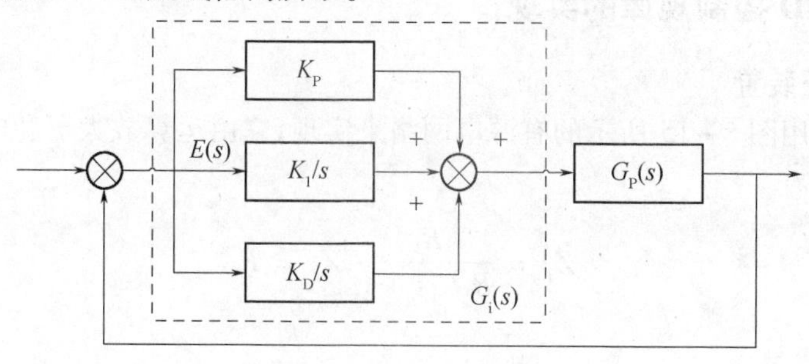

图 5－13　PID 控制器方块图

由于在 PID 控制器中，可供选择的参数有 K_P、K_I 和 K_D 三个，因此在不同的取值情况下，可以得到不同的组合控制器。其伯德图如图 5－14 所示。

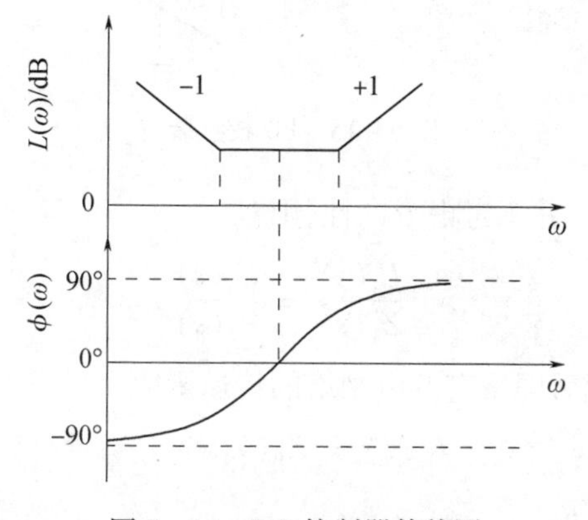

图 5－14　PID 控制器伯德图

PID 控制原理简单，使用方便，适应性强，可以广泛应用于机电控制系统，同时也可用于化工、热工、冶金、炼油、造纸、建材等各种生产部门，同时 PID 调节器鲁棒性强，即其控制品质对环境条件变化和被控制对象参数的变化不太敏感。对于系统性能要求较高的情况，往往使用 PID 控制器。在合理地优化 K_P、K_I 和 K_D 的参数后，可以使系统具有提高稳定性、快速响应、无残差等理想的性能。

5.3　PID 控制规律的实现

PID 控制规律通常由其相应的校正装置来实现。这些校正装置的物理属性可以是电气的、机械的、液压的、气动的或者是它们的组合形式。究竟采用哪种形式的校正装置为宜，在很大程度上取决于控制对象的性质。如果不存在发生火灾的危险，则一般都愿意采用电气校正装置(即电网络),因为它实现起来最方便。机械工业也经常采用机械、液压或气动的校正装置。

当采用计算机控制时,PID 控制规律可在计算机中由相应的算法来实现。

本节主要介绍有源和无源电网络及机械网络 PID 控制规律的实现,并说明它们的结构形式和特性。

5.3.1 PD 控制规律的实现

1. PD 校正装置

PD 控制可用图 5-15 所示的有源电网络来实现,它由运算放大器和电阻、电容组成。按复阻抗计算,有

$$Z_1 = \frac{R_1}{R_1 C_1 s + 1}, Z_2 = R_2$$

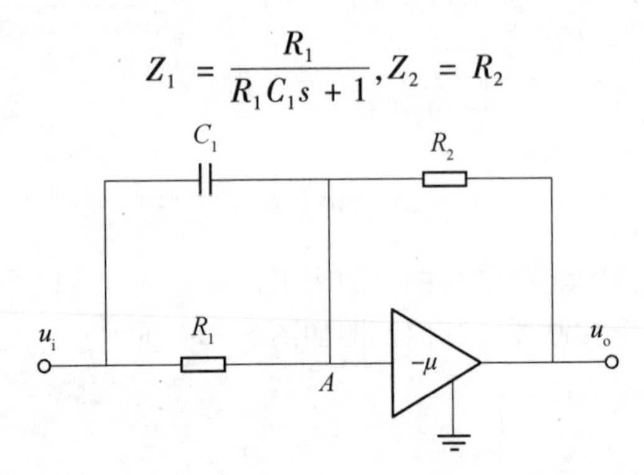

图 5-15 PD 校正装置

若将 A 点视为零电位并不考虑方向性,则有

$$\frac{U_i(s)}{Z_1(s)} = \frac{U_o(s)}{Z_2(s)} \tag{5-10}$$

将 Z_1, Z_2 代入上式,整理后即得有源电网络的传递函数

$$G_c(s) = K_P(T_1 s + 1) \tag{5-11}$$

式中:$T_1 = R_1 C_1, K_P = R_1/R_2$。

可见,式(5-11)为典型的 PD 控制器传递函数,故该有源电网络可以作为 PD 校正装置。

2. 近似 PD 校正装置

图 5-16(a)所示的无源电网络可用来近似得实现 PD 控制规律。其传递函数为

$$G_c(s) = \frac{U_o(s)}{U_i(s)} = \frac{1}{\alpha_i} \frac{T_1 s + 1}{\frac{T_1}{\alpha_i} s + 1} \tag{5-12}$$

式中:$T_1 = R_1 C_1; \alpha_i = \frac{R_1 + R_2}{R_2} > 1$。

如果取$|\alpha_i| \gg |T_1|$,则近似有

$$G_c(s) = \frac{1}{\alpha_i}(T_1 s + 1) \tag{5-13}$$

式(5－13)即为理想的PD控制规律。但实际上α_i取值不能太大,否则,衰减太严重,一般取$\alpha_i \leqslant 20$。故这一电网络只能近似的实现PD控制。因此,它又被称为实用微分校正电路。近似PD控制规律也可用图5－16(b)所示的机械网络校正装置来实现。该装置由一个阻尼器和两个弹簧组成。忽略负载的影响,其传递函数同样可写成如式(5－12)所示的形式,即

$$G_c(s) = \frac{U_o(s)}{U_i(s)} = \frac{1}{\alpha_i}\frac{T_1 s + 1}{\frac{T_1}{\alpha_i}s + 1}$$

式中:$T_1 = \frac{B_1}{K_1}$;$\alpha_i = \frac{K_1 + K_2}{K_1} > 1$。

下面分析近似PD校正装置的特性。

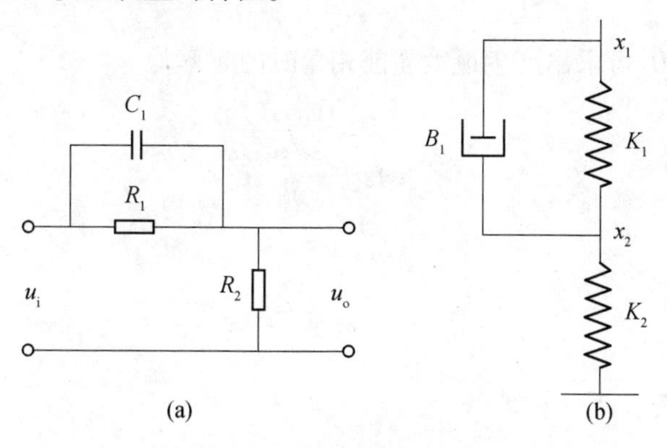

图5－16　近似PD校正装置

(a) 无源电网络;(b) 机械网络。

根据近似PD校正装置的传递函数式(5－12),可得出其频率特性为

$$G_c(j\omega) = \frac{1}{\alpha_i}\frac{1 + jT_1\omega}{1 + j\frac{T_1}{\alpha_i}\omega}$$

由上式可见,采用近似PD校正装置进行串联校正时,整个系统的开环增益要下降α_i倍。如果这个增益衰减量已由提高增益的放大器所补偿,则近似PD校正装置的频率特性可写为

$$\alpha_i G_c(j\omega) = \frac{1 + jT_1\omega}{1 + j\frac{T_1}{\alpha_i}\omega}$$

图5－17所示为近似PD校正装置的伯德图,其转折频率分别为$\omega_1 = \frac{1}{T_1}$,$\omega_2 = \frac{\alpha_i}{T_1}$。从伯德图可见,该装置在整个频率范围内部产生相位超前,故近似PD校正也称为相位超前校正。其超前的相角为

$$\varphi_c(\omega) = \arctan T_1\omega - \arctan\frac{T_1}{\alpha_i}\omega \tag{5-14}$$

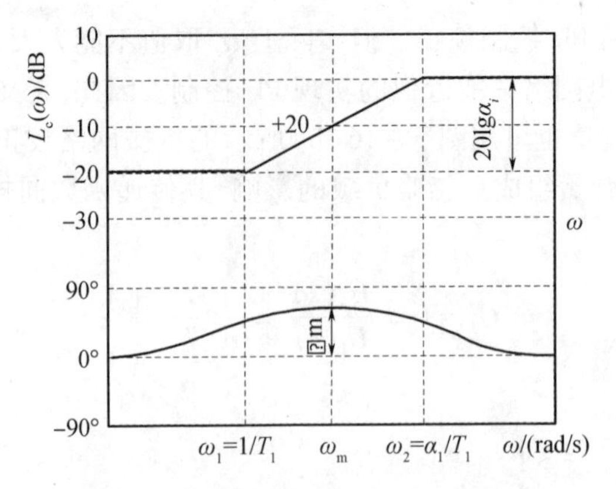

图 5 – 17　近似 PD 校正装置的伯德图

令$\frac{d}{d\omega}\varphi_c(\omega)=0$,可求出产生最大超前相角时的频率为

$$\omega_m=\frac{\sqrt{\alpha_i}}{T_1} \tag{5-15}$$

因此有

$$\omega_m^2=\omega_1\omega_2\ \text{和}\frac{\omega_2}{\omega_m}=\frac{\omega_m}{\omega_1}$$

在对数坐标中,则有

$$\lg\omega_2-\lg\omega_m=\lg\omega_m-\lg\omega_1$$

式中:ω_m 为频率特性的两个转折频率 ω_1 和 ω_2 的几何中心。

将式(5 – 15)代入式(5 – 14),可得最大超前角为

$$\varphi_m=\arcsin\frac{\alpha_i-1}{\alpha_i+1} \tag{5-16}$$

上式又可写为

$$\alpha_i=\frac{1+\sin\varphi_m}{1-\sin\varphi_m} \tag{5-17}$$

可见 φ_m 仅与 α_i 值有关,α_i 越大,φ_m 就越多,但通过校正装置的信号幅值衰减也越严重。为了满足稳态精度的要求,保持系统有一定的开环增益,就必须提高放大器的增益来予以补偿。

另外,在选择 α_i 值时,还需要考虑系统高频噪声的问题。相位超前校正装置具有高通滤波特性,α_i 值过大对抑制系统高频噪声不利。为了保证较高的系统信噪比,通常选择 $\alpha_i=10$ 较为适宜。

5.3.2　PI 控制规律的实现

1. PI 校正装置

可实现 PI 控制规律的有源电网络如图 5 – 18 所示。其传递函数为

$$G_c(s)=\frac{U_o(s)}{U_i(s)}=\frac{T_2s+1}{\tau s+1}=\frac{T_2}{\tau}\left(1+\frac{1}{T_2s}\right)=K_p\left(1+\frac{1}{T_2s}\right) \quad (5-18)$$

式中：$T_2=R_2C_2$；$\tau=R_1C_2$；$K_P=\dfrac{R_2}{R_1}$。

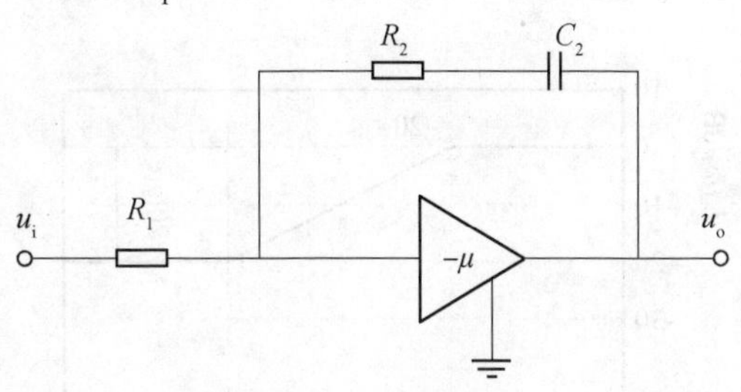

图 5－18　PI 校正装置

由式(5－18)可见，这就是标准 PI 控制器的传递函数，故图 5－18 所示的有源电网络可以用做 PI 校正装置。

2. 近似 PI 校正装置

图 5－19(a)所示的无源电网络和图 5－19(b)所示的机械网络都可以用来近似的实现 PI 控制规律。它们的传递函数相同，均为

$$G_c(s)=\frac{U_o(s)}{U_i(s)}=\frac{X_2(s)}{X_1(s)}=\frac{T_2s+1}{\alpha_jT_2s+1} \quad (5-19)$$

当 $\alpha_j\gg1$ 时，上式可近似地写成

$$G_c(s)=\frac{T_2s+1}{\alpha_jT_2s+1}+\frac{1}{\alpha_jT_2s+1}\approx\frac{1}{\alpha_j}\left(1+\frac{1}{T_2s}\right)=K_P\left(1+\frac{1}{T_2s}\right)$$

式中：$T_2=R_2C_2$ 或 $\dfrac{R_2}{K_2}$；$\alpha_j=\dfrac{R_1+R_2}{R_2}$ 或 $\dfrac{B_1+B_2}{B_2}$；$K_P=\dfrac{1}{\alpha_j}$。

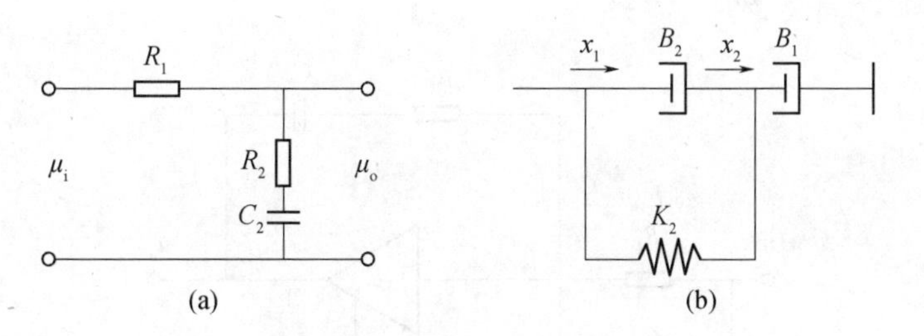

图 5－19　近似 PI 校正装置

(a) 无源电网络；(b) 机械网络。

以下分析近似 PI 校正装置的特性。根据式(5－19)可写出其频率特性为

$$G_c(j\omega)=\frac{1+jT_1\omega}{1+j\alpha_iT_2\omega}$$

由此画出近似 PI 校正装置的伯德图如图 5－20 所示。其转折频率分别为 $\omega_1=\dfrac{1}{\alpha_jT_2}$ 和

$\omega_2 = \dfrac{1}{T_2}$。由图 5 - 20 可见该装置在整个频域范围内相位都滞后,故近似 PI 校正也称为相位滞后校正。其滞后相位角为

$$\varphi'_c(\omega) = \arctan T_2\omega - \arctan\alpha_j T_2\omega \tag{5-20}$$

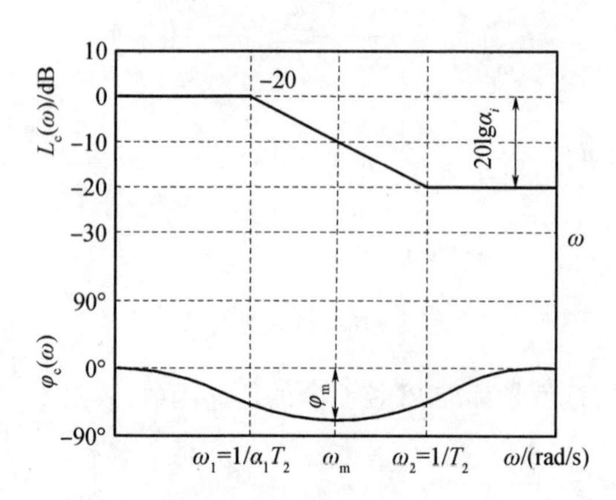

图 5 - 20　近似 PI 校正装置的伯德图

5.3.3　PID 控制规律的实现

1. PID 校正装置

图 5 - 21 所示的有源电网络可作为校正装置来实现 PID 控制规律。其传递函数为

$$G_c(s) = \frac{U_o(s)}{U_i(s)} = \frac{(T_1 s + 1)(T_2 s + 1)}{\tau s}$$

$$= \frac{T_1 + T_2}{\tau}\left[1 + \frac{1}{(T_1 + T_2)s} + \frac{T_1 T_2}{T_1 + T_2}s\right] \tag{5-21}$$

式中:$T_1 = R_1 C_1$;$T_2 = R_2 C_2$;$\tau = R_1 C_2$。

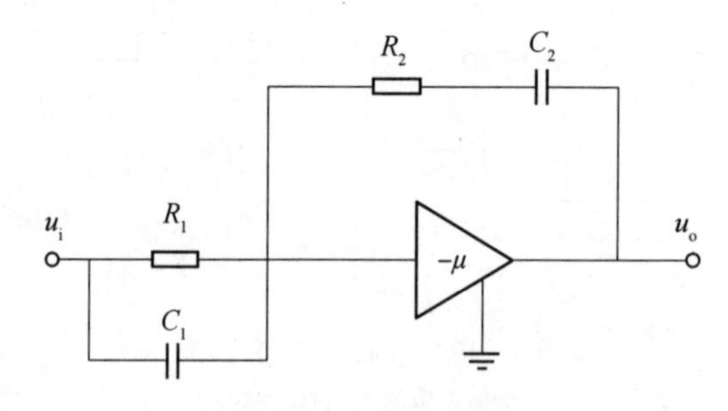

图 5 - 21　PID 校正装置

由式(5 - 21)可见,这种电网络就是 PID 校正装置。

2. 近似 PID 校正装置

近似 PID 校正装置可用图 5 - 22(a)和(b)所示的无源电网络和机械网络来实现。无源电网络传递函数为

$$G_c(s) = \frac{U_o(s)}{U_i(s)} = \frac{(T_1s+1)(T_2s+1)}{T_1T_2s^2+(T_1+\alpha T_2)s+1} \tag{5-22}$$

式中：$T_1=R_1C_1$；$T_2=R_2C_2$；$T_1+\alpha T_2$，$T_1+\alpha T_2=R_1C_1+R_2C_2+R_1C_2$；$\alpha=\frac{R_1+R_2}{R_2}$。

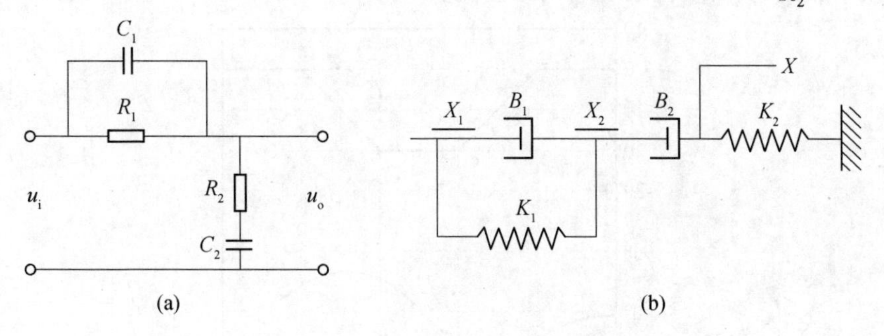

图 5－22　近似 PID 校正装置

（a）无源电网络；（b）机械网络。

设 $T_1>T_2$ 且 $\alpha \gg 1$，则

$$T_1+\alpha T_2 \approx \frac{T_1}{\alpha}+\alpha T_2$$

于是无源电网络的传递函数式（5－22）可以近似地写成

$$G_c(s) = \frac{T_1s+1}{\frac{T_1}{\alpha}s+1}\frac{T_2s+1}{\alpha T_2s+1} \tag{5-23}$$

由式（5－23）可见，这是滞后和超前校正的组合，等式右边第一项是超前校正装置的传递函数，第二项为滞后校正装置的传递函数。故近似 PID 校正装置又称为滞后—超前校正装置。

对于图 5－21（b）所示的机械网络，其传递函数为

$$G_c(s) = \frac{X_2(s)}{X_1(s)} = \frac{(K_1+B_1s)(K_2+B_2s)}{(K_1+B_1s)(K_2+B_2s)+K_2B_2s} \tag{5-24}$$

令 $T_1=\frac{B_1}{K_1}$，$T_2=\frac{B_2}{K_2}$，$\alpha=\frac{K_1+K_2}{K_1}\gg 1$，则$\frac{B_1}{K_1}+\frac{B_2}{K_2}+\frac{B_2}{K_1}=T_1+\alpha T_2 \approx \frac{T_1}{\alpha}+\alpha T_2$。将以上关系式代入式（5－24）便得与式（5－23）相同的传递函数，即

$$G_c(s) = \frac{X_2(s)}{X_1(s)} = \frac{T_1s+1}{\frac{T_1}{\alpha}s+1}\frac{T_2s+1}{\alpha T_2s+1}$$

下面分析近似 PID 校正装置的特性。由式（5－23）可知，其频率特性为

$$G_c(j\omega) = \frac{1+jT_1\omega}{1+j\frac{T_1}{\alpha}\omega}\frac{1+jT_2\omega}{1+j\alpha T_2\omega}$$

近似 PID 校正装置的伯德图如图 5-23 所示。由图可见,频率特性的前半段是相位滞后部分,由于具有使增益衰减的作用,所以允许在低频段提高增益,以改善系统的稳态性能。频率特性的后半段是相位超前部分,故有提高相位的作用,能使相位裕量增大,幅值穿越频率加大,从而改善系统的动态性能。

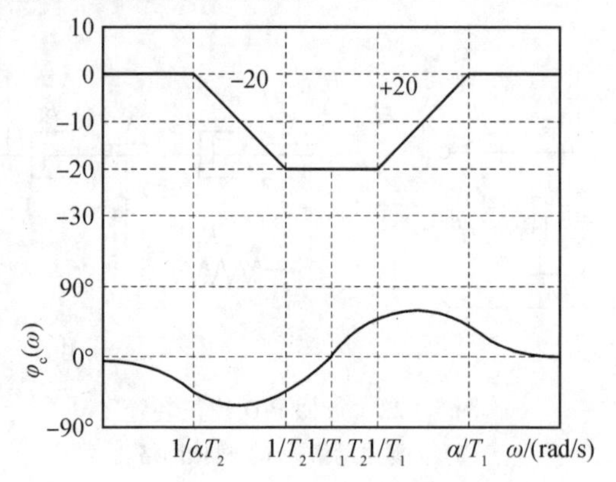

图 5-23　近似 PID 校正装置的伯德图

5.4　PID 控制参数确定

5.4.1　PID 校正网络参数的确定

前已阐明,用有源网络可以实现 PD、PI、PID 控制,这里介绍如何用希望特性确定有源校正网络的参数。工程上常采用两种典型的希望对数频率特性:二阶系统最优模型和三阶系统最优模型。

1. 二阶系统最优模型

典型二阶系统的开环伯德图如图 5-24 所示。

其开环传递函数为

$$G_k(s) = \frac{K}{s(Ts+1)}$$

闭环传递函数为

$$\phi(s) = \frac{K}{Ts^2+s+K} = \frac{\omega_n^2}{s^2+2\xi\omega_n s+\omega_n^2}$$

式中:无阻尼固有频率 $\omega_n = \sqrt{\frac{K}{T}}$;阻尼比 $\xi = \frac{1}{2\sqrt{KT}}$。

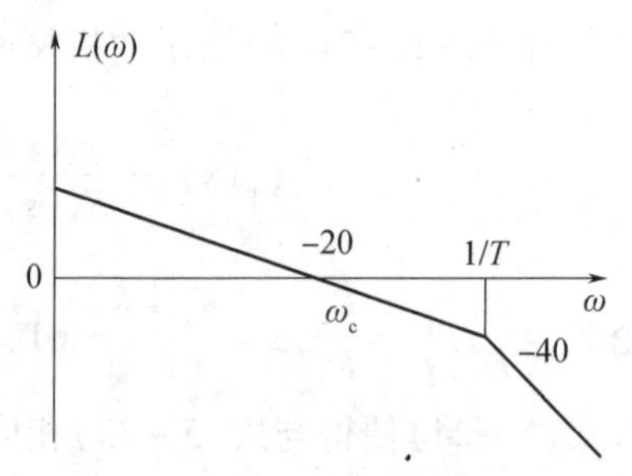

图 5-24　典型二阶系统的伯德图

当阻尼比 $\xi = 0.707$ 时,超调量 $M_p = 4.3\%$,调节时间 $t_s = 6T$,故 $\xi = 0.707$ 的阻尼比称为工程最佳阻尼系数。此时转折频率 $\frac{1}{T} = 2\omega_c$。然而,要保证 $\xi = 0.707$ 并不容易,常取 $0.5 \leqslant \xi \leqslant 0.8$。

2. 控制系统设计的要求

开环对数幅频特性在低频段要满足稳态精度的要求;中频段要根据动态过程的要求

来确定其形状。

（1）中频段的斜率以 -20dB/dec 为宜。

（2）低频段和高频段可以有更大的斜率。低频段斜率大，则可以提高系统的稳态精度；高频段斜率大，则可以排除高频干扰，但中频段必须有足够的带宽，以保证系统的相位裕量。中频段带宽越宽，相位裕量越大。

（3）中频段幅值穿越频率 ω_c 的选择，取决于动态过程响应速度的要求。要求提高系统的响应速度，ω_c 应选大一些，但 ω_c 过大又会降低系统的抗干扰能力。

3. 三阶系统最优模型

图 5-25 所示为三阶系统最优模型的伯德图。

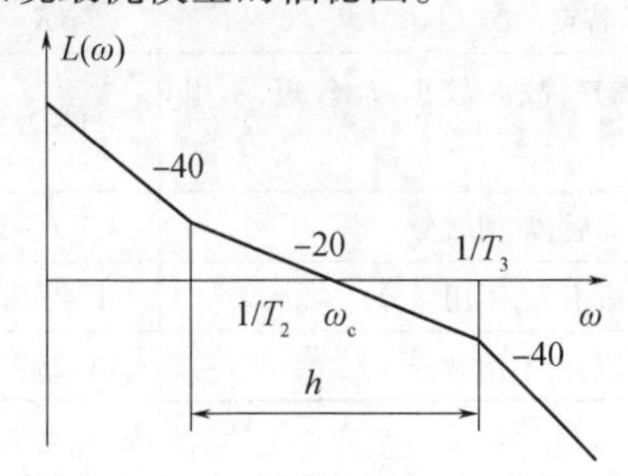

图 5-25　三阶系统最优模型的伯德图

由图可见，这个模型既保证了中频段斜率为 -20dB/dec 又使低频段有更大的斜率，提高了系统的稳态精度。显而易见，它的性能比二阶最优模型更好，因此工程上也常常采用这种模型。

在一般情况下，$T_3\left(\dfrac{1}{\omega_3}\right)$是不变部分的参数，一般不能变动。只有 $T_2\left(\dfrac{1}{\omega_2}\right)$和开环增益 k 可以改变。变动 T_2 相当于改变中频段宽度 h，变动 k 相当于改变 ω_c 值。k 值增加，稳态误差系数加大，提高了系统的稳态精度，同时幅值穿越频率 ω_c 也增大，提高系统的快速性。但相位裕量将减小，降低了系统的稳定性。T_2 增加，带宽 h 加大，可提高系统的稳定性。

在初步设计时，可取 $\omega_c=\dfrac{1}{2}\omega_3$，$h\left(h=\dfrac{\omega_3}{\omega_2}\right)$为 7 ~ 12，如希望进一步增大稳定裕量，可把 h 增大至 15 ~ 18。

5.4.2　PID 参数整定

确定 PID 参数，可以用理论方法，也可以通过实验确定。理论方法需要有被控对象的准确模型，但工业过程中的准确模型一般很难得到。即使付出很大代价进行系统辨识所得模型也只是近似的，且系统的结构和参数都会随时间变化。因此，在工程上 PID 参数常常是通过凑试法或通过实验及经验公式来确定。前者称凑试法，后者称实验经验法。

（1）凑试法是通过模拟或在线闭环运行（稳定时），反复凑试参数，观察系统的响应曲线指标满足要求为止。

（2）若静差不能满足要求，需要加入积分环节。首先取较大的 T_I 值，略降低 K（如为原值的 0.8 倍）。然后反复调整 T_I 和 K，逐步减小 T_I，直至系统有良好的动态性能，且静差得到消除为止。

(3) 若反复调整,系统动态过程仍不满意,可加入微分环节。首先置 T_D 为零,逐步增大 T_D,同时也反复改变 T_I 和 K,逐步减小 T_I,三个参数反复调整,最后得到一组满意参数。

实际中,PID 整定的参数并不是唯一的。因为比例、积分、微分三部分产生的控制作用,相互可以调节,即某部分的减小可由其他部分的增大来补偿。因此,不同的一组参数,完全有可能得到同样的控制效果。表 5-1 给出了一些常见被调量的 PID 参数推荐值。具体调节方法可参考相关的书籍。

表 5-1 常见被调量的 PID 参数推荐值

被调量	特点	K	T_I/min	T_D/min
流量	对象时间常数小,并有噪声,故 K 较小,T_I 较短,不用微分	1~2.5	0.1~1	
温度	对象为多容系统,有较大滞后,常用微分	1.6~5	3~10	0.5~3
压力	对象为容量系统,滞后一般不大,不用微分	1.4~3.5	0.4~3	
液位	在允许有静差时,不必用积分,不用微分	1.25~5		

除了上述的理论确定方法、整定方法,现在有一些控制器如温度控制器、压力控制器等产品已经具备了参数自整定功能。它们是在对控制对象的参数进行辨识或采用预定义的规则来实现参数整定的。

习 题

5-1 试回答下列问题:

(1) 如果Ⅰ型系统在校正后希望成为Ⅱ型系统,则采用哪种控制规律可以满足要求,且能保证系统稳定工作?

(2) 串联超前校正装置能改善系统什么性能?能否用反馈校正来实现?

(3) 在什么情况下,采用串联滞后校正来提高系统的稳定性?

5-2 已知一单位反馈系统,其固定不变部分传递函数 $G_o(s)$ 和串联校正装置 $G_c(s)$ 分别如图 5-26(a)和(b)所示。

要求:(1) 写出校正后各系统的开环传递函数;

(2) 分析各 $G_c(s)$ 对系统的作用,并比较其优缺点。

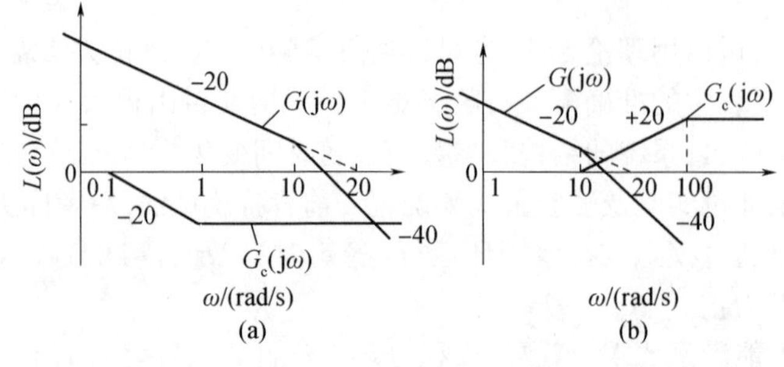

图 5-26 习题 5-2 图

5-3 已知单位反馈系统未校正时的开环传递函数 $G(s)$ 的对数幅频特性渐近线如图 5-27 所示，串联校正装置 $G_c(s)=10$，要求：

(1) 写出未校正时的开环传递函数 $G(s)$；

(2) 在下面同一图中画出校正后的系统对数幅频特性的渐近线；

(3) 写出校正后的系统特性的变化内容。

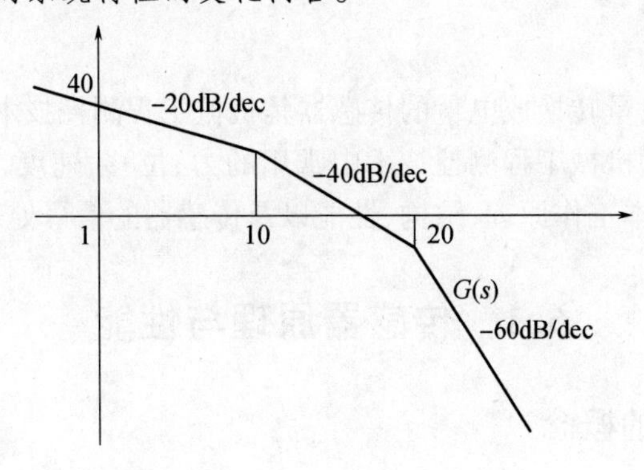

图 5-27 习题 5-3 图

第6章 传感器与测试技术

把各种不同的非电量转换成电量的传感器是机械工程测控技术中不可缺少的组成部分。本章重点介绍各种机械工程测控技术中常用的力、位移、速度、加速度、位置、温度等方面的传感器，及其基本工作原理、结构、性能以及传感器的信号处理、接口技术等。

6.1 传感器原理与性能

6.1.1 传感器的概念

根据国家标准(GB/T 7665—1987)《传感器通用术语》，传感器的定义为："能感受规定的被测量、并按照一定的规律转换成可用输出信号的器件或者装置。通常由敏感元件和转换元件组成。"敏感元件指传感器中能直接感受(或称响应)被测量的部分；转换元件指传感器中能将敏感元件感受(或响应)的被测量转换成适于传输和测量的电信号部分。由于电信号是易于传输、检测和处理的物理量，所以过去也常把将非电量转换成电量的器件或装置称为传感器。

获得传感器信号(电压或电流的变化)的方法有两种：一种如图6-1(a)所示，开关传感器直接将转轴的转速转换为开关量电信号的变化；另一种如图6-1(b)所示，

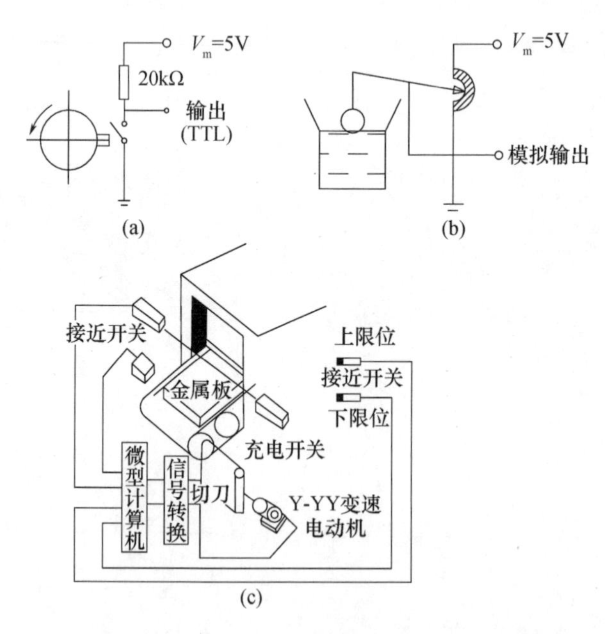

图6-1 传感器信号

(a) 开关量输出的传感器；(b) 模拟量输出的传感器；(c) 传感器在微型计算机测控系统中的应用。

将水位(或压力、流量)等诸物理量转换成模拟量电信号的变化。图6-1(c)则表示传感器在一个微型计算机测控系统中的应用。可见,传感器在非电量电测系统中有两个作用:一是敏感作用,即感受并拾取被测对象的信号;二是转换作用,将感受的被测信号(一般是非电量)转换成易于检测和处理的电信号,以便后接仪器接收和处理,如图6-1(c)所示。

综上所述,在工程测试中,传感器是测试系统的第一个环节,它把诸如温度、压力、流量、应变、位移、速度、加速度等信号转换成电的能量信号(如电流、电压)或电的参数信号(如电阻、电容、电感等),然后通过转换、传输进行记录或显示。因此,传感器的性能如动态特性、灵敏度、线性度等都会直接影响整个测试过程的质量。

传感器主要依赖于构成传感器的敏感元件的物理效应(如光电效应、压电效应、热电效应等)和物理原理(如电感原理、电容原理和电阻原理等)进行信息转换并具有不同的功能。随着传感材料和物理效应的开发和发现,具有不同功能、结构、特性和用途的各种传感器必将大量涌现。为便于研究、开发和选用,必须对传感器进行科学分类。

6.1.2 传感器的分类及要求

1. 按被测物理量分类

按被测物理量分类,传感器可分为温度传感器、流量传感器、位移传感器、速度传感器等(表6-1)。

表6-1 传感器按被测量分类

被测量类别	被测量
热工量	温度、热量、比热容;压力、压差、真空度;流量、流速、风速
机械量	位移(线位移、角位移)、尺寸、形状;力、重量、力矩、应力;质量;转速、线速度;振动幅值、频率、加速度、噪声
物性和成分量	气体化学成分、液体化学成分;酸碱度(pH值)、盐度、浓度、黏度、密度、相对密度
状态量	颜色、透明度、磨损量、材料内部裂纹或缺陷、气体漏泄、表面质量

2. 按传感器元件的变换原理分类

传感器对信息的获取,主要是基于各种物理的、化学的以及生物的现象或效应。根据不同的作用机理,可将传感器分为电阻传感器、电容传感器、电感传感器、压电传感器、光电传感器、磁电传感器、磁敏传感器等。

这种分类方法可对一种敏感元件的敏感原理进行研究,就可以研究多种用途的传感器。

如利用电阻传感器元件的传感原理可以制造出电阻式位移传感器、电阻式压力传感器、电阻式温度计等。这种分类方法类别少,每一类传感器具有同样的敏感元件(表6-2)。

表6-2 传感器按变换原理分类

序号	工作原理	序号	工作原理
1	电阻	8	谐振
2	电感	9	霍尔
3	电容	10	超声
4	磁电	11	同位素
5	热电	12	电化学
6	压电	13	微波
7	光电(包括红外、光导纤维)	—	—

3. 按能量传递方式分类

如前所述,传感器是一种能量转换和传递的器件。按能量传递方式可将传感器分为能量控制型传感器、能量转换型传感器及能量传递型传感器。

能量控制型传感器在感受被测量以后,只改变自身的电参数(如电阻、电感、电容等),这类传感器本身不起换能的作用,但能对传感器提供的能量起控制作用,使用这种传感器时必须加上外部辅助电源,才能完成将上述电参数进一步转换成电量(如电压或电流)的过程。例如电阻传感器可将被测的物理量(如位移等)转换成自身电阻的变化,如果将电阻传感器接入电桥中,这个电阻电参数的变化就可以控制电桥中的供桥电压幅值(或相位或频率)的变化,完成被测量到电量的转换过程。能量控制型传感器也称为参量型传感器。

能量转换型传感器具有换能功能,它能将被测的物理量(如速度、加速度等)直接转换成电量(如电流或电压)输出,而不需借助外加辅助电源,传感器本身犹如发电机一样,故有时也把这类传感器称为发电型传感器。磁电式、压电式、热电式等传感器均属这种类型。

能量传递型传感器,是在某种能量发生器与接收器进行能量传递过程中实现敏感检测功能的,如超声波换能器必须有超声发生器和接收器。核辐射检测器、激光器等都属于这一类。实际上它们是一种间接传感器。

6.1.3 传感器的静态特性

1. 线性度

传感器的静态特性是在静态标准条件下,利用一定等级的标准装备,对传感器进行往复循环测试,得到输出—输入特性(列表或画曲线)。通常希望这个特性(曲线)为线性,这对标定和数据处理带来方便。但实际的输出与输入特性只能接近线性,对比理论直线有偏差,如图6-2所示。实际曲线与其两个端尖连线(称理论直线)之间的偏差称为传感器的非线性误差。取其中最大值与输出满度值之比作为评价线性度(或非线性误差)的指标。

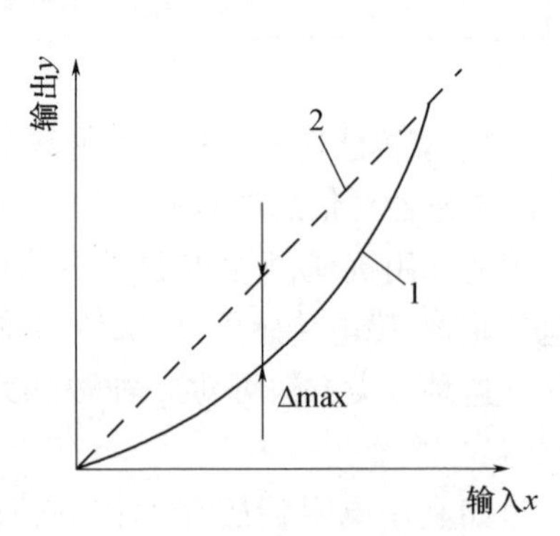

图6-2 线性度示意图
1—实际曲线; 2—理想曲线。

$$r_L = \pm \frac{\Delta \max}{y_{FS}} \times 100\% \qquad (6-1)$$

式中：r_L 为线性度（非线性误差）；Δ_{max} 为最大非线性绝对误差 y_{FS} 为输出最大值。

2. 灵敏度

传感器在静态标准条件下，输出变化对输入变化的比值称为灵敏度，用 S_0 表示，即

$$S_0 = \frac{\text{输出量的变化}}{\text{输入量的变化}} = \frac{\Delta y}{\Delta x} \qquad (6-2)$$

对于线性传感器来说，灵敏度 S_0 是一个常数。

3. 迟滞误差

传感器在正（输入量增大）反（输出量减小）行程中输出输入特性曲线的不重合程度称迟滞，迟滞误差一般以满量程输出 y_{FS} 的百分数表示，即

$$r_H = \frac{\Delta H_m}{y_{FS}} \times 100\% \text{ 或 } r_H = \pm \frac{1}{2} \frac{\Delta H_m}{y_{FS}} \times 100\% \qquad (6-3)$$

式中：ΔH_m 为输出值在正、反行程间的最大差值。

迟滞特性一般由实验方法确定，如图 6－3 所示。

4. 重复性

传感器在同一条件下，被测输入量按同一方向作全量程连读多次重复测量时，所得输出—输入曲线的不一致程度，称重复性。重复性误差用满量程输出的百分数表示。

（1）近似计算：

$$r_H = \pm \frac{\Delta R_m}{y_{FS}} \times 100\% \qquad (6-4)$$

（2）精确计算：

$$r_R = \pm \frac{2 \sim 3}{y_{FS}} \times \sqrt{\sum_{i=1}^{n} (y_i - \bar{y}) \Big/ (n-1)} \qquad (6-5)$$

其中：ΔR_m 为输出最大重复性误差；y_i 为第 i 次测量值；$\bar{y}$ 为测量值的算术平均值；n 为测量次数。

重复特性也用实验方法确定，常用绝对误差表示，如图 6－4 所示。

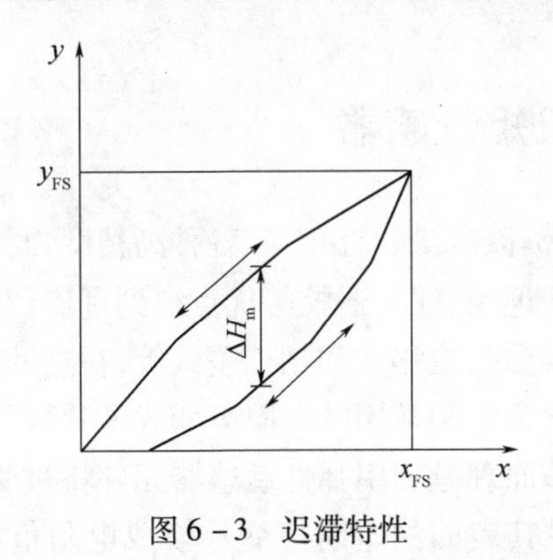

图 6－3 迟滞特性

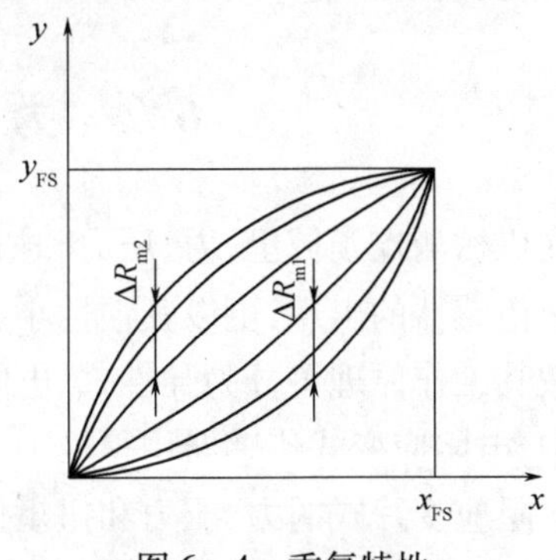

图 6－4 重复特性

5. 分辨力

传感器能检测到的最小输入增量称分辨力,在输入零点附近的分辨力称为阈值。

6. 零漂

传感器在零输入状态下,输出值的变化称零漂,零漂可用相对误差表示,也可用绝对误差表示。

6.1.4 传感器的动态特性

传感器测量静态信号时,由于被测量不随时间变化,测量和记录过程不受时间限制。而实际中大量的被测量是随时间变化的动态信号,传感器的输出不仅需要精确地显示被测量的大小,还要显示被测量时间变换的规律,即被测量的波形。传感器能测量动态信号的能力用动态特性表示。动态特性是指传感器测量动态信号时,输出对输入的响应特性。

动态特性好的传感器,其输出量随时间的变化规律将再现输入量随时间的变化规律,即它们具有同一个时间函数。但是,除了理想情况外,实际传感器的输出信号与输入信号不会具有相同的时间函数,由此引起动态误差。

6.1.5 传感器的性能要求

无论何种传感器,作为检测系统的首要环节,通常都必须具有快速、准确、可靠而又能经济地实现信号转换的性能。

(1) 传感器的工作范围或量程应足够大,具有一定的过载能力。

(2) 与检测系统匹配性好,转换灵敏度高,即要求其输出信号与被测输入信号成确定关系(通常为线性关系),且比值要大。

(3) 精度适当,且稳定性高,即传感器的静态特性与动态特性的准确度能满足要求,并长期稳定。

(4) 反应速度快,工作可靠性高。

(5) 适应性和适用性强,即动作能量小,对被检测对象的状态影响小,内部噪声小,不易受外界干扰的影响,使用安全,易于维修和校准,寿命长,成本低等。

实际的传感器往往很难满足这些性能要求,应根据应用的目的、使用环境、被测对象状况、精度要求和信号处理等具体条件作全面综合考虑。

6.2 力、压力和扭矩传感器

在机械测控领域里,力、压力和扭矩是常用的机械参量。近年来,各种高精度力、压力和扭矩传感器的出现,更以其惯性小、响应快、易于记录、便于遥控等优点得到了广泛的应用。按其工作原理可分为弹性式、电阻应变式、气电式、位移式和相位差式等,在这些测量方式中,电阻应变式传感器用得最为广泛。下面着重介绍常用的电阻应变式传感器。

电阻应变片式的力、压力和扭矩传感器的工作原理是利用弹性敏感器元件将被测力、压力或扭矩转换为应变、位移等,然后通过粘贴在其表面的电阻应变片换成电阻值的变化,经过转换电路输出电压或电流信号。

6.2.1　应变式电阻传感器

1. 应变式传感器的工作原理——应变效应

应变片电阻传感器的敏感元件是电阻应变片。应变片是在用苯酚、环氧树脂等绝缘材料浸泡过的玻璃基板上，粘贴直径为0.025mm左右的金属丝或金属箔制成，如图6－5所示。

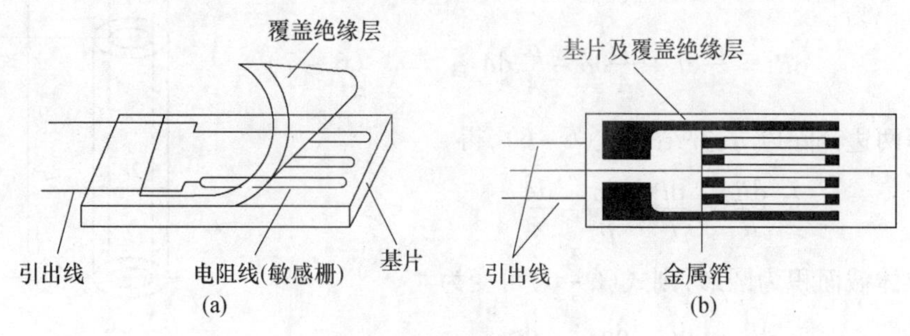

图6－5　粘接式应交片

（a）丝式应变片；（b）箔式应变片。

电阻应变片的敏感量是应变，如图6－6所示，金属受到拉伸作用时，在长度方向发生伸长变形的同时会在径向发生收缩变形。金属的伸长量与原来长度之比称为应变。利用金属应变量与其电阻变化量成正比的原理制成的器件称为金属应变片（strain gage）。金属导体或半导体在外力作用下产生机械变形而引起导体或半导体的电阻值发生变化的物理现象称为应变效应。

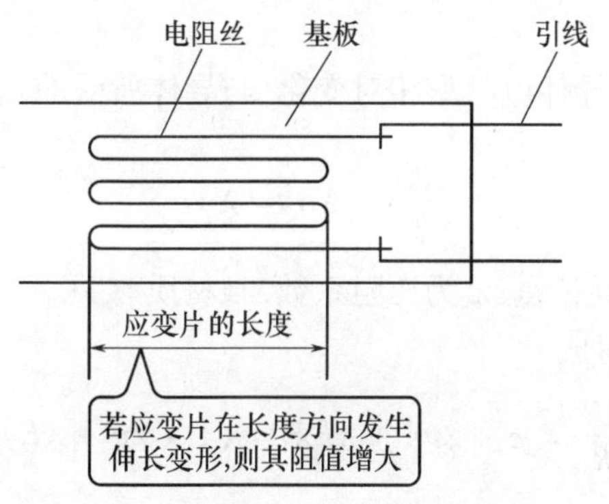

图6－6　电阻丝式应变片的应变效应

应交片变形时，从引线上测出的电阻值也会相应的变化。只要选择的应变片的材料得当，就可以使应变片因变形而产生的应变（应变片的输入）和它的电阻的变化值（应变片的输出）成线性关系。如果把应变片贴在弹性结构体上，当弹性体受外力作用而成比例地变形（在弹性范围内）时，应变片也随之变形，所以可通过应变片电阻的大小来检测外力的大小。

设应变片在不受外力作用时的初始电阻值为

$$R = \rho \frac{l}{A} \tag{6-6}$$

当应变片随弹性结构受力变形后，如图6－7所示，应变片的长度l、截面积A都发生变化，电阻率ρ也会由于晶格的变化而有所改变。l,A,ρ三个因素的变化必然导致电阻值R的变化，设其变化为$\mathrm{d}R$，则有

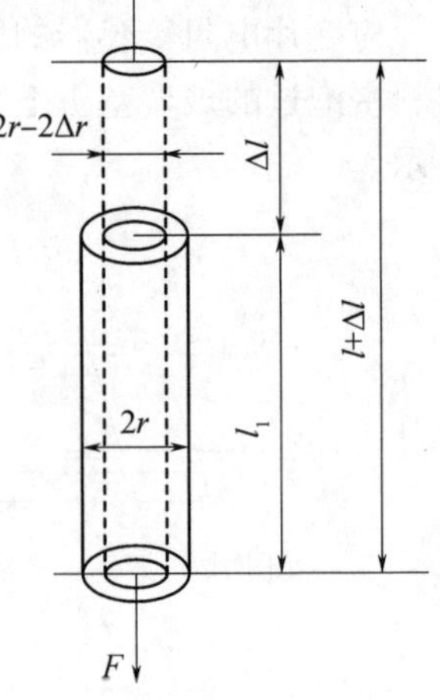

图6－7　轴向和横向的应变定义

$$\mathrm{d}R = \frac{\partial R}{\partial l}\mathrm{d}l + \frac{\partial R}{\partial \rho}\mathrm{d}\rho + \frac{\partial R}{\partial A}\mathrm{d}A$$

即

$$\mathrm{d}R = \frac{\rho}{A}\mathrm{d}l + \frac{l}{A}\mathrm{d}\rho - \frac{\rho^2}{A^2}\mathrm{d}A \qquad (6-7)$$

方程两边都除以R，并结合式(6－6)，得

$$\frac{\mathrm{d}R}{R} = \frac{\mathrm{d}l}{l} + \frac{\mathrm{d}\rho}{\rho} - \frac{\mathrm{d}A}{A}$$

若导体截面积为圆形，则式(6－6)可变为

$$\frac{\mathrm{d}R}{R} = \frac{\mathrm{d}l}{l} + \frac{\mathrm{d}\rho}{\rho} - 2\frac{\mathrm{d}r}{r} \qquad (6-8)$$

式中：$\frac{\mathrm{d}l}{l}=\varepsilon$为导体轴向相对变形，称为纵向应变，即单位长度上的变化量；$\frac{\mathrm{d}r}{r}$为导体径向相对变形，称为径向应变。

当导体纵向伸长时，其径向必然缩小，它们之间的关系为

$$\frac{\mathrm{d}r}{r} = -\nu\frac{\mathrm{d}l}{l} = -\nu\varepsilon$$

式中：ν为泊桑系数；$\frac{\mathrm{d}l}{l}$为导体电阻率相对变化，与导体所受的轴向正应力有关。

$$\frac{\mathrm{d}\rho}{\rho} = \lambda\alpha = \lambda E\varepsilon$$

式中：E为导线材料的弹性模量；λ为压阻系数，与材质有关。

于是式(6－8)可改写成

$$\frac{\mathrm{d}R}{R} = \varepsilon + 2\nu\varepsilon + \lambda E\varepsilon = (1 + 2\nu + \lambda E)\varepsilon \qquad (6-9)$$

当导体材料确定后，ν，λ和E均为常数，则式(6－9)中的$(1+2\nu+\lambda E)$也是常数，这表明应变片电阻的相对变化率$\frac{\mathrm{d}R}{R}$与应变ε之间是线性关系，应变片的灵敏度为

$$S = \frac{\mathrm{d}R/R}{\varepsilon} = (1 + 2\nu + \lambda E) \qquad (6-10)$$

由此，式(6－9)也可写为

$$\frac{\mathrm{d}R}{R} = S \times \varepsilon \qquad (6-11)$$

对于金属电阻应变片，其电阻的变化主要是由于电阻丝的几何变形所引起的，因此从式(6－10)可知，其灵敏度S主要取决于$(1+2\nu)$项，λE项则很小，可忽略，金属电阻应变

片的灵敏度 $S=1.7\sim5.6$。而对半导体应变片,由于其压阻系数 λ 及弹性模量 E 都比较大,所以其灵敏度主要取决于 λE 项。而其几何变形引起的电阻变化则很小,可忽略。半导体应变片的灵敏度 $S=60\sim170$,比金属丝式应变片的灵敏度要高 50~70 倍。

2. 应变片的结构和种类

应变片主要分为金属电阻应变片和半导体应变片两类。常用的金属电阻应变片有丝式、箔式和薄膜式三种,前两种为粘接式应变片。应变片由绝缘的基底、覆盖层和具有高电阻系数的金属敏感栅及引出线四部分组成。

金属薄膜式应变片是采用真空镀膜(如蒸发或沉积等)方式将金属材料在基底材料(如表面有绝缘层的金属、有机绝缘材料或玻璃、石英、云母等无机材料)上制成一层很薄的敏感电阻膜(膜厚在 0.1μm 以下)而构成的一种应变片。

半导体应变片是利用半导体材料的压阻效应工作的。即对某些半导体材料在某一晶轴方向施加外力时,它的电阻率 ρ 就会发生变化的现象。半导体应变片有体型、薄膜型和扩散型三种(图 6-8)。

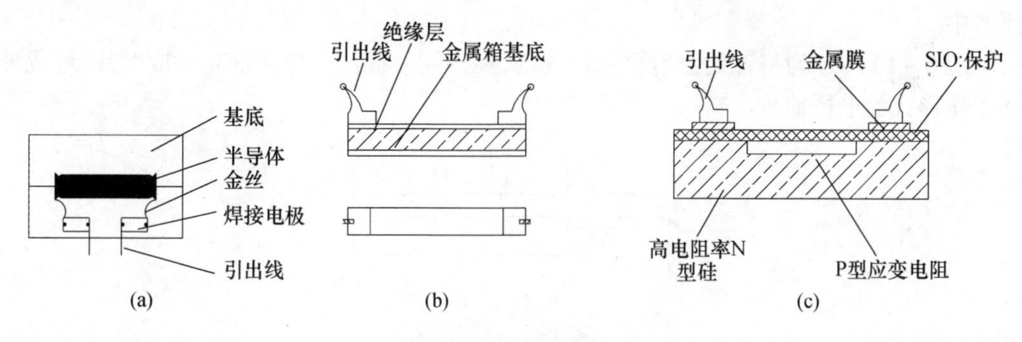

图 6-8　半导体应变片

(a) 体型; (b) 薄膜型; (c) 扩散型 。

6.2.2　应变式电阻传感器的应用

1. 柱形或筒形弹性元件

这种弹性元件结构简单,可承受较大的载荷,常用于测量较大力的拉(压)力传感器中,但其抗偏心载荷、侧向力的能力差,制成的传感器高度大,应变片在柱形和筒形弹性元件上的粘贴位置及接桥方法如图 6-9 所示。这种接桥方法能减少偏心载荷引起的误差,且能增加传感器的输出灵敏度。

若在弹性元件上施加一压缩力 P,则筒形弹性元件的轴向应变 ε_l 为

$$\varepsilon_l = \frac{\sigma}{E} = \frac{P}{EA}$$

用电阻应变仪测出的指示应变为

$$\varepsilon = 2(1+\mu)\varepsilon_i \qquad (6-12)$$

其中:P 为作用于弹性元件上的载荷;E 为圆筒材料的弹性模量;μ 为圆筒材料的泊松系数;A 为筒体截面积,$A=\pi(D_1-D_2)^2/4$ (D_1 为筒体外径,D_2 为筒体内径)。

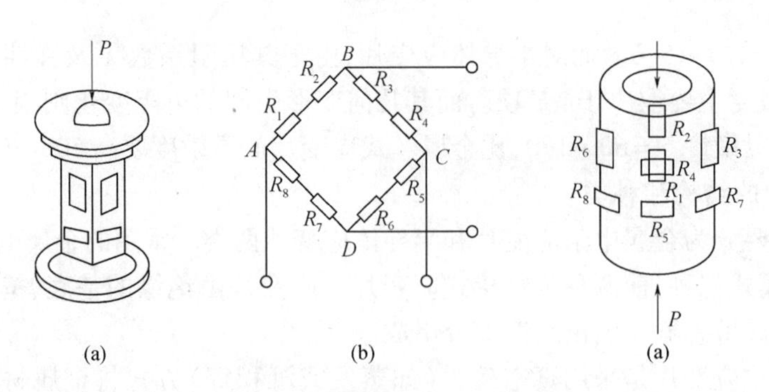

图6-9　柱形和筒形弹性元件生成的测力传感器

(a) 柱形；(b) 电桥；(c) 筒形图。

2. 梁式弹性元件

1）悬臂梁式弹性元件

它的特点是结构简单、容易加工、粘贴应变片方便、灵敏度高，适用于测量小载荷的传感器中。

图6-10所示为一截面悬臂梁弹性元件，在其同一截面正反两面粘贴应变片，组成差动工作形式的电桥输出。

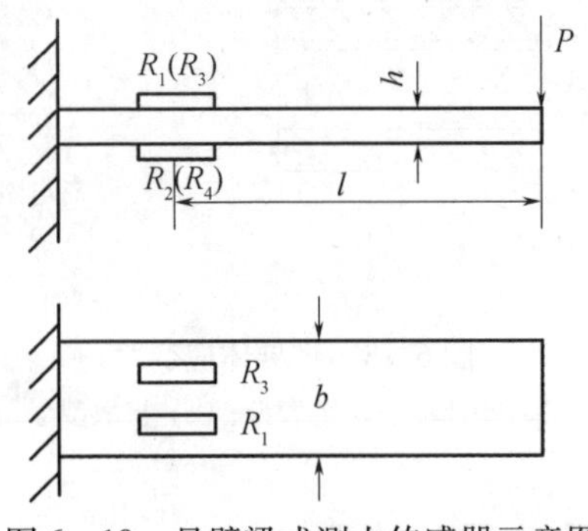

图6-10　悬臂梁式测力传感器示意图

若梁的自由端有一被测力 P，则应变片感受的应变为

$$\varepsilon = \frac{bl}{Ebh^2}P \tag{6-13}$$

电桥输出为

$$U_{SC} = K_\varepsilon U_0 \tag{6-14}$$

其中：l 为应变片中心处距受力点距离；b 为悬臂梁宽度；h 为悬臂梁厚度；E 为悬臂梁材料的弹性模量；K_ε 为应变片的灵敏系数。

2）两端固定梁

这种弹性元件的结构形状、参数以及应变片粘贴组桥形式如图6-11所示。它的悬臂梁刚度大，抗侧向能力强。粘贴应变片感受应变与被测力 P 之间的关系为

$$\varepsilon = \frac{3(4I_0 - I)}{4Ebh^2}P \tag{6-15}$$

它的电桥输出与式(6-14)相同。

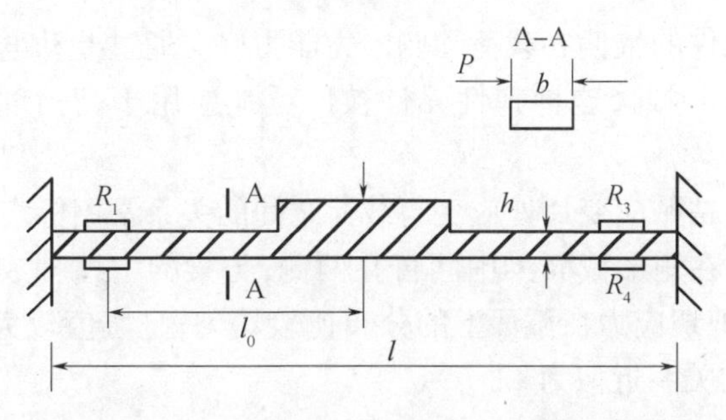

图 6-11　两端固定梁式测力传感器示意图

3）双孔形弹性元件

图 6-12(a)为双孔形悬臂梁，(b)为双孔 S 形弹性元件。它们的特点是粘贴应变片处应变大，因而传感器的输出灵敏度高，同时其他部分截面积大，刚度大，则线性好，抗偏心载荷和侧向力的能力好。通过差动电桥可进一步清楚偏心载荷的侧向力的影响，因此，这种弹性元件广泛地应用于高精度、小量程的测力传感器中。

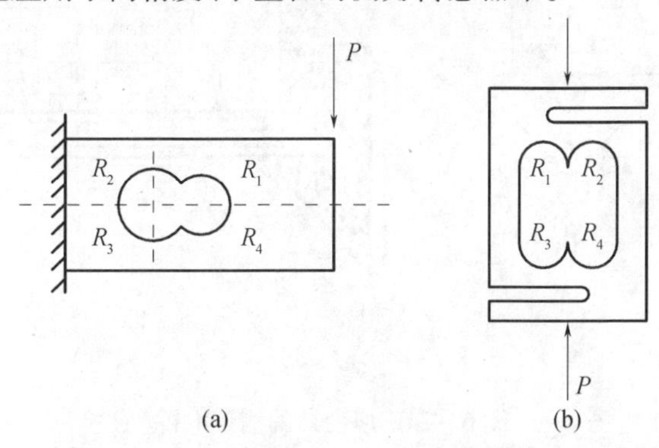

图 6-12　双孔弹性元件测力传感器示意图

（a）双孔悬臂梁；（b）双孔 S 梁。

双孔形弹性元件粘贴应变片处应变与载荷之间的关系常用标定式试验确定。

4）梁式剪切弹性元件

这种弹性元件的结构与普通梁式弹性元件基本相同，只是应变片粘贴位置不同。应变片受的应变只与梁所承受的剪切力有关，而与弯曲应力无关。因此，它具有对拉伸和压缩载荷相同的灵敏度，适用于同时测量拉力和压力的传感器。此外，它与梁式弹性元件相比，线性好、抗偏心载荷和侧向力的能力大，其结构和粘贴应变片的位置如图 6-13 所示。

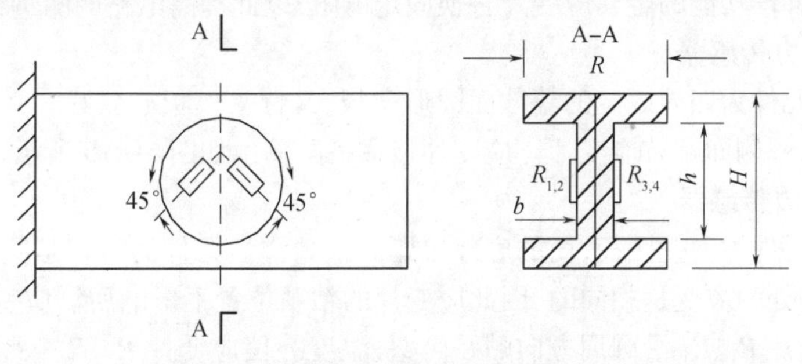

图 6-13　梁式剪切型测力传感器示意图

梁式剪切弹性元件的抗偏心载荷和侧向力能力好。通过差动电桥可进一步消除偏心载荷的侧向力的影响,因此,这种弹性元件被广泛地应用于高精度、小量程的测力传感器中。

双孔形弹性元件粘贴应变片处应变与载荷之间的关系常用标定式试验确定。

应变片一般粘贴在矩形截面梁中间盲孔两侧,与梁的中性轴成45°方向上。该处的截面为工字形,以使剪切应力在截面上的分布比较均匀,且数值较大,粘贴应变片处的应变与被测力 P 之间的关系近似为

$$\varepsilon = \frac{P}{2bhG} \tag{6-16}$$

式中:G 为弹性元件的剪切模量;b 和 h 为粘贴应变片处梁截面的宽度和高度。

如图6-14所示,电阻应变片在使用时通常将其接入测量电桥,以便将电阻的变化转换成电压量输出。

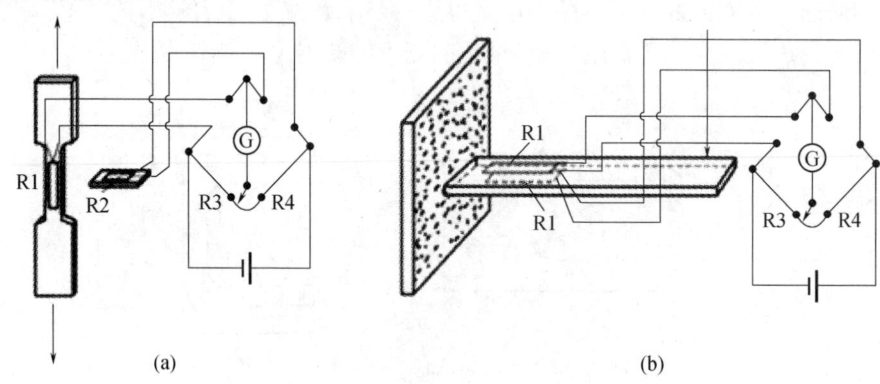

图6-14 应变片的测量电桥

(a) 1片工作应变片的电桥; (b) 2片工作应变片的电桥。

金属应变片构成的这种电桥称为惠斯登电桥。利用金属应变片的惠斯登电桥构成力学量传感器时,可以采用电桥的一个桥臂为1片金属应变片、其他桥臂为固定电阻的方法(图6-14(a)),也可以采用在电桥上用2片或4片金属应变片组成的桥路结构,以此提高传感器的测量精度(图6-14(b))。采用2片金属应变片组成检测电路时,由于有2片金属应变片产生应变,因此可以得到单片应变片电路的2倍输出电压。采用4片金属应变片组成检测电路时,则可以得到4倍于单片应变片电路的输出电压。此外,有的检测还采用具有温度补偿功能的金属应变片替换固定电阻,以此提高电路的测量精度。

3. 膜式压力传感器

它的弹性元件为四周固定的等截面圆形薄板,又称平模板或膜片。其一表面承受被测分布压力,另一侧面贴有应变片。应变片接成桥路输出如图6-15所示。

4. 筒式压力传感器

它的弹性元件为薄壁圆筒,筒的底部较厚。这种弹性元件的特点是圆筒受到被测压力后,外表面各处的应变是相同的,因此应变片的粘贴位置不影响所测应变。如图6-16所示,工作应变片 R_1、R_3 沿圆周方向贴在筒壁,温度补偿应变片 R_2、R_4 贴在筒底外壁上,并接成全桥线路,这种传感器适用于测量较大压力。

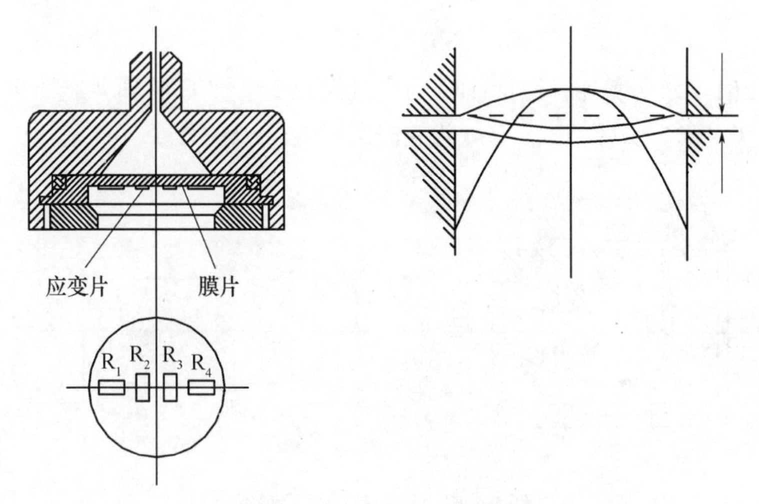

图 6 - 15　膜式压力传感器

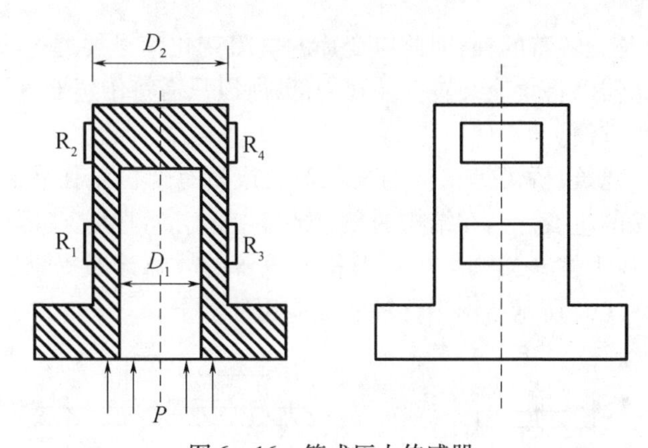

图 6 - 16　筒式压力传感器

对于薄壁圆筒(壁厚与壁的中间曲率半径之比小于 1/20),筒壁上工作应变片处的切向应变 ε_l 与被压力 P 的关系为

$$\varepsilon_l = \frac{(2-\mu)D_1^2}{2(D_2-D_1)} \tag{6-17}$$

对于厚壁圆筒(壁厚与中间曲率半径之比大于 1/20),则有

$$\varepsilon_l = \frac{(2-\mu)D_1^2}{2(D_2^2-D_1^2)E} \cdot P \tag{6-18}$$

式中:D_1 为圆筒内孔直径;D_2 为圆筒的外壁直径;E 为圆筒材料的弹性模量;μ 为圆筒材料的泊松系数。

5. 扭矩(转矩)传感器

图 6 - 17 所示为电阻应变转矩传感器。它的弹性元件是一个与被测转矩的轴相连的转轴,转轴上贴有与轴线成 45°的应变片,应变片两两相互垂直,并接成全桥工作的电桥,应变片感受的应变 ε 与被测试件的扭矩 M_τ 的关系为

$$M_{\tau} = 2GW_{\tau} \tag{6-19}$$

式中：$G = E/2(1+\mu)$为剪切弹性量；W_{τ}为抗扭截面模量，实心圆轴$W_{\tau} = \pi D^3/16$，空心圆轴$2GW_{\tau} = \pi D^3/16(1-a^4)$，$a = d/D$，$d$为空心圆柱内径，$D$为外径。

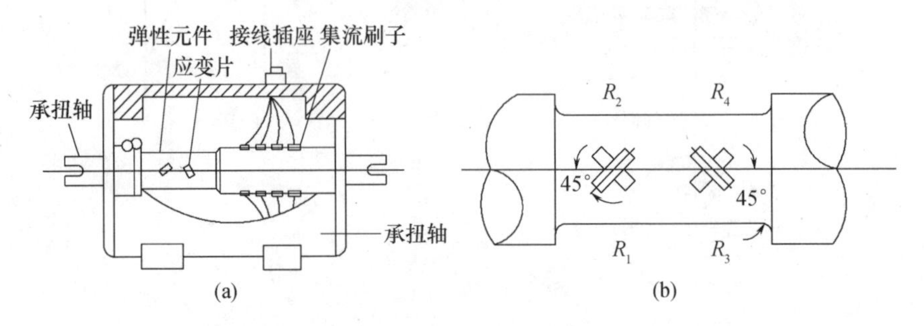

图6-17　转矩传感器示意图

由于检测对象是旋转着的轴，因此应变片的电阻变化信号要通过集流装置引出才能进行测量，转矩传感器已将集流装置安装在内部，所以只需将传感器直接相连就能测量转轴的转矩，使用非常方便。

为了研究机械、建筑、桥梁等结构的某些部位或所有部位工作状态下的受力变形情况，往往将不同形状的应变片贴在结构的预定部位上，直接测得这些部位的拉、压应力、弯矩等，为结构设计、应力校核或构件破坏及机器设备的故障诊断提供实验数据或诊断信息。如图6-18(a)，(b)所示给出了两种实际应用的例子。

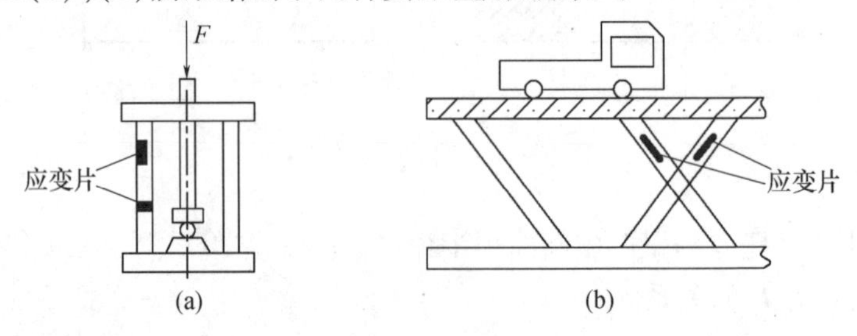

图6-18　构件应力测定

(a) 立柱应力；(b) 桥梁应力。

6.3　位移测量传感器

位移测量是线位移测量和角位移测量的总称，位移测量在机械测控领域中应用十分广泛，这不仅因为在各种机电一体化产品中常需位移测量，而且还因为速度、加速度、力、压力、扭矩等参数的测量都是以位移测量为基础的。

直线位移传感器主要有电感传感器、差动变压器传感器、电容传感器、感应同步器和光栅传感器。

角位移传感器主要有电容传感器、旋转变压器和光电编码盘等。

6.3.1 电感式传感器

电感传感器的敏感元件是电感线圈,其转换原理基于电磁感应原理。它把被测量的变化转换成线圈自感系数 L 或互感系数 M 的变化(在电路中表现为感抗 X_L 的变化)而达到被测量到电参量的转换。图 6-19 是简单自感式装置的原理图。当一个简单的单线圈作为敏感元件时,机械位移输入会改变线圈产生的磁路的磁阻,从而改变自感式装置的电感。电感的变化由合适的电路进行测量,就可从表头上指示输入值。磁路的磁阻变化可以通过空气间隙的变化来获得,也可以通过改变铁心材料的数量或类型来获得。

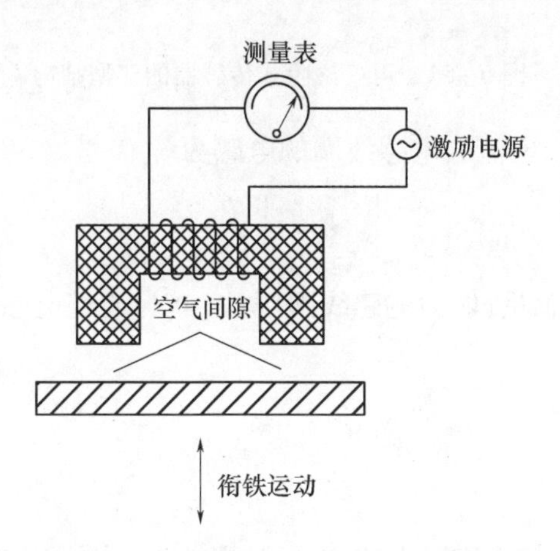

图 6-19　简单自感式装置的工作原理图

采用两个线圈的互感装置如图 6-20 所示。当一个激励源线圈的磁通量被耦合到另一个传感线圈上时,就可从这个传感线圈得到输出信号。输入信号是衔铁位移的函数,它改变线圈间的耦合。耦合可以通过改变线圈和衔铁之间的相对位置而改变。这种相对位置的改变可以是线位移,也可以是转动的角位移。

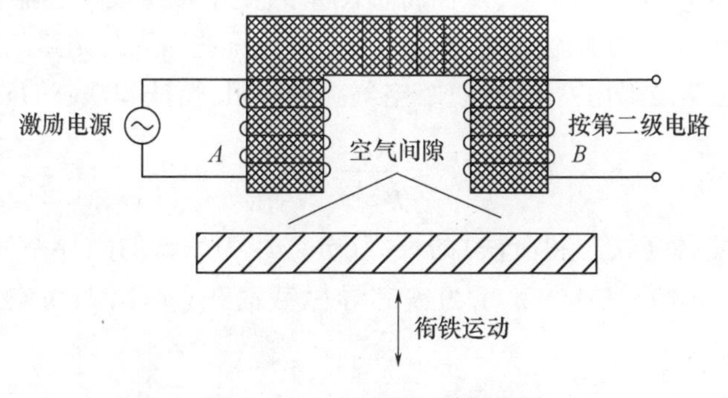

图 6-20　双线圈互感装置

按照转换方式的不同可将电感传感器分为自感型(包括可变磁阻式与高频反射式)与互感型(差动变压器式与低频透射式)。

1. 可变磁阻式电感传感器

图 6-21 所示为可变磁阻式传感器的典型结构,它由线圈、铁芯和衔铁组成,在铁芯与衔铁之间有空气隙 δ。

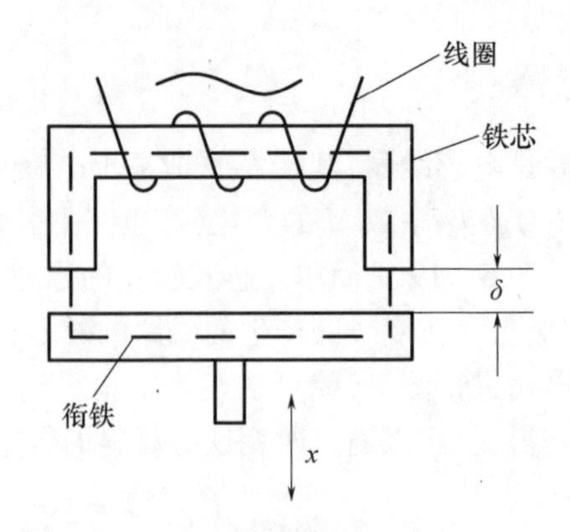

图 6-21　可变磁阻式传感器的典型结构

在电感线圈通以交变电流 i,电感线圈的电感为

$$L = \frac{W\Phi}{I} \tag{6-20}$$

式中:L 为电感线圈的自感量;W 为电感线圈匝数;Φ 为通过电感线圈的磁通;I 为电感线圈中通过的电流值。

由磁路欧姆定律可知

$$\varphi = \frac{WI}{R_m} \tag{6-21}$$

式中,R_m为磁路中的磁阻;I 为磁路中的磁动势;W 为电感线圈匝数。

将式(6-21)代入式(6-20)得

$$L = \frac{W^2}{R_m} \tag{6-22}$$

从式(6-22)可知,当电感线圈的匝数一定时,图 6-21 中的被测量 x 可以通过改变磁路中的磁阻 R_m来改变自感系数,从而将被测量的变化转换成传感器自感系数的变化。因此,这类传感器称为可变磁阻式传感器。下面讨论哪些因素与磁路磁阻 R_m有关。

图 6-22 的磁路磁阻由两部分组成:空气隙的磁阻;衔铁和铁芯的磁阻,即

$$R_m = \frac{L_1}{\mu_1 A_1} + \frac{2\delta}{\mu_0 A_0} \tag{6-23}$$

式中:L_1 为磁路中软铁(铁芯和衔铁)的长度(m);μ_1 为软铁的磁导率(H/m);μ_0 为空气的磁导率,$\mu_0 = 4\pi \times 10^{-7}$(H/m);$A_l$为铁芯导磁截面积($m^2$);$A_0$为空气隙导磁截面积($m^2$)。

通常,铁芯的磁阻远小于空气隙的磁阻,故 $R_m \approx \frac{2\delta}{\mu_0 A_0}$。将此式代入式(6-22),得

$$L = \frac{W^2 \mu_0 A_0}{2\delta} \tag{6-24}$$

式(6-24)为自感式传感器的工作原理表达式。它表明空气隙厚度和面积是改变磁阻从而改变自感 L 的主要因素。被测量只要能够改变空气隙厚度或面积,就能达到将被测量的变化转换成自感变化的目的,由此也就构成了间隙变化型和面积变化型的自感式

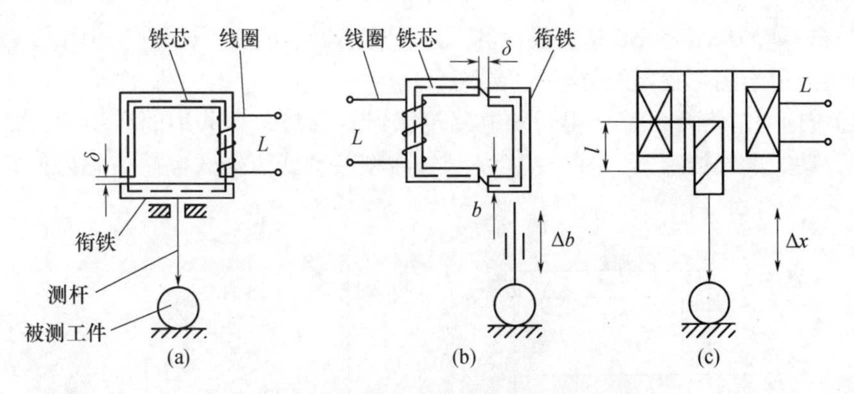

图 6-22　可变磁阻式电感传感器典型结构

(a) 间隙变化型；(b) 面积变化型；(c) 螺线管型。

电感传感器。图 6-22(a)是间隙变化型电感传感器，W，μ_0 及 A_0 都是不变的，δ 则由被测的物理量(工件直径的变化 Δa 引起变化 $\Delta\delta$，从而使传感器产生，ΔL 的输出，达到被检参数到电感变化的转换。由式(6-24)知 $L-\delta$ 的关系是双曲线关系，即为非线性关系(图 6-23(a))。灵敏度为

$$S=\frac{\mathrm{d}L}{\mathrm{d}\delta}=-\frac{W^2\mu_0A_0}{2\delta^2}=-\frac{L}{\delta} \tag{6-25}$$

为保证传感器的线性度，限制非线性误差，这种传感器多用于微小位移测量。实际应用中，一般取$\frac{\Delta\delta}{\delta_0}\leqslant 0.1$，位移测量范围为 0.001～1mm。

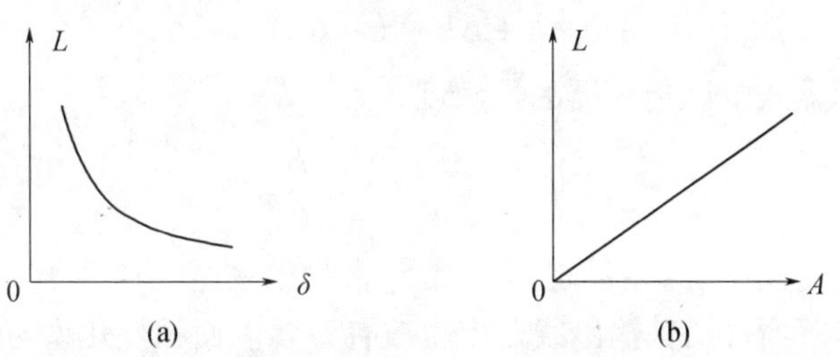

图 6-23　间隙变化型和面积变化型可变磁阻式电感传感器的输出特性

(a) 间隙变化型；(b) 面积变化型。

图 6-22(b)为面积变化型电感传感器。这时 W，μ_0，δ 都不变。由于磁路截面积 A 变为 $A+\Delta A$ 而使传感器的电感由 L 变为 $L+\Delta L$，从而有 ΔL 输出，实现了被测参数到电参量 ΔL 的转换。根据式(6-24)知 $L-A$(输出和输入)呈线性关系(图 6-22(b))。其灵敏度为

$$S=\frac{\mathrm{d}L}{\mathrm{d}A}=\frac{W^2\mu_0}{2\delta_0}=\text{常数} \tag{6-26}$$

这种传感器自由行程限制小，示值范围较大。如将衔铁做成转动式，还可用来测量角位移。

图 6-22(c)是螺线管型电感传感器。即在螺线管中插入一个可移动的铁芯构成工作时，因铁芯在线圈中伸入长度 l 的变化 Δl 引起螺线管电感值的变化 ΔL，由于螺线管中

的磁场分布不均匀，Δl 和 ΔL 是非线性的。这种传感器的灵敏度比较低，但由于螺管可以做得较长，故适于测量较大的位移量（数毫米）。

实际应用中常将两个完全相同的电感传感器线圈与一个共用的活动衔铁结合在一起，构成差动式电感传感器。图 6－24 是变气隙型差动变压器式电感传感器的结构和输出特性。

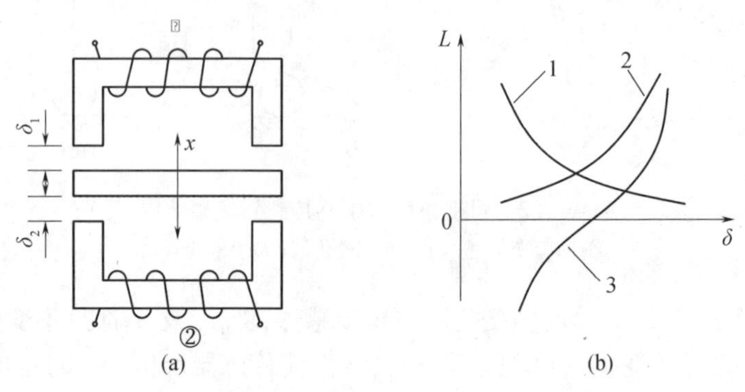

图 6－24　变气隙型差动变压器式电感传感器的结构和输出特性

（a）传感器的结构；（b）传感器的输出曲线。

1—线圈 1 的输出曲线；2—线圈 2 的输出曲线；3—差动变压器式电感传感器的输出曲线。

当衔铁位于气隙的中间位置时，$\delta_1=\delta_2$，两线圈的电感值相等，$L_1=L_2=L_0$，总的电感值等于 $L_1-L_2=0$，当衔铁偏离中间位置时，一个线圈的电感值增加 $L_1=L_0+\Delta L$，另一个线圈的电感值减小 $L_2=L_0-\Delta L$，总的电感变化量等于

$$L_1-L_2=+\Delta L-(-\Delta L)=2\Delta L$$

于是差动变压器式电感传感器的灵敏度 S 为

$$S=\frac{\mathrm{d}L}{\mathrm{d}\delta}=-2\frac{L}{\delta} \tag{6-27}$$

与式（6－25）比较可知，差动变压器式传感器比单边式传感器的灵敏度提高 1 倍。从图 6－25（b）中还可看出，其输出线性度也改善许多。面积变化型与螺线管型也可以构成差动型结构（图 6－25）。

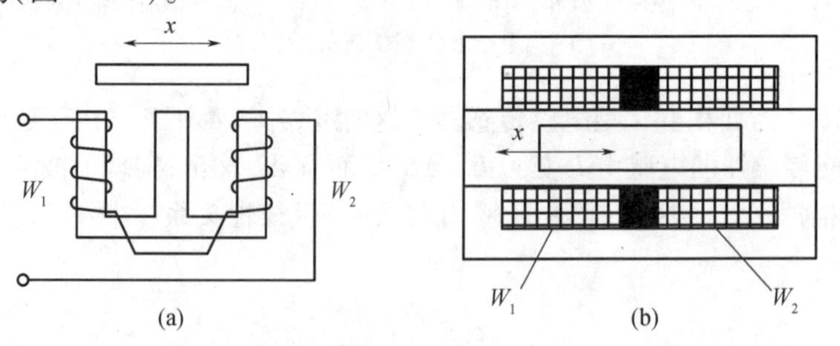

图 6－25　面积变化型与螺线管型差动变压器式电感传感器的结构

（a）面积变化型；（b）螺线管型。

2. 涡流式电感传感器

涡流式电感传感器的转换原理是金属导体在交变磁场中的涡流效应。根据电磁感应

定律，当一个通以交流电流的线圈靠近一块金属导体时(图 6－26(a))，交变电流 I_1 产生的交变磁通 Φ_1 通过金属导体，在金属导体内部产生感应电流 I_2，I_2 在金属板内自行闭合形成回路，称为"涡流"。涡流的产生必然要消耗磁场的能量，即涡流产生的磁通 Φ_2 总是与线圈磁通 Φ_1 方向相反，使线圈的阻抗发生变化。传感器线圈阻抗的变化与被测金属的性质(电阻率 ρ、磁导率 μ 等)、传感器线圈的几何参数、激励电流的大小与频率、被测金属的厚度以及线圈到被测金属之间的距离等有关。因此，可把传感器线圈作为传感器的敏感元件，通过其阻抗的变化来测定导体的位移、振幅、厚度、转速、导体的表面裂纹、缺陷、硬度和强度等。

涡流式电感传感器可分为高频反射式和低频透射式两种类型。

1. 高频反射式涡流传感器

高频反射式涡流传感器的工作原理如图 6-26(a)所示。在金属板一侧的电感线圈中通以高频(MHz 以上)激励电流时，线圈便产生高频磁场，该磁场作用于金属板，由于集肤效应，高频磁场不能透过有一定厚度 h 的金属板，而是作用于表面薄层，并在这薄层中产生涡流。涡流 I_2 又会产生交变磁通 Φ_2 反过来作用于线圈，使得线圈中的磁通 Φ_1 发生变化而引起自感量变化，在线圈中产生感应电势。电感的变化随涡流而变。而涡流又随线圈与金属板之间的距离 x 而变化。因此可以用高频反射式涡流传感器来测量位移量 x 的变化。通常还可以通过对高频反射式传感器的等效电路(图 6－26(b))的分析来证实这一点。

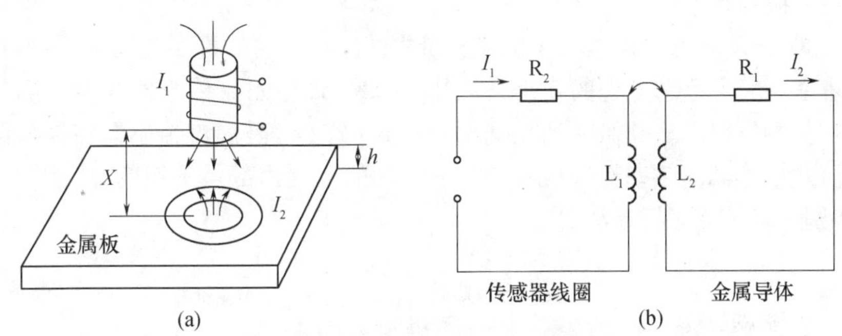

图 6－26　高频反射式涡流传感器

(a) 高频反射式涡流传感器原理；(b) 高频反射式涡流传感器的输出特性。

当传感器与被测金属都确定后，线圈阻抗只与 L_1、L_2、M 有关，而 L_1、L_2、M 都与传感器线圈和被测金属体之间的距离 x 有关，即

$$Z = f(x) \tag{6－28}$$

因此，如固定传感器的位置，当被测金属产生位移使 x 发生变化时，传感器线圈的阻抗就发生变化，从而达到以传感器线圈的阻抗变化值来检测被测金属位移量的目的。

2. 低频透射式涡流传感器

低频透射式涡流传感器是利用互感原理工作的，它多用于测量材料的厚度。其工作原理如图 6-27(a)所示。发射线圈 W_1 和接收线圈 W_2 分别置于被测材料的两边；当低频(1000Hz 左右)电压加到线圈 W_1 的两端后，线圈 W_1 产生一交变磁场，并在金属板中产生涡流，这个涡流损耗了部分磁场能量，使得贯穿 W_2 的磁力线减少，从而使 W_2 产生的感应

电势 e_2 减少。金属板的厚度 h 越大，涡流损耗的磁场能量也越大，e_2就越小。因此 e_2的大小就反映了金属板的厚度 h 的大小。低频透射式涡流传感器的输出特性即 e_2与 h 的关系如图 6－27(b)所示。

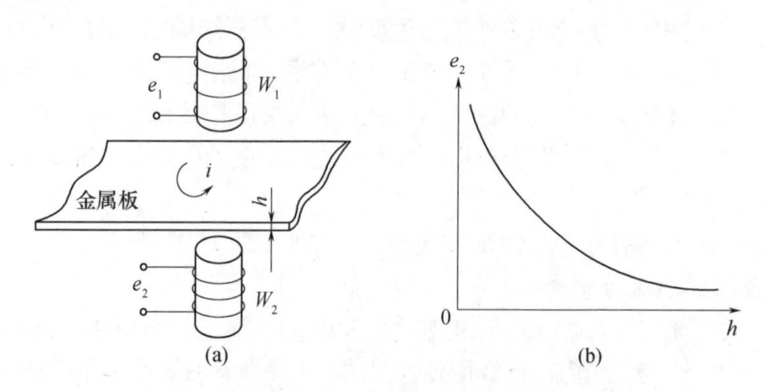

图 6－27　低频透射式涡流传感器

(a) 低频透射式涡流传感器；(b) 低频透射式涡流传感器的输出特性。

涡流式传感器具有非接触测量、简单可靠、灵敏度高等一系列优点，在机械、冶金等工业领域中得到了广泛的应用。

3. 涡流式传感器的应用

1) 位移、振幅测量

图 6－28(a)是涡流式传感器在位移测量中的应用。它的检测范围从 0～1mm 到 0～40mm，分辨率一般可达满量程的 0.1%。图 6－28(b)是涡流传感器在振动测量中的应用。振动幅值测量范围从几微米到几毫米。图 6－28(c)是涡流传感器在振型测量中的应用。涡流式传感器的频率特性从零到几十千赫的范围内部是平坦的，故能用于静态位移测量，特别适合于低频振动测量。

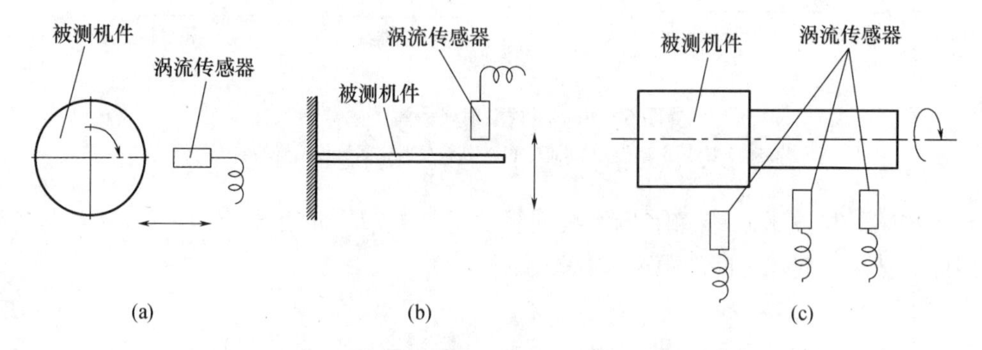

图 6－28　用涡流式传感器检测振幅

(a) 测转轴的径向振动；(b) 测片状机件的振幅；(c) 测构件的振型。

2) 转速测量

在旋转体上开一个或数个槽或齿，如图 6－29 所示，将涡流传感器安装在旁边，当转轴转动时，涡流传感器周期性地改变着与转轴之间的距离，于是它的输出也周期性地发生变化，即输出周期性的脉冲信号，脉冲频率与转速之间有如下关系：

$$n = \frac{f}{z} \times 60 \tag{6-29}$$

式中:n 为转轴的转速;f 为脉冲频率;z 为转轴上的槽数或齿数。

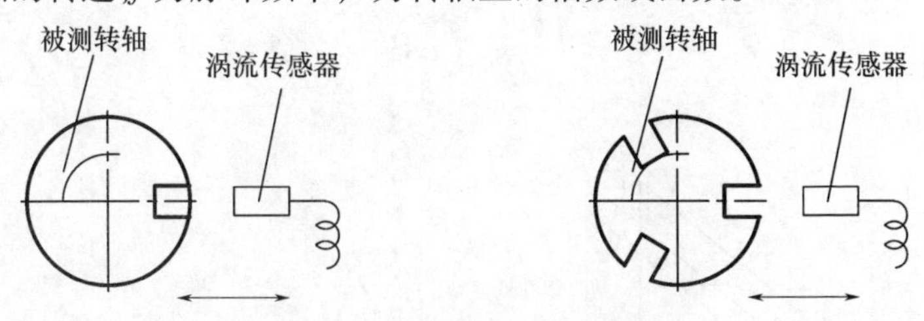

图 6-29　用涡流传感器检测转速

3）金属零件表面裂纹检查

用涡流传感器可以探测金属零件表面裂纹、热处理裂纹和焊接裂纹等。探测时,传感器贴近零件表面,当遇到有裂纹时,涡流传感器等效电路中的涡流反射电阻与涡流反射电感发生变化,导致线圈的阻抗改变,输出电压随之发生改变。

6.3.2　电容式位移传感器

电容传感器是以各种类型的电容器为传感元件,将被测物理量转换成电容量的变化来实现测量的。电容传感器的输出是电容的变化量。

1. 电容传感器的变换原理

电容传感器的转换原理可用图 6-30 所示的平板电容器来说明。平板电容器的电容为

$$C = \frac{\varepsilon A}{\delta} \tag{6-30}$$

式中:A 为极板相互覆盖面积;ε 为介电常数;δ 为极板间距;C 为电容量。

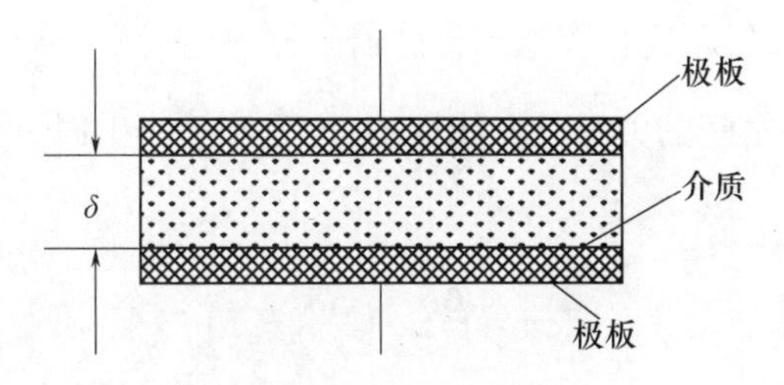

图 6-30　平板电容器

由式(6-30)知,当被检测参数(如位移、压力等)使式中的 ε、A 和 δ 变化时,都能引起电容器电容量的变化,从而达到对被测参数到电容的变换。在实际应用中,通常是使 ε,A 和 δ 三个参数中的两个保持不变,只改变其中的一个参数来使电容产生变化。所以电容式传感器可分为三大类:极距变化型电容传感器;面积变化型电容传感器;介质变化型电容传感器。

2. 极距变化型电容传感器

如图 6-31 所示,当电容器的两平行板的重合面积及介质不变,而动板因受被测量控

制而移动时，改变极板间距δ，可引起电容器电容量的变化，达到将被测参数转换成电容量变化的目的。若电容器的极板面积为A，初始极距为δ，极板间介质的介电常数为ε，则电容器的初始电容量为

$$C_0 = \frac{\varepsilon A}{\delta_0} \tag{6-31}$$

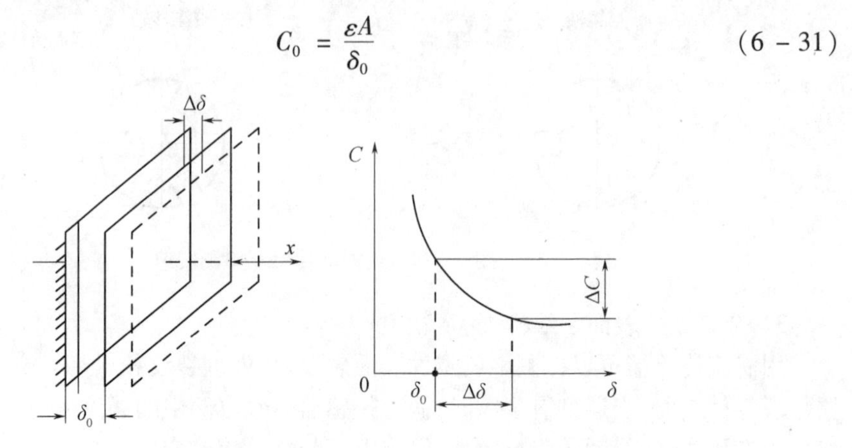

图 6-31　极距变化型电容传感器的结构和特性

当间隙δ_0减小$\Delta\delta$时，电容量增加ΔC，即

$$C = C_0 + \Delta C = \frac{\varepsilon A}{\delta_0 - \Delta\delta} = C_0 \frac{1}{1 - \frac{\Delta\delta}{\delta_0}}$$

$$\Delta C = C_0 \frac{1}{1 - \frac{\Delta\delta}{\delta_0}} - C_0 = C_0\left(\frac{1}{1 - \frac{\Delta\delta}{\delta_0}} - 1\right) = \frac{C_0 \frac{\Delta\delta}{\delta_0}}{1 - \frac{\Delta\delta}{\delta_0}}$$

$$\frac{\Delta C}{C_0} = \frac{\Delta\delta}{\delta_0}\left(1 - \frac{\Delta\delta}{\delta_0}\right)^{-1} = \frac{\Delta\delta}{\delta_0}\left[1 + \frac{\Delta\delta}{\delta_0} + \left(\frac{\Delta\delta}{\delta_0}\right)^2 + \left(\frac{\Delta\delta}{\delta_0}\right)^3 + L + \left(\frac{\Delta\delta}{\delta_0}\right)^n\right]$$

由式(6-31)可知，极距变化型电容传感器的输入（被测参数引起的极距变化$\Delta\delta$）与输出（电容的变化ΔC）之间的关系是非线性的，但是当$\frac{\Delta\delta}{\delta_0}=1$时，可略去高次项而认为是线性的。即

$$\frac{\Delta C}{C_0} = \frac{\Delta\delta}{\delta_0} \quad \left(\frac{\Delta\delta}{\delta_0} = 1\right)$$

由非线性引起的误差为

$$\Delta = \left(\frac{\Delta\delta}{\delta_0}\right)^2 + \left(\frac{\Delta\delta}{\delta_0}\right)^3 + L + \left(\frac{\Delta\delta}{\delta_0}\right)^n \tag{6-32}$$

显然要减小非线性误差，必须缩小测量范围$\Delta\delta$。一般取测量范围为 0.1μm 至数百微米。对于精密的电容传感器，$\frac{\Delta\delta}{\delta_0} < \frac{1}{100}$。它的灵敏度近似地为

$$S = \frac{\mathrm{d}(\Delta C)}{\mathrm{d}(\Delta\delta)} = \frac{C_0}{\delta_0} = \varepsilon A_0 \tag{6-33}$$

3. 面积变化型电容传感器

面积变化型电容传感器按其极板相互遮盖的方式不同有直线位移型和角位移型两种。

(1) 直线位移型。如图 6-32(a)所示,当动板沿 x 方向移动时,相互覆盖面积变化,电容量也随之改变,其输出特性为

$$C = \frac{gbx}{\delta} \tag{6-34}$$

式中:b 为极板宽度;x 为位移;δ 为极板间距。

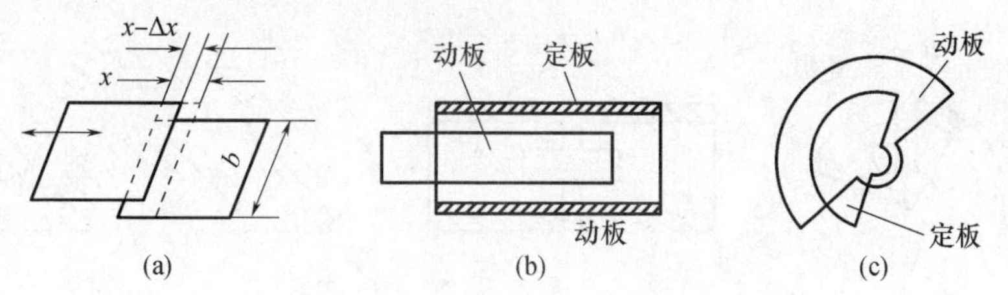

图 6-32 面积变化型电容传感器

(a) 平面线位移型;(b) 圆柱体线位移型;(c) 角位移型。

其灵敏度为

$$S = \frac{\mathrm{d}C}{\mathrm{d}x} = \frac{gb}{\delta} = \text{常数} \tag{6-35}$$

图 6-32(b)为单边圆柱体线位移型电容传感器,动板(圆柱)与定板(圆筒)相互覆盖其电容量为

$$C = \frac{2\pi gx}{\ln(D/D)} \tag{6-36}$$

式中:d 为圆柱外径;D 为圆筒孔径。

当覆盖长度 x 变化时,电容量 C 发生变化,其灵敏度为

$$S = \frac{\mathrm{d}C}{\mathrm{d}x} = \frac{2\pi g}{\ln(D/d)} = \text{常数} \tag{6-37}$$

可见,面积变化型线位移传感器的输出(电容的变化 ΔC)与其输入(由被测物理量引起的电容传感器极板覆盖面积的改变)是呈线性关系的。

(2) 角位移型。图 6-32(c)为角位移型电容传感器。当动板有一转角时,与定板之间相互覆盖面积就发生变化,因而导致电容量变化。由于覆盖面积为

$$A = \frac{\alpha r^2}{2}$$

式中:α 为覆盖面积对应的中心角;r 为极板半径。所以电容量为

$$C = \frac{g\alpha r^2}{2\delta} \tag{6-38}$$

其灵敏度为

$$S = \frac{\mathrm{d}C}{\mathrm{d}\alpha} = \frac{gr^2}{2\delta} = \text{常数} \tag{6-39}$$

可见,角位移型电容传感器的输入(被测量引起的电容极板的角位移 $\Delta\alpha$)与输出(电容量的变化 ΔC)为线性关系。

图 6-33 是面积变化型电容传感器的其他几种形式。

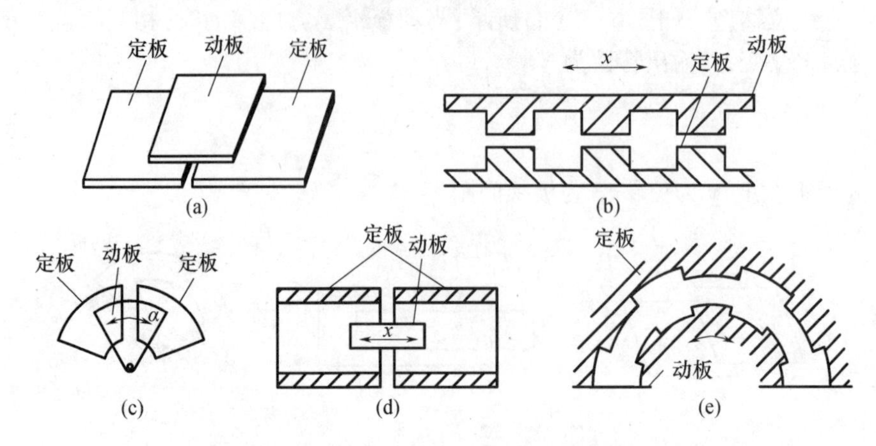

图 6-33　面积变化型电容传感器的几种其他形式

(a) 差动平面线位移型；(b) 齿形式面积变化型；(c) 差动角位移型；

(d) 差动圆柱体线位移型；(e) 齿形式角位移型。

图 6-34 是电容传感器用于振动位移或微小位移测量的例子。用于测量金属导体表面振动位移的电容传感器只含有一个电极,而把被测对象作为另一个电极使用。图 6-34(a)是测量振动体的振动;图 6-34(b)是测量转轴回转精度,利用垂直安放的两个电容式位移传感器,可测出回转轴轴心的动态偏摆情况。这两种电容传感器都是极距变化型的。

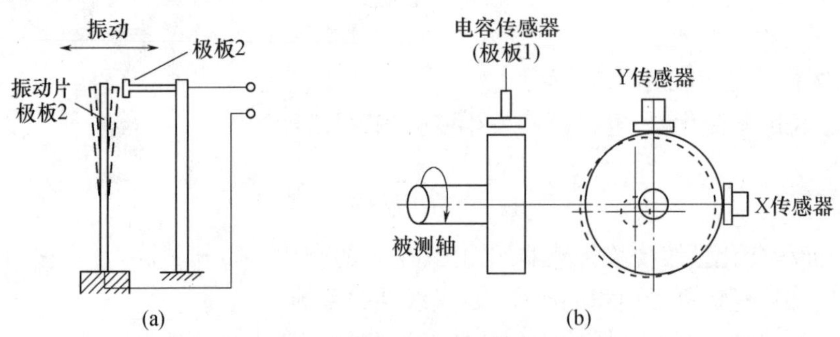

图 6-34　电容位移传感器应用实例

(a) 振动测量；(b) 旋转轴的偏心量的测量。

6.3.3　光栅

光栅是一种新型的位移检测元件,它的特点是测量精确高(可达 ±1μm)、响应速度快和量程范围大等。

光栅由标尺光栅和指示光栅组成,两者的光刻密度相同,但体长相差很多,其结构如图 6-35 所示。光栅条纹密度一般为每毫米 25,50,100,250 条等。

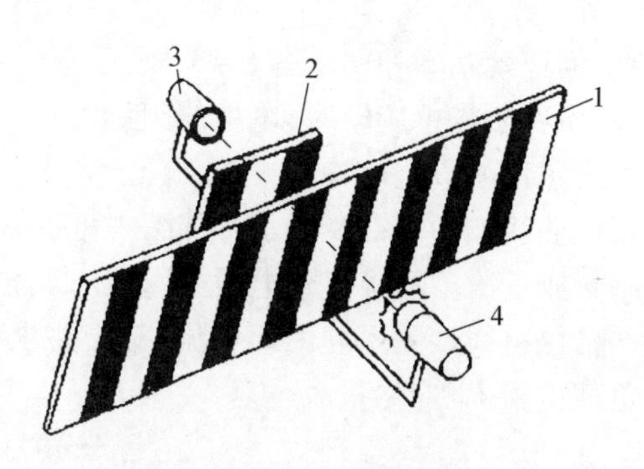

图 6-35　光栅测量原理

1—光栅尺；2—指示光栅；3—光电二极管；4—光源。

把指示光栅平行地放在标尺光栅上面，并且使它们的刻线相互倾斜一个很小的角度 θ。

这时在指示光栅上就出现几条较粗的明暗条纹，称为莫尔条纹。它们沿着与光栅条纹几乎呈垂直的方向排列，如图 6-36 所示。

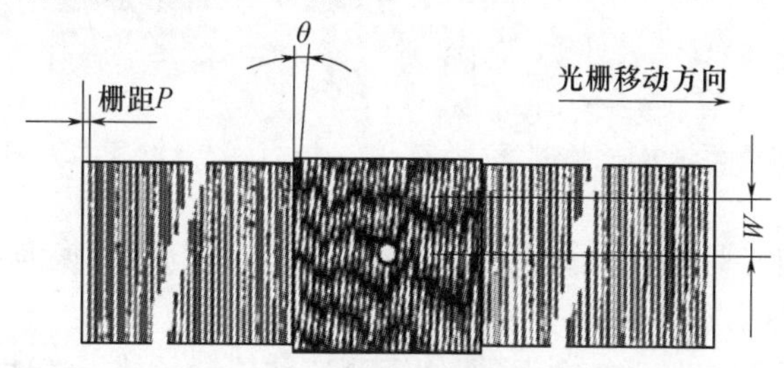

图 6-36　莫尔条纹示意

光栅莫尔条纹的特点是其放大作用，用 W 表示条纹宽度，P 表示栅距，θ 表示光栅条纹间的夹角，则有

$$W \approx \frac{P}{\theta}$$

若 $P=0.01\text{mm}$，把莫尔条纹的宽度调成 10mm，则放大倍数相当于 1000 倍，即利用光的干涉现象把光栅间距放大 1000 倍，因而大大减轻了电子线路的负担。

光栅可分透射和反射光栅两种。透射光栅的线条刻制在透明的光学玻璃上，反射光栅的线条刻制在具有强反射能力的金属板上，一般用不锈钢。

6.4　速度、加速度传感器

6.4.1　直流测速器

直流测速器是一种测速元件，实际上它就是一台微型直流发电机。根据定子磁极激磁方式不同，直流测速机可分为电磁式和永磁式两种。如以电枢的结构不同来分，有无槽电枢、有槽电枢、空心杯电枢和圆盘电枢等。近年来，又出现了永磁式直线测速器。常用的为永磁测速器。

测速器的结构有多种，但原理基本相同。图 6－37 所示为永磁式测速器原理电路图。恒定磁通由定子产生，当转子在磁场中旋转时，电枢绕组中即产生交变的电势，经换向器和电刷转换成与转子速度成正比的直流电势。

直流测速器的输出特性曲线如图 6－38 所示。从图中可以看出，当负载电阻 $R_l \to \infty$ 时，其输出电压 V_o 与转速 n 成正比。随着负载电阻 R_L 变小，其输出电压下降，而且输出电压与转速之间并不能严格保持线性关系。由此可见，对于要求精度比较高的直流测速机，除采取其他措施外，负载电阻 R_L 应尽量大。

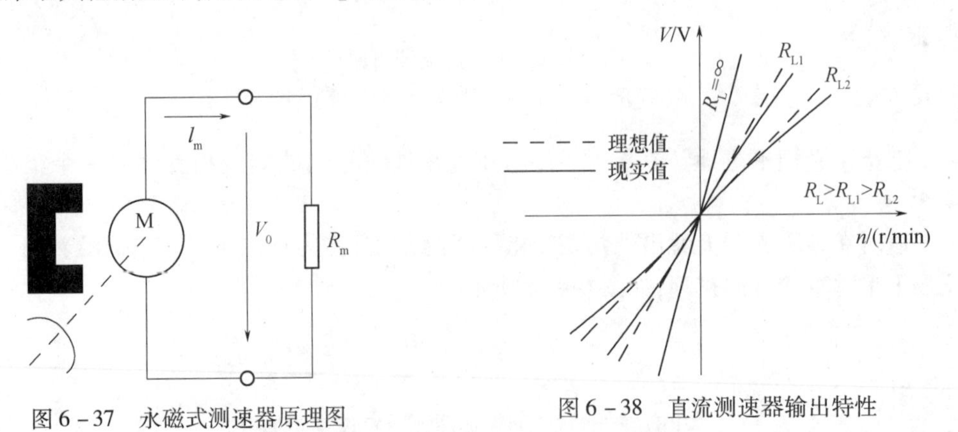

图 6－37　永磁式测速器原理图

图 6－38　直流测速器输出特性

直流测速器的特点是输出斜率大、线性好，但由于有电刷和换向器，机构和维护比较复杂，摩擦转矩较大。

直流测速器在机电控制系统中，主要用于测速和校正元件。在使用中，为了提高检测灵敏度，尽可能把它直接连接到电机轴上。有的电机本身就已安装了测速器。

6.4.2　光电式转速传感器

光电式传感器由装在被测轴（或与被测轴相连接的输入轴）上的带缝隙圆盘、光源、光电器件和指示缝隙圆盘组成，如图 6－39 所示。光源发生的光通过缝隙圆盘和指示缝隙照射到光电器件上。当缝隙圆盘随被测轴转动时，由于圆盘上的缝隙间距与指示缝隙的间距相同，因此圆盘每转一周，光电器件输出与圆盘缝隙数相等的电脉冲，根据测量时间 t 内的脉冲数 N，则可测出转速为

$$n = \frac{60N}{Z_t}$$

式中：Z 为圆盘上的缝隙数；n 为转速（r/min）；t 为测量时间（s）。

一般取 $Z_t = 60 \times 10^m (0,1,2,\cdots)$，利用两组缝隙间距 W 相同，位置相差 $(i/2+1/4)W$（i 为正常数）的指示缝隙和两个光电器件，则可辨别出圆盘的旋转方向。

光电旋转编码器是一种通过光电转换将输出轴上的机械几何位移量转换成脉冲或数字量的传感器，从 20 世纪 50 年代开始应用于机床和计算仪器，因其具有结构简单、计量精度高、寿命长等优点，在国内外受到重视和推广。近年来更取得长足的发展，在精密定位、速度、长度、加速度、振动等方面得到广泛的应用。光电编码器的工作原理如图 6－40 所示，在圆盘上有规则地刻着有透光和不透光的线条，在圆盘两侧，安放发光元件和光敏

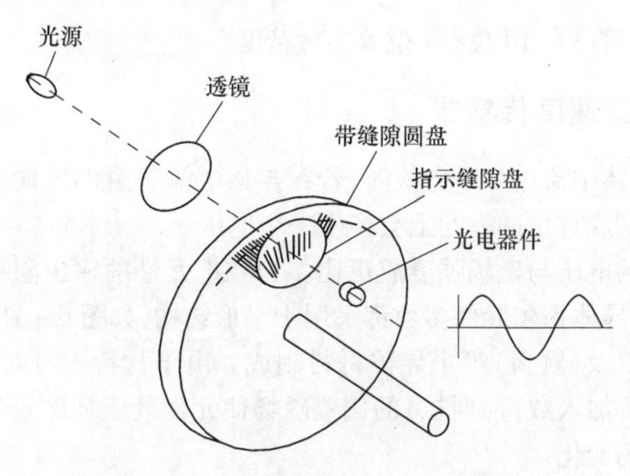

图 6-39　光电传感器的结构原理图

元件。当圆盘旋转时，光敏元件接收的光通量随透光线条同步变化，光敏元件输出波形经过整形后变为脉冲，码盘上有指向标志，每转一圈输出一个脉冲。此外，为判断旋转方向，码盘还可提供相位相差90°的两路脉冲信号。

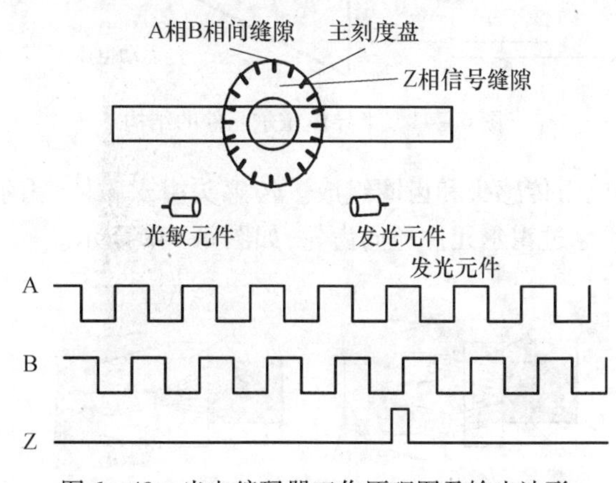

图 6-40　光电编码器工作原理图及输出波形

光电编码器按编码形式可分为增量式和绝对式。

(1) 增量式编码器是直接利用光电转换原理输出三组方波脉冲 A、B 和 Z 相；A、B 两组脉冲相位差 90°，从而可方便地判断出旋转方向，而 Z 相为每转一个脉冲，用于基准点定位。它的优点是原理构造简单，机械平均寿命可在几万小时以上，抗干扰能力强，可靠性高，适合于长距离传输；其缺点是无法输出轴转动的绝对位置信息。

(2) 绝对式编码器是利用自然二进制或循环二进制（葛莱码）方式进行光电转换。绝对式编码器与增量式编码器不同之处在于圆盘上透光、不透光的线条图形，绝对编码器可有若干编码，根据读出码盘上的编码，检测绝对位置。编码的设计可采用二进制码、循环码、二进制补码等。它的特点是：

① 可以直接读出角度坐标的绝对值。

② 没有累积误差。

③ 电源切除后位置信息不会丢失。但是分辨率是由二进制的位数来决定的，也就是

说精度取决于位数，目前有10位、14位等多种精度。

6.4.3 霍尔式速度传感器

霍尔效应：当导体中流过一个电流时，若在与该电流垂直的方向上外加一个磁场，则在与电流及磁场分别成直角的方向上会产生一个电压。

霍尔效应产生的电压与磁场强度成正比。为减小元件的输出阻抗，使其易于与外电路实现阻抗匹配，半导体霍尔元件多数都采用十字形结构，如图6-41所示。霍尔元件多采用锑化铟（InSb）以及硅（Si）等半导体材料制成。由于材料本身对弱磁场的灵敏度较低，因此，在使用时要加入数特（斯拉）的偏置磁场使元件处于强磁场的范围内工作，从而可以检测微弱的磁场变化。

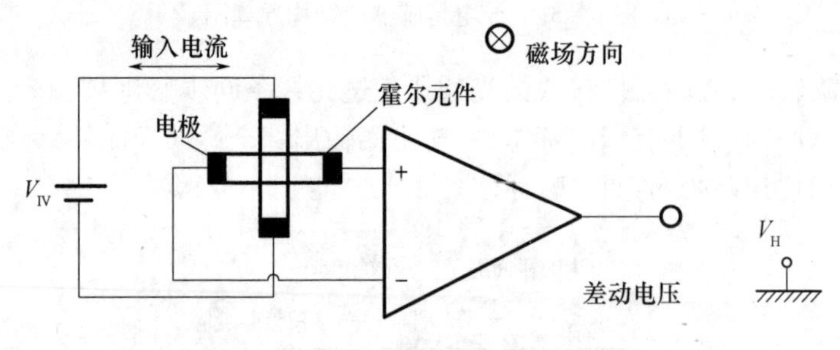

图6-41　半导体霍尔元件的结构

霍尔轮速传感器也由传感头和齿圈组成。传感头由永磁体、霍尔元件和电子电路等组成，永磁体的磁力线穿过霍尔元件通向齿轮，如图6-42所示。

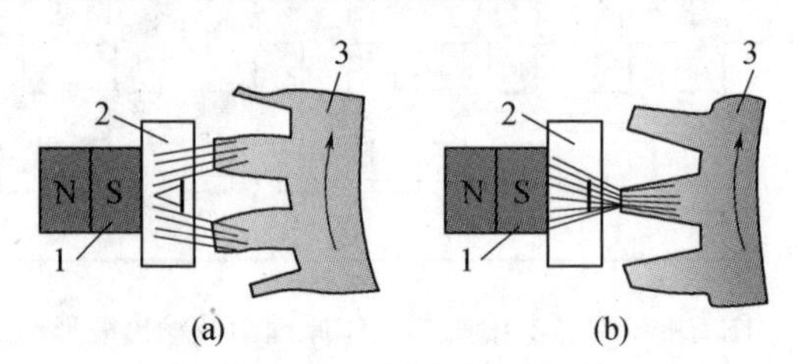

图6-42　霍尔式轮速传感器示意图

1—磁体；2—霍尔元件；3—齿圈。

当齿轮位于图6-42(a)所示位置时，穿过霍尔元件的磁力线分散，磁场相对较弱；而当齿轮位于图6-42(b)所示位置时，穿过霍尔元件的磁力线集中，磁场相对较强。齿轮转动时，使得穿过霍尔元件的磁力线密度发生变化，因而引起霍尔电压的变化，霍尔元件将输出一个毫伏（mV）级的准正弦波电压。此信号还需由电子电路转换成标准的脉冲电压。

霍尔轮速传感器具有以下优点：一是输出信号电压幅值不受转速的影响；二是频率响应高，其响应频率高达20kHz，相当于车速为1000km/h时所检测的信号频率；三是抗电磁波干扰能力强。相对于上述的光电式转速测量，霍尔传感器可以避免灰尘和污物对传感器工作可靠性的影响。

6.4.4 加速度传感器

作为加速度检测元件的加速度传感器有多种形式,它们的工作原理都是利用惯性质量受加速度产生的惯性力而造成的各种物理效应,进一步转化成电量,间接度量被测加速度。最常用的有应变式、压电式、电磁感应式等。

电阻应变式加速度传感器结构原理如图 6-43 所示。它由重块、悬臂梁、应变片和阻尼液体等构成。当有加速度时,重块受力,悬臂梁弯曲,按梁上固定的应变片之变形便可测出力的大小,在已知质量的情况下即可算出被测加速度。壳体内灌满的黏性液体作为阻尼之用。这一系统的固有频率可以做得很低。

压电加速度传感器结构原理如图 6-44 所示。使用时,传感器固定在被测物体上,感受该物体的振动,惯性质量块产生惯性力,使压电元件产生变形。压电元件产生的变形和由此产生的电荷与加速度成正比。压电加速传感器可以做得很小,重量很轻,故对被测机构的影响很小。压电式加速度传感器的频率范围广、动态范围宽、灵敏度高,应用较为广泛。

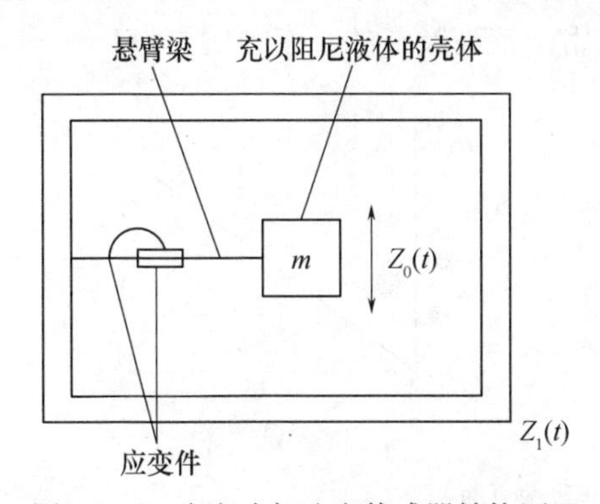

图 6-43 应变式加速度传感器结构原理

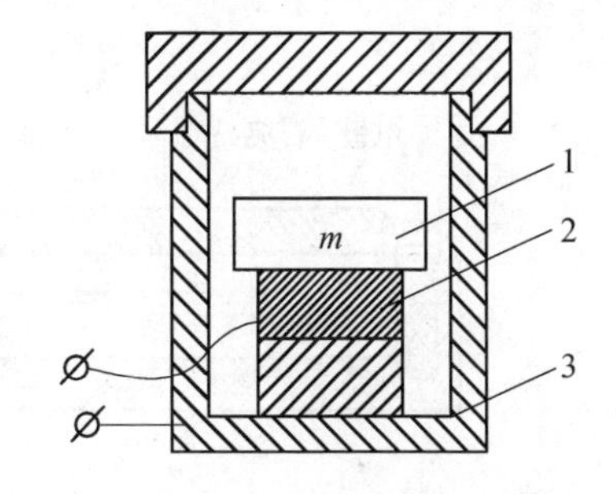

图 6-44 压电加速度传感器结构原理

6.5 压电式传感器

6.5.1 压电效应

某些物质、如石英、钛酸钡等,当受到外力作用时,不仅几何尺寸发生变化,而且内部极化,表面上有电荷出现,形成电场。当去掉外力时,又重新回复到原不带电状态,这种现象称为压电效应。若将这些物质置于电场中,其几何尺寸也发生变化,这种由于外电场作用导致物质机械变形的现象,称为逆压电效应或电致伸缩效应。

6.5.2 压电式加速度传感器

图 6-45 是常见的压电式加速度传感器的结构图。图中,M 是惯性质量块,K 是压电晶片。压电式加速度传感器实质上是一个惯性力传感器。在压电晶片 K 上,放有质量块 M。当壳体随被测振动体一起振动时,作用在压电晶体上的力 $F = Ma$。当质量 M 一定时,压电晶体上产生的电荷与加速度 a 成正比。

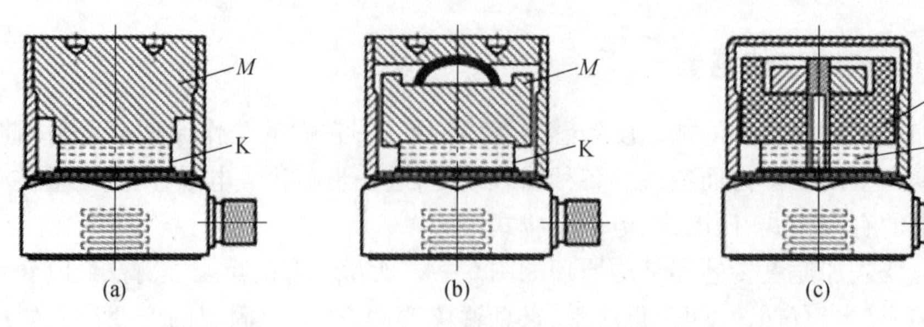

图 6－45　压电式加速传感器

(a) 基本压缩式；(b) 隔离压缩式；(c) 单端压缩式。

6.5.3　压电式压力传感器

图 6－46(a)、(b)是压电式压力传感器及其特性曲线。当被测力 F(或压力 P)通过外壳上的传力上盖作用在压电晶片上时，压电晶片受力，上下表面产生电荷，电荷量与作用力 F 成正比。电荷由导线引出接入测量电路(电荷放大器或电压放大器)。根据上述压电传感器的特性，压电式压力传感器同样只适用于较高频率的动态力的测量。

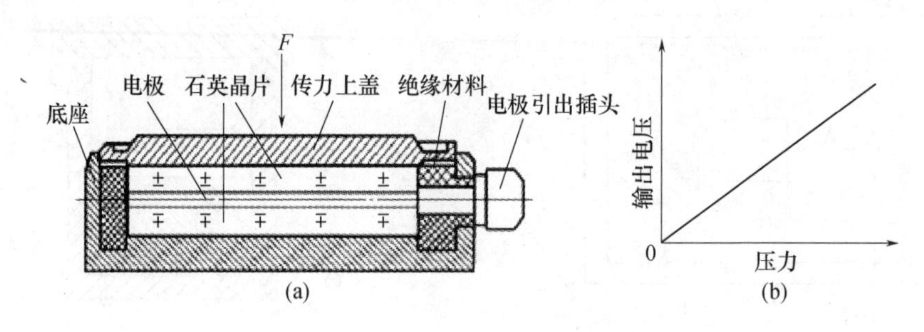

图 6－46　压电式压力传感器及其特性

(a) 压电式压力传感器；(b) 压电式压力传感器特性。

6.6　位置传感器

位置传感器和位移传感器不一样，它所测量的不是一段距离的变化量，而是通过检测，确定是否已到某一位置。因此，它只需要产生能反映某种状态的开关量就可以了。位置传感器分接触式和接近式两种。所谓接触式传感器就是能获取两个物体是否已接触的信息的一种传感器；而接近式传感器是用来判别在某一范围内是否有某一物质的一种传感器。

6.6.1　接触式位置传感器

这类传感器用微动开关之类的触点器件和行程开关便可构成，它用于检测物体位置，多用来对运动部件进行限位检测。这种传感器通过触头的通断方式直接向控制器输出开关量信号。其中微动开关常见的几种构造形式如图 6－47 所示。

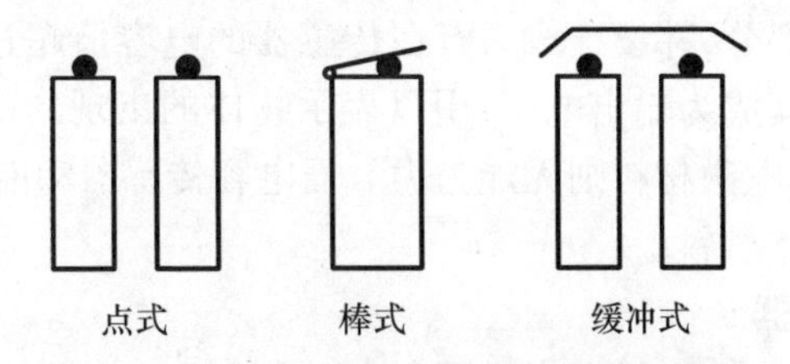

图 6－47　微动开关制成的位置传感器

6.6.2　接近式位置传感器

接近式位置传感器按其工作原理分为电磁式、光电式、电容式、气压式和超声波式。其基本工作原理如图 6－48 所示。本小节重点介绍前三种较常用的接近式位置传感器。

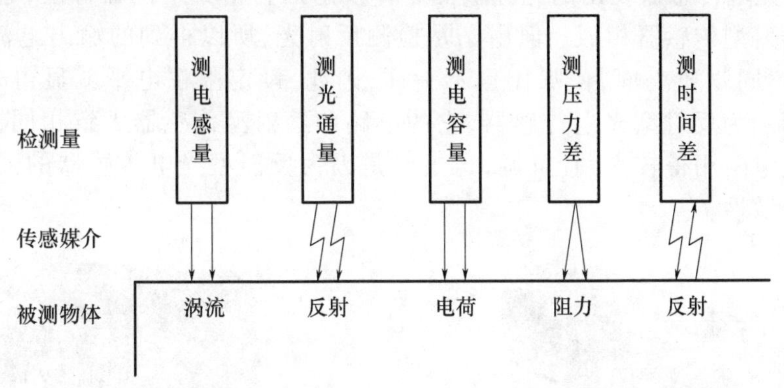

图 6－48　接近式位置传感器工作原理

1. 电磁式位置传感器

当一个永久磁铁或一个通有高频电流的线圈接近一个铁磁体时，它们的磁力线分布将发生变化，因此，可用另一组线圈检测这种变化。当铁磁体靠近或者远离磁场时，它所引起的磁通量变化将在线圈中感应出一个电流脉冲，其幅值正比于磁通的变化率。图 6－49给出了线圈两端的电压随铁磁体进入磁场的速度而变化的曲线，其电压极性取决于物体进入磁场还是离开磁场。因此，对此电压进行积分便可得出一个二值信号。当积分值小于一特定的阈值时，积分器输出低电平；反之，则输出高电平，此时表示已接近某一物体。

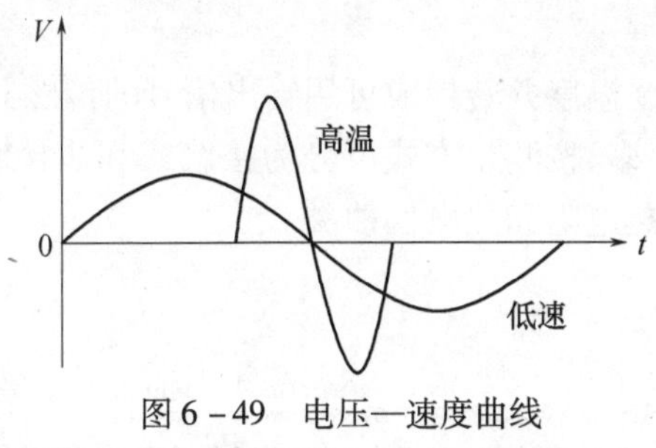

图 6－49　电压—速度曲线

2. 电容式位置传感器

根据电容量的变化检测物体接近程度的电子学方法有多种，但最简单的方法是将电容器作为振荡电路的一部分,并设计成只有在传感器的电容值超过预定阈值时才产生振荡,然后再经过变换,使其成为输出电压,用以表示物体的出现。电磁感应式传感器只能检测电磁材料,对其他非电磁材料则无能为力。而电容传感器却能克服以上缺点,它几乎能检测所有的固体和液体材料。

3. 光电式位置传感器

这种传感器具有体积小、可靠性高、检测位置精度高、响应速度快、易与 TTL 及 CMOS 电路兼容等优点,分为透光型和反射型两种。

在透光型光电传感器中,发光器件和受光器件相对放置,中间留有间隙。当被测物体到达这一间隙时,发射光被遮住,从而接收器件(光敏元件)便可检测出物体已近到达。常见的透光型光电传感器如图 6-50 所示。

反射型光电传感器发出的光经被测物体反射后再落到检测器件上,它的基本情况大致与透射型传感器相似。但由于是检测反射光,所以得到的输出电流 I_C 较小。另外,对于不同物质表面,信噪比也不一样,因此,设定限幅电平就显得非常重要。图 6-51 所示为反射型光电传感器,它的电路和透射型传感器大致相同,只是接收器的发射极电阻用得较大,且可调,这主要是因为反射型光电传感器的光电流较小且有很大分散性。

图 6-50　透光型光电传感器

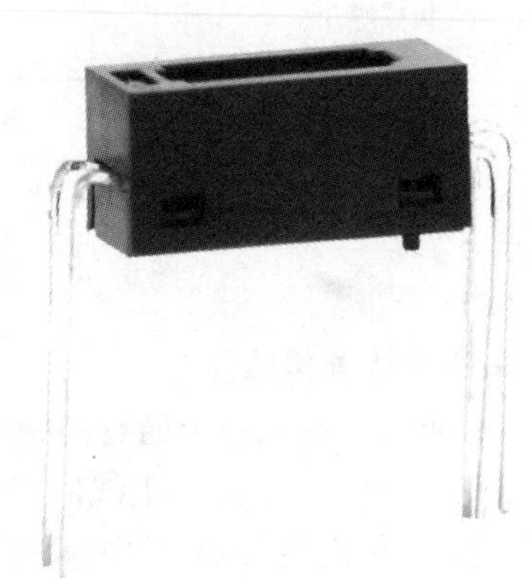

图 6-51　反射型光电传感器

6.7　温度传感器

温度传感器是指能感受温度并转换成可用输出信号的传感器。温度传感器是温度测量仪表的核心部分,品种繁多,按测量方式可分为接触式和非接触式两大类,按照传感器材料及电子元件特性分为热电阻和热电偶两类。

6.7.1　热敏电阻

热敏电阻是开发早、种类多、发展较成熟的敏感元器件。热敏电阻由半导体陶瓷材料组成, 大多为负温度系数,即阻值随温度增加而降低。温度变化会造成大的阻值改变,因此它是最灵敏的温度传感器。但热敏电阻的线性度极差,并且与生产工艺有很大关系。

目前,在低温段 -50 ~350℃且测温要求不高的场合,采用半导体热敏元件作为温度传感器。热敏电阻大量用于各种温度测量、温度补偿及要求不高的温度控制,其结构形式如图6-52所示。

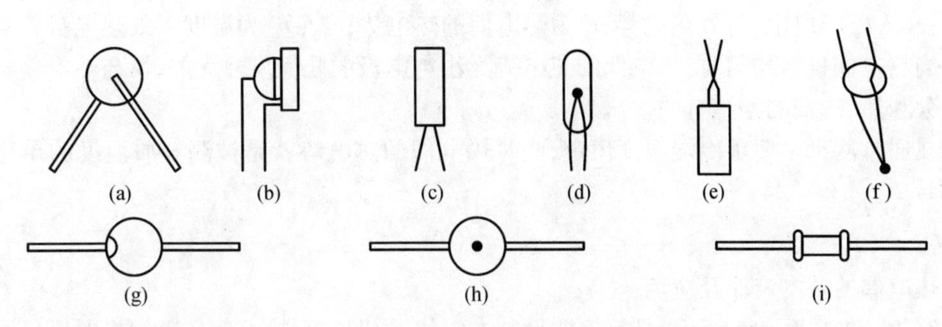

图6-52　热敏电阻的结构形式

热敏电阻的优点:灵敏度高,其灵敏度比热电阻要大1 ~2 个数量级;由于灵敏度高,可大大降低后面调理电路的要求;标称电阻有几欧到十几兆欧之间的不同型号和规格,因而不仅能很好地与各种电路匹配,而且远距离测量时几乎无需考虑连线电阻的影响; 体积小(最小珠状热敏电阻直径仅0.1 ~0.2mm),可用来测量“点温”;热惯性小,响应速度快,适用于快速变化的测量场合。

6.7.2　热电偶传感器

热电效应:将两根不同材料的导体或半导体(A 和 B)联接起来构成一个回路,如果两个接合点处的温度不同($T_0 \neq T$),则在两导体间产生热电势,并在回路中有一定大小的电流,这种现象称为热电效应。

由这种热电效应制成的测温传感器就是热电偶(图6-53),热电偶工作原理如图6-54所示。测温时结点2 置于被测温度场中,称为测量端、工作端、热端;结点1 处于某一恒定温度(或已知温度),称为参考端(自由端或冷端)。

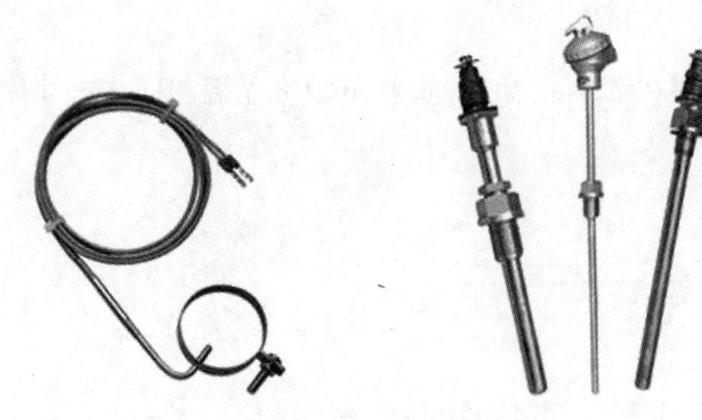

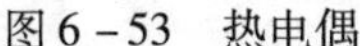

图6-53　热电偶

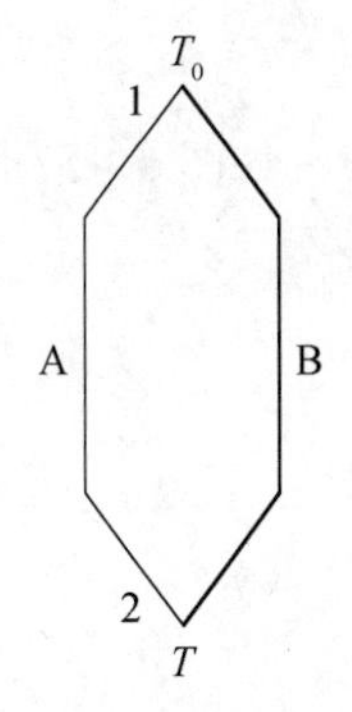

图6-54　热电偶工作原理

热电偶的技术优势:热电偶测温范围宽,性能比较稳定;测量精度高,热电偶与被测对象直接接触,不受中间介质的影响;热响应时间快,热电偶对温度变化反响灵活;测量范围大,热电偶从 -40 ~ +1600℃ 均可连续测温;热电偶性能牢靠,机械强度好;使用寿命长,装置简便。

热电偶由温差产生的热电势随介质温度变化而变化,即

$$E_t = e_{AB}(T) - e_{AB}(T_0)$$

式中:$e_{AB}(T_0)$为温度T_0处热电势;E_t为热电偶的热电势;$e_{AB}(T)$为温度T处热电势。

当热电偶材料均匀时,热电偶的热电势大小与电极的几何尺寸无关,仅与热电偶材料的成分和热、冷端的温差有关。

在通常测量中要求冷端温度恒定,此时热电偶的热电势就是被测介质温度的单位函数,即

$$E_t = f(T)$$

热电偶的基本定律及应用:

定律一如图 6-55 所示,是热电偶最基本定律,说明一个热电偶产生的热电势只取决于结温,而和两个结之间连线的温度无关。

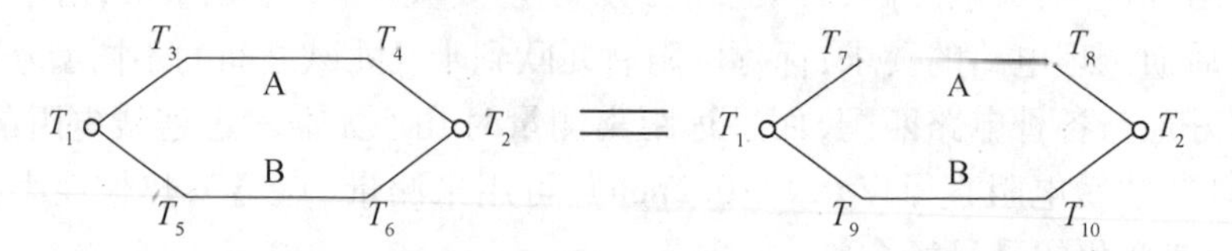

图 6-55　定律一

定律二如图 6-56 所示,说明在材料 A 中插入第三种金属材料 C 后,会出现两个新的结,如果这两个结处在同一温度下,则整个回路热电势不变。

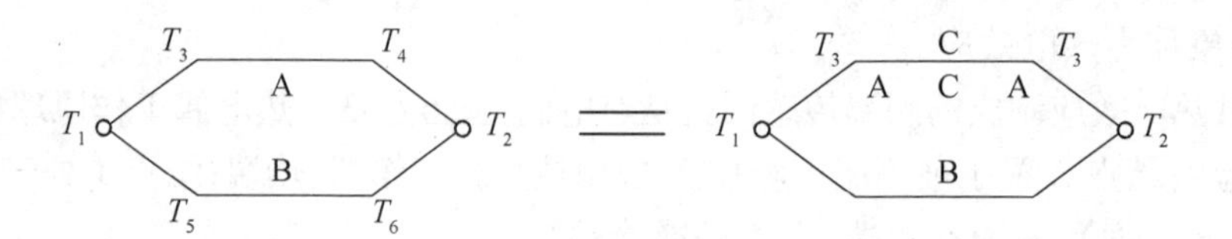

图 6-56　定律二

定律三如图 6-57 所示,即将材料在 A、B 间插入,如果 AC、CB 结温相同,整个回路的热电势不变。

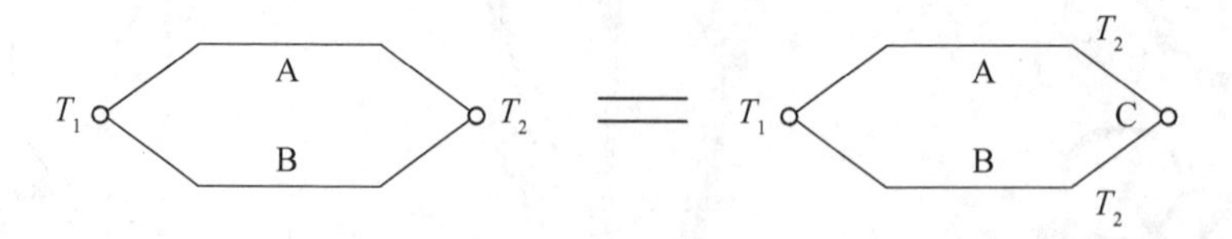

图 6-57　定律三(中间导体定律)

处在恒定温度下的一端称为冷端,另一端称为测量端,要实现温度的正确测量,冷端必须保持恒温。

常用热电偶见表 6-3。

表 6-3 常用热电偶

热电偶名称	分度号	极性	化学成分	100℃时的电势/mV	使用温度/℃		允许误差/℃	
					长期	短期		
铂铑 10-铂	LB-3	正	Pt90%,Rh10%	0.643	1300	1600	≤600	>600
		负	Pt100%				±2.4	±0.4%t
铂铑$_{30}$-铂铑$_{6}$	LL2	正	Pt70%,Rh30%	0.034	1600	1800	≤600	>600
		负	Pt94%,Rh6%				±3	±0.5%t
镍铬—镍硅	EU-2	正	Cr9~10%,Si0.4%,Ni90%	4.10	1000	1200	≤400	>400
		负	Si2.5~3.0%,Co≤0.6%,Ni97%				±4	±0.75%t
镍铬-考铜	EA-2	正	Cr9~10%,Si0.4%,Ni90%	6.95	600	800	≤400	>400
		负	Cu56~57%,Ni43~44%				±4	±1%t
铜-康铜		正	Cu100%	4.26	200	300	-200~-400	-40~400
		负	Cu55%,Ni45%				±2%t	±0.75%

6.7.3 热电偶的使用

1. 冷端温度补偿及修正

1)0°恒温法。

0°恒温法即将热电偶的冷端置于冰水混合物中。

2)热电势修正法

在实际使用中,使冷端保持在0℃很不方便,有时也使冷端保持在某一恒定的温度T_n,这种情况下采取热电势修正法,即

$$E_{AB}(T,T_0)=E_{AB}(T,T_n)+E_{AB}(T_n,T_0)$$

式中:$E_{AB}(T,T_n)$为实测值;$E_{AB}(T_n,T_0)$为冷端0℃时,工作端为T_n区段热电势,可查分度表得到。

3)温度修正法

在工程现场常采用比较简单的温度修正法,这是一种不需将冷端温度换算为热电势即可直接修正到0℃的方法。

令T_z为仪表的指示温度,T_n为热电偶的冷端温度,则被测的真实温度为

$$T=T_z+kT_n$$

式中:k为热电偶的修正系数(与热电偶的种类和温度范围有关),k值是用下式算出的,即

$$k=\frac{(\mathrm{d}E/\mathrm{d}T)_n}{(\mathrm{d}E/\mathrm{d}T)_z}$$

式中：$(dE/dT)_n$为 $T_0 \sim T_n$的平均热电势率；$(dE/dT)_z$为 $T_z \sim T_n$的平均热电势率。

例如，铂铑$_{10}$—铂热电偶测得炉内温度为1000℃，但冷端温度为40℃，由查修正表得到修正系数 $k=0.55$，则被测炉内真实温度为

$$T = 1000 + 0.55 \times 40 = 1022℃$$

4）热电偶补偿法（图6–58）

在热电偶回路中反向串联一支同型号的热电偶，称为补偿热电偶，并将补偿热电偶的测量端置于恒定的温度 T_0处，利用其所产生的反向热电势来补偿工作热电偶的冷端热电势。

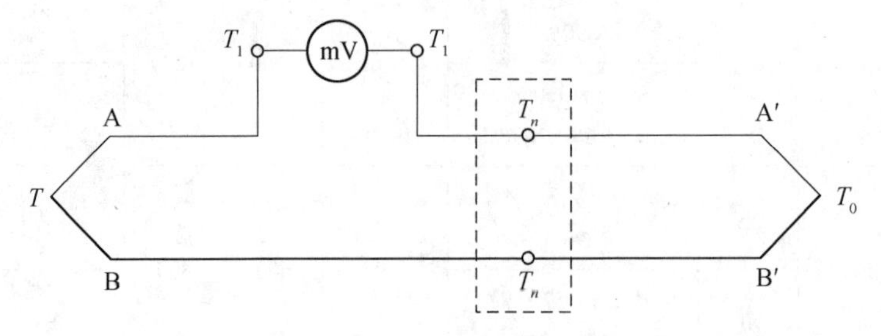

图6–58　热电偶补偿法

$T_1=T_n$，若 $T_0=0℃$完全补偿当 T_0 不为0℃时，再用上述方法进行修正，适用于多点测量，可应用一个补偿热电偶同多个工作热电偶采用切换的办法相联接。

2. 冷端延长线

工业应用时，被测点与指示仪表之间往往有很长的距离，这就要求热电偶有较长的尺寸，但由于热电偶材料较贵，热电偶尺寸不能过长，所以冷端（即接仪表端）常常不能放到任意点上去；且冷端温度不可能恒定，是波动的，为解决这一问题，采用冷端延长线（或称冷端补偿导线），如图6–59所示。

所谓延长线实际上是把在一定温度范围内（一般为0～100℃）与热电偶具有相同热电特性的两种较长金属导线与热电偶配接。它的作用是将热电偶冷端温度变化带来的影响，即该补偿导线所产生的热电势等于工作热电偶在此温度范围内产生的热电势。

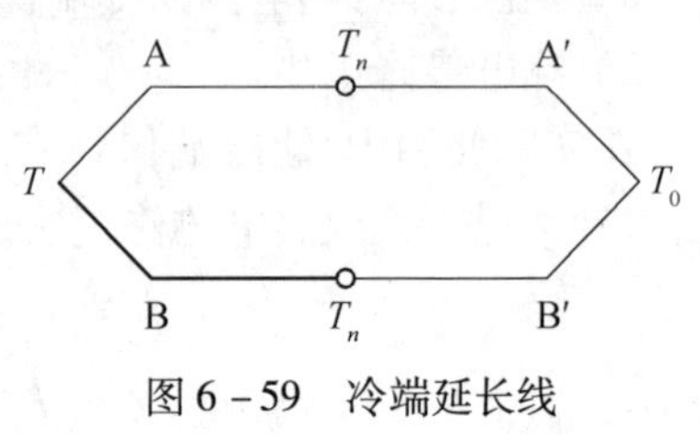

图6–59　冷端延长线

应用延长线应注意：

（1）延长线只能与相应型号的热电偶配用（专用）。

（2）注意极性，不能接反（否则会造成更大的误差）。

（3）延长线和热电偶连接处，两结点温度必须相同。

6.8　传感器数据采集

传感器所感知、检测、转化和传递的信息表现形式为不同的电信号。传感器输出电信号的参量形式可分为电压输出、电流输出和频率输出。其中以电压输出型为最多，在电流输出和频率输出传感器当中，除了少数直接利用其电流或频率输出信号外，大多数是分别配以电流—电压变换器或频率—电压变换器，从而将它们转换成电压输出型传感器。

6.8.1 传感器信号的采样/保持

当传感器将非电物理量转化成电量,并经放大、滤波等一系列处理后,需经模数变换变成数字量,才能送入计算机系统。

在对模拟信号进行模数变换时,从启动变换到变换结束的数字量输出,需要一定的时间。即 A/D 转换器的孔径时间。当输入信号频率提高时,由于孔径时间的存在,会造成较大的转换误差;要防止这种误差的产生,必须在 A/D 转换开始时将信号电平保持住。而在 A/D 转换结束后又能跟踪输入信号的变化,即对输入信号处于采样状态。能完成这种功能的器件称为采样/保持器,从上面分析也可知,采样/保持器在保持阶段相当于一个"模拟信号储存器"。

在模拟量输出通道,为使输出得到一个平滑的模拟信号,或对多通道进行分时控制时,也常使用采样/保持器。

1. 采样/保持器原理

采样/保持由存储电容 C、模拟开关 S 等组成,如图 6-60 所示。当 S 接通时,输出信号跟踪输入信号,称采样阶段。当 S 断开时,电容 C 两端一直保持断开的电压,称为保持阶段。由此构成一个简单的采样/保持器。实际上为使采样/保持器具有足够的精度,一般在输入级和输出级均采用缓冲器,以减少信号源的输出阻抗,增加负载的输入阻抗。在电容选择时,使其大小适宜,以保证其时间常数适中,并选用泄露小的电容。

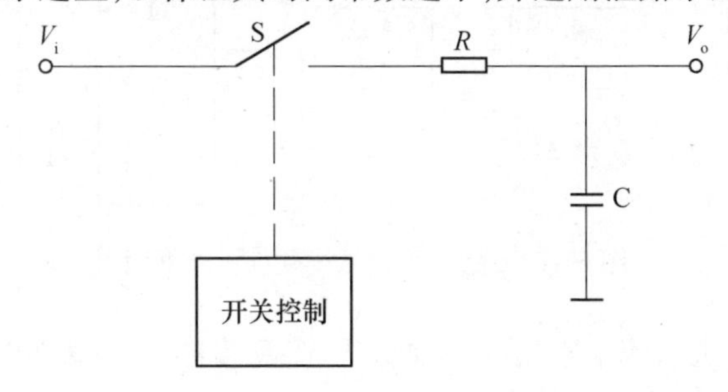

图 6-60 采样/保持原理

随着大规模集成电路技术的发展,目前已生产出多种集成采样/保持器,如可用于一般目的的 AD582、AD583、LF198 系列等;用于高速场合的 HTS-0025、HTS-0010、HTC-0300 等;用于高分辨率场合的 SHA1144 等。为了使用方便,有些采样/保持器的内部还设有保持电容,如 AD389、AD585 等。

集成采样/保持器的特点是:

(1) 采样速度快、精度高,一般为 2~2.5μs,即精度可达 ±0.01% ~ ±0.003%。

(2) 下降速度慢,如 AD585,AD348 为 0.5mV/ms,AD389 为 0.1μV/ms。

2. 采样频率和样本数

假设现在对一个模拟信号 $x(t)$ 每隔 Δt 时间采样一次。时间间隔 Δt 称为采样间隔或者采样周期。它的倒数 $1/\Delta t$ 称为采样频率,单位是采样数每秒。$t=0$, Δt, $2\Delta t$, $3\Delta t$, $\cdots$, $x(t)$的数值称为采样值。所有 $x(0)$, $x(\Delta t)$, $x(2\Delta t)$都是采样值。这样信号 $x(t)$ 可以用一组分散的采样值来表示:

$$\{x(0),x(\Delta t),x(2\Delta t),x(3\Delta t),\cdots,x(k\Delta t),\cdots\}$$

如果对信号 $x(t)$ 采集 N 个采样点,那么 $x(t)$ 就可以用下面这个数列表示:

$$X=\{x[0],x[1],x[2],x[3],\cdots,x[N-1]\}$$

这个数列被称为信号 $x(t)$ 的数字化显示或者采样显示。注意这个数列中仅仅用下标变量编制索引,而不含有任何关于采样率(或 Δt)的信息。所以如果只知道该信号的采样值,并不能知道它的采样率,缺少了时间尺度,也不可能知道信号 $x(t)$ 的频率。

根据采样定理,最低采样频率必须是信号频率的两倍。反过来说,如果给定了采样频率,那么能够正确显示信号而不发生畸变的最大频率叫做恩奎斯特频率,它是采样频率的一半。

3. 数据采集系统的组成

根据具体测控系统中控制计算机类型的不同,其数据采集的工具、开发流程也是不同的,下面分别进行说明。

6.8.2 基于单片机的数据采集

数据采集系统的硬件结构一般由信号调理电路、多路切换电路、采样保持电路、A/D 转换器以及单片机等组成。基于单片机的数据采集系统硬件框图如图 6－61 所示。

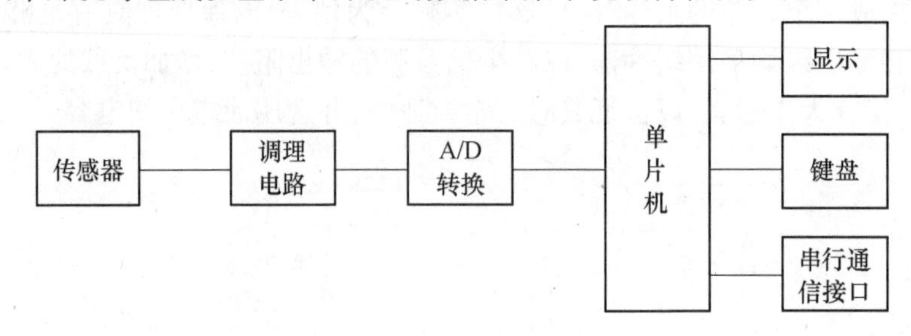

图 6－61　数据采集系统硬件设计框图

ADC0809 是单片机系统中常用的一种 A/D 转换芯片。ADC0809 就是一种 CMOS 单片逐次逼近式 A/D 转换器。该芯片由 8 路模拟开关、地址锁存与译码器、比较器、8 位开关树型 D/A 转换器、逐次逼近寄存器、三态输出锁存器等电路组成。因此,ADC0809 可处理 8 路模拟量输入,且有三态输出能力。该器件既可与各种微处理器相连,也可单独工作。其输入输出与 TTL 兼容。

ADC0809 是 8 路 8 位 A/D 转换器(即分辨率 8 位),具有转换起停控制端,转换时间为 100μs 采用单 +5V 电源供电,模拟输入电压范围为 0 ~ +5V,且不需零点和满刻度校准,工作温度范围为 -40 ~ +85℃ 功耗可抵达约 15mW。

ADC0809 芯片有 28 条引脚,采用双列直插式封装,图 6－62 所示是其引脚排列图。各引脚的功能如下:

IN0 ~ IN7:8 路模拟量输入端;

D0 ~ D7:8 位数字量输出端;

ADDA、ADDB、ADDC:3 位地址输入线,用于选通 8 路模拟输入中的一路;

ALE:地址锁存允许信号,输入,高电平有效;

START:A/D 转换启动信号,输入,高电平有效;

EOC:A/D 转换结束信号,输出,当 A/D 转换结束时,此端输出一个高电平(转换期间一直为低电平);

OE:数据输出允许信号,输入,高电平有效,当 A/D 转换结束时,此端输入一个高电平才能打开输出三态门,输出为数字量;

CLOCK:时钟脉冲输入端,要求时钟频率不高于 640kHz;

$V_{REF}(+)$、$V_{REF}(-)$:基准电压;

V_{CC}:电源,单一 +5V;

GND:地。

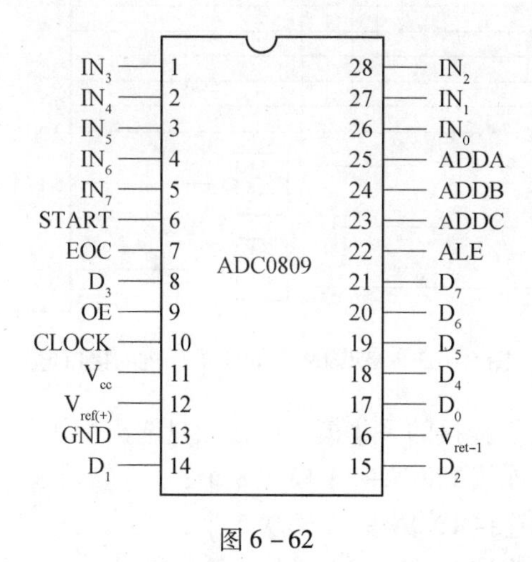

图 6-62

ADC0809 工作时,首先输入 3 位地址,并使 ALE 为 1,以将地址存入地址锁存器中。此地址经译码可选通 8 路模拟输入之一到比较器。START 上升沿将逐次逼近寄存器复位;下降沿则启动 A/D 转换,之后,EOC 输出信号变低,以指示转换正在进行,直到 A/D 转换完成,EOC 变为高电平,指示 A/D 转换结束,并将结果数据存入锁存器,这个信号也可用作中断申请。当 OE 输入高电平时,ADC 的输出三态门打开,转换结果的数字量可输出到数据总线。

ADC0809 与 MCS-51 系列单片机的接口电路如图 6-63 所示。图中,74LS373 输出的低 3 位地址 A2、A1、A0 加到通道选择端 A、B、C,可作为通道编码。其通道基本地址为 0000H~0007H。8051 的 WR 与 P2.7 经过或非门后,可接至 ADC0809 的 START 及 ALE 引脚。8051 的 RD 与 P2.7 经或非门后则接至 ADC0809 的 OE 端。ADC0809 的 EOC 经反相后接到 8051 单片机的 P3.3(INT1)。

当完成上述硬件设计后,还需要根据具体的测控系统要求,设计相应的数据采集程序和后处理程序,才能实现所需要的测控系统的功能。因此,采用单片机来实现机械测控系统时,其开发周期比较长。

6.8.3 基于 PLC 的数据采集

PLC 是目前工业自动化领域中最常用的专用控制计算机。与其他微型计算机相比,更适于在恶劣的工业环境中运行,且数据处理功能大大增强,编程指令具有模块化功能,能够解决就地编程、监控、通信等问题。目前,各主要厂商的 PLC 产品都有其配套的 A/D 和 D/A 模块。本小节以三菱 PLC 为例进行说明。

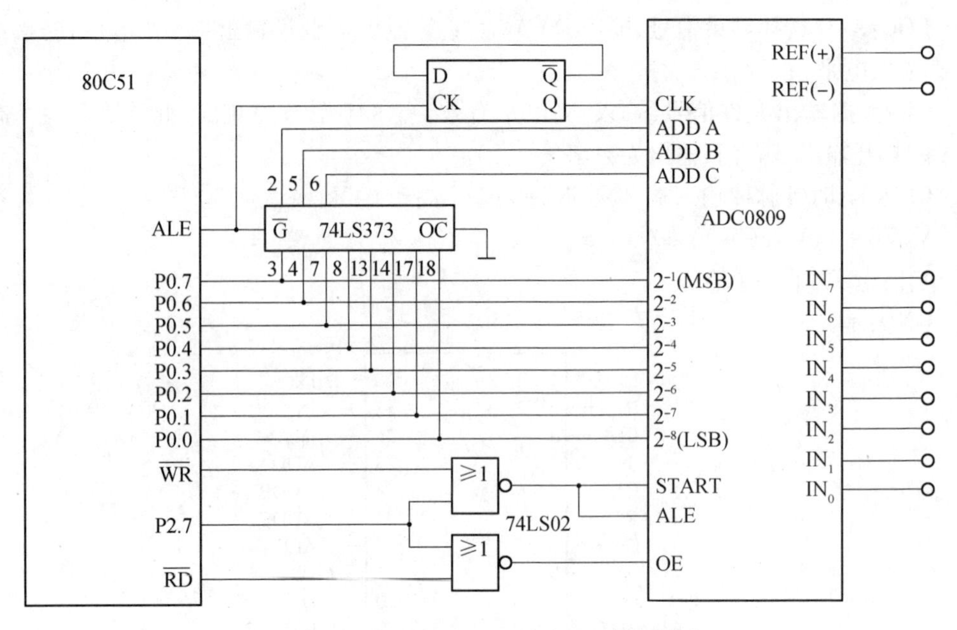

图 6－63　ADC809 与 805 单片机的接口电路

不同的三菱 PLC 允许挂接的采集模块或模拟量输出模块的数目是不同的：

FX0N 系列 PLC：可连接 FX0N－3A 模块 8 个；

FX1N 系列 PLC：可连接 FX0N－3A 模块 5 个；

FX2N 系列 PLC：可连接 FX0N－3A 模块 8 个；

FX0NC 系列 PLC：可连接 FX0N－3A 模块 4 个。

FX0N－3A 模拟量输入输出模块的基本参数见表 6－4。

表 6－4　FX0N－3A 模拟量输入输出模块的基本参数

项目	输入电压	输入电流
模拟量输入范围	0～10V 直流，0～5V 直流，输入电阻 200kΩ，绝对最大量程为－0.5V 和＋15V 直流	4～20mA，输入电阻 250Ω，绝对最大量程为－20 mA 和＋60 mA
数字分辨率	8 位	
转换速度	(TO 指令处理时间 ∗ 2)＋FROM 指令处理时间	
A/D 转换时间	100μs	

FX0N－3A 模拟量输入输出模块的缓冲存储器(BFM)的分配见表 6－5。

表 6－5　缓冲存储器的分配

缓冲器编号	b15－b8	B7	B6	B5	B4	B3	B2	B1	B0
#0	保留	通过 BFM#17 的 B0 选择的 A/D 通道的当前值输入数据(以 8 位存储)							
#16		在 A/D 通道上的当前值输出数据(以 8 为存储)							
#17	保留	D/A 起动					A/D 起动	A/D 通道	
#1－#5 #18－#31	保留								

通道的选择是通过其中 B0 和 B1、B2 的位值来设定的，具体如下：

BFM17：

B0 = 0 选择模拟输入通道 1；

B0 = 1 选择模拟输入通道 2；

B1 = 1→1，启动 A/D 转换；

B2 = 1→1，启动 D/A 转换。

如果传感器的输出值符合上述模拟量输入的参数范围，则可以直接将传感器与采集模块进行连接。完成连线后即可编写相应的梯形图程序来实现传感器的数据采集。

FORM，TO 指令的用法：

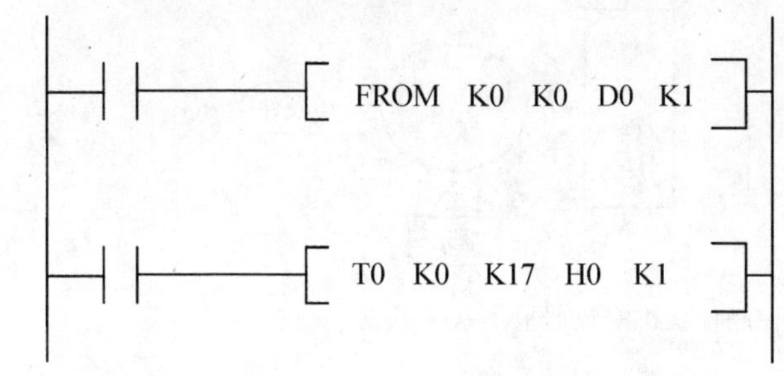

例如，把 FXON－3A 外部输入的模拟量转化成数字量：

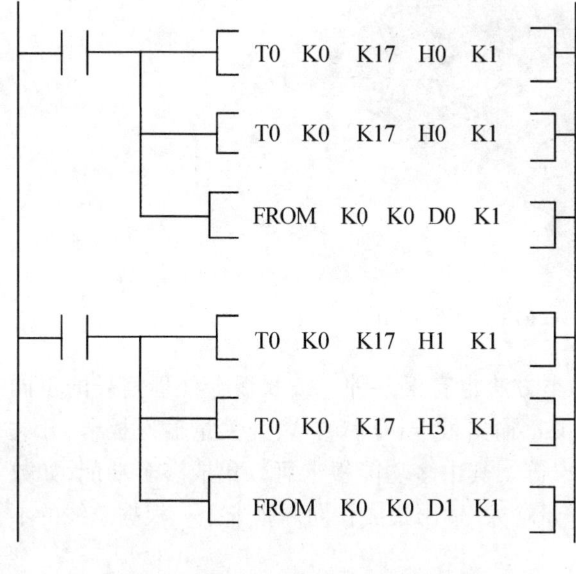

把 PLC 里的数字量化转化成模拟量输出：

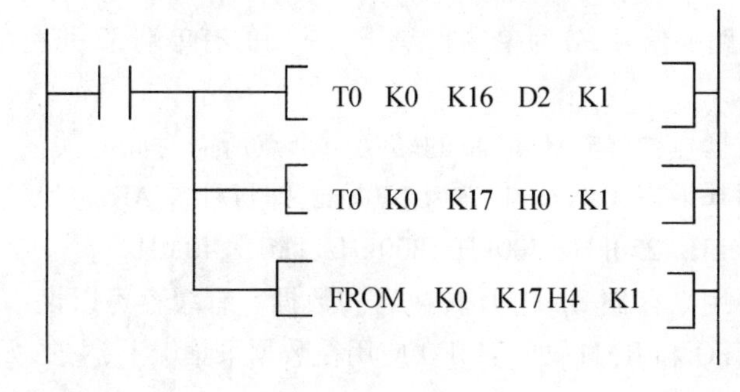

6.8.4 基于工业控制计算机的数据采集

基于工业控制计算机的数据采集系统如图 6 - 64 所示。将专用的数据采集卡(图 6 - 65)插入计算机的扩展槽中,并安装其相应的驱动程序,即可通过采集软件对数据进行采集。目前常用的采集软件有各类组态软件,如 Citech、WinCC,国产的组态软件有世纪星、三维力控、组态王等。除了组态软件,基于虚拟仪器技术的 LabVIEW 也是目前较为常用的数据采集软件。

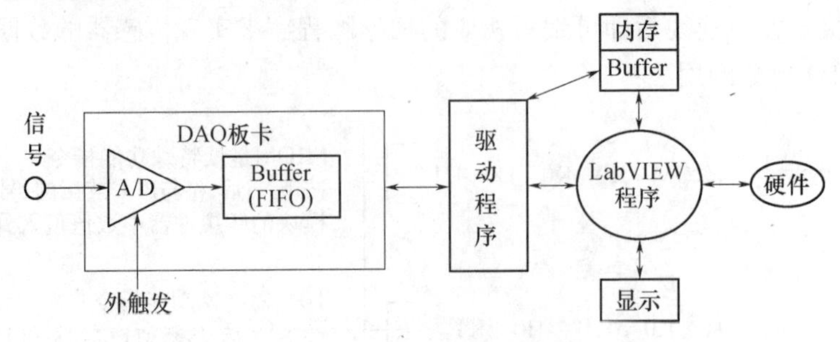

图 6 - 64　基于工业控制计算机的数据采集系统组成

图 6 - 65　数据采集卡实物图

基于 PC 总线的板卡种类很多,其分类方法也有很多种。按照板卡处理信号的不同可以分为模拟量输入板卡(A/D 卡)、模拟量输出板卡(D/A 卡)、开关量输入板卡、开关量输出板卡、脉冲量输入板卡、多功能板卡等。其中多功能板卡可以集成多个功能,如数字量输入/输出板卡将模拟量输入和数字量输入/输出集成在同一张卡上。根据总线的不同,可分为 PXI/CPCI 板卡和 PCI 板卡。

1. 数据采集卡的主要参数

(1) 通道数:就是板卡可以采集几路的信号,分为单端和差分。常用的有单端 32 路/差分 16 路、单端 16 路/差分 8 路。

(2) 采样频率:单位时间采集的数据点数,与 AD 芯片的转换一个点所需时间有关,例如:AD 转换一个点需要 $T = 10\mu s$,则其采样频率 $f = 1/T$ 为 100kHz,即每秒钟 AD 芯片可以转换 100kHz 的数据点数,常有 100kHz、250kHz、500kHz、800kHz、1MHz、40MHz 等。

(3) 缓存的区别及它的作用:主要用来存储 AD 芯片转换后的数据。有缓存可以设置采样频率,没有则不可以。缓存有 FIFO 和 RAM 两种:FIFO 应用在数据采集卡上,主要用来存储 AD 芯片转换后的数据,做数据缓冲,存储量不大,速度快;RAM 是随机存取内存的简称,一般用于高速采集卡,存储量大,速度较慢。

(4) 分辨率:采样数据最低位所代表的模拟量的值,常有 12 位、14 位、16 位等,(12 位分辨率,电压 5000mV)12 位所能表示的数据量为 40962(2^{12}),即 ±5000 mV 电压量程内可以表示 4096 个电压值,单位增量为(5000 mV)/ 4096 = 1.22 mV。

(5) 精度:测量值和真实值之间的误差,标称数据采集卡的测量准确程度,一般用满量程(Full Scale Range,FSR)的百分比表示,常见的如 0.05% FSR、0.1% FSR 等,如满量程范围为 0 ~ 10V,其精度为 0.1% FSR,则代表测量所得到的数值和真实值之间的差距在 10mv 以内。

(6) 量程:输入信号的幅度,常用有 ±5V、±10V 、0 ~ 5V 、0 ~ 10V ,要求输入信号在量程内进行。

(7) 增益:输入信号的放大倍数,分为程控增益和硬件增益,通过数据采集卡的电压放大芯片将 AD 转换后的数据进行固定倍数的放大。

有两种型号的增益芯片,即 PGA202 (1、10、100、1000) 和 PGA203 (1、2、4、8)。

(8) 触发:可分为内触发和外触发两种,指定启动 AD 转换方式。

2. 虚拟仪器技术

虚拟仪器技术是在 PC 技术的基础上发展起来的,所以完全“继承”了以现成即用的 PC 技术为主导的最新商业技术的优点,包括功能超卓的处理器和文件 I/O,使用户在数据高速导入磁盘的同时就能实时地进行复杂的分析。虚拟仪器系统框图如图 6 - 66 所示。此外,不断发展的因特网和越来越快的计算机网络使得虚拟仪器技术展现出更强大的优势。

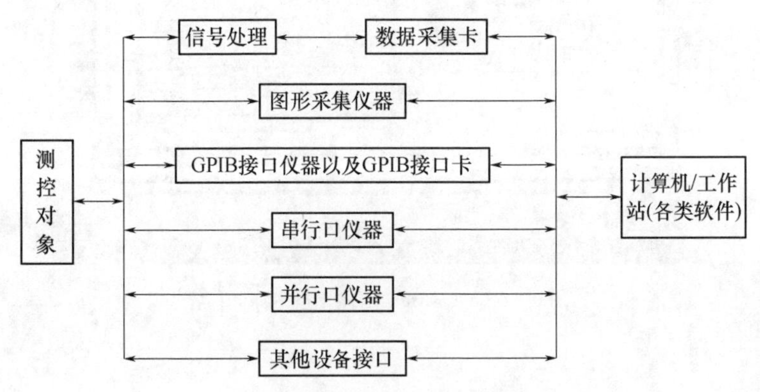

图 6 - 66 虚拟仪器系统框图

LabVIEW 是一种程序开发环境,由美国国家仪器(NI)公司研制开发,类似于 C 和 BASIC 开发环境,但是 LabVIEW 与其他计算机语言的显著区别是:其他计算机语言都是采用基于文本的语言产生代码,而 LabVIEW 使用的是图形化编辑语言 G 编写程序,产生的程序是框图的形式。LabVIEW 设计的虚拟面板界面和图形化编辑语言分别如图 6 - 67、图 6 - 68 所示。

特点:相对于上述的单片机方案和 PLC 方案,基于工业控制计算机的数据采集能够实现较为复杂的数字信号处理和控制过程。

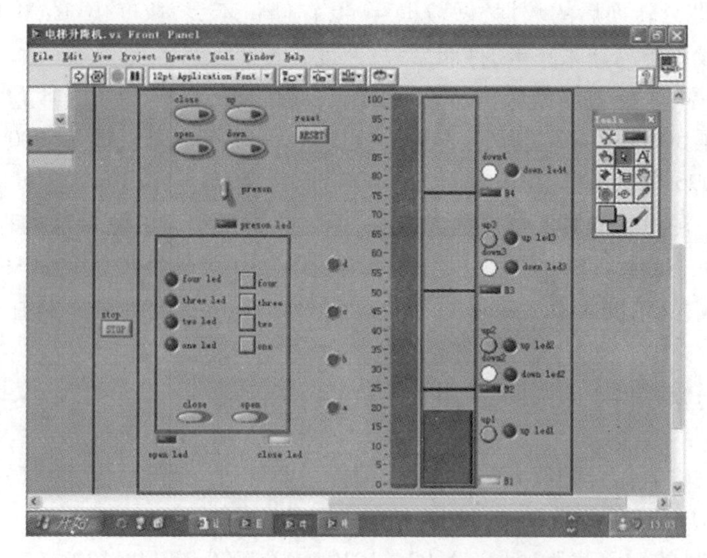

图 6-67　LabVIEW 设计的虚拟面板界面

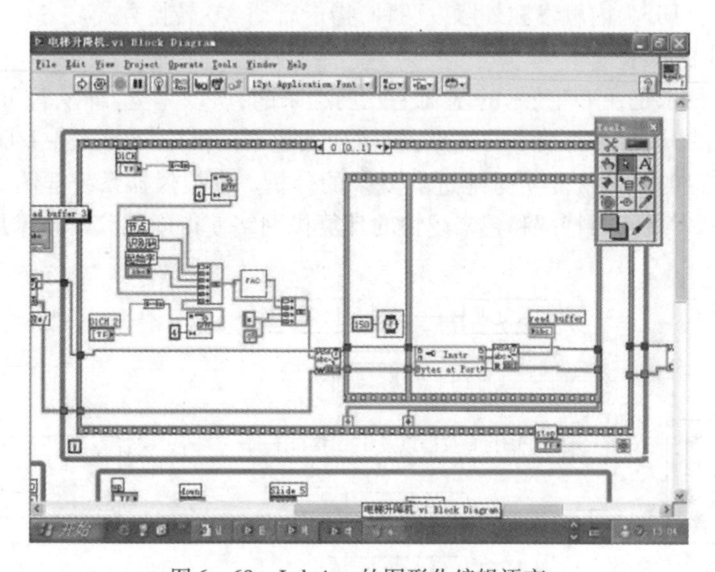

图 6-68　Labview 的图形化编辑语言

习　题

6-1　说明电容式加速度传感器的工作原理。

6-2　说明热电偶传感器的原理和特点。

6-3　说明压电式加速度传感器的工作原理。

6-4　说明电涡流传感器的工作原理和特点。

6-5　说明电感式传感器测量位移的工作原理和特点。

6-6　结合前面的知识分析传感器的动态特性,并以应变式力传感器和压电式力传感器为例进行简要分析。

6-7　已知自动机床所生产的零件如图6-69所示，其中的关键尺寸为L，现在需要根据L的误差范围对零件进行合格性检测，即L大于上偏差或者小于下偏差均认为不合格产品，所有的不合格产品都需要进行剔除，请设计一个测控系统，要求：(1)设计基本方案(包括剔除机构的工作原理并图示)；(2)传感器选型和安装方式。

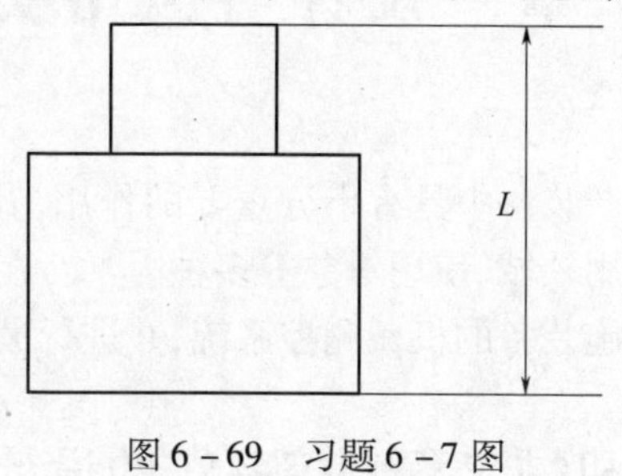

图6-69　习题6-7图

第7章　设计与应用实例

机械测控系在自动化生产装备中具有十分重要的作用,其设计过程应充分考虑生产工艺的具体要求和装备的应用领域、使用对象等多种因素。在符合经济性、科学性和开发周期要求的基础上设计和实施装备的机械测控系统,并进行最终的安装和调试。

7.1　机械工程测控系统的设计方法

机械测控系统往往是一个机械设备或生产线的组成部分。按照传统的模式,是先进行机械结构的设计和制造,然后再进行电气控制部分(包括传感采集)的设计。从现在的技术发展看,这种模式已经过时了,必须在设备的总体设计阶段就考虑到测控系统的构成,换言之,机械测控系统的设计应当与设备或生产线的设计与制造同步进行。某些工作如机械系统的建模应当在设备的工程设计开始之前就完成,然后才能据此进行整个机械设备的设计和制造。当机械设备的工程设计完成时,安装测控系统所必需的管路图、线路图也应当同步完成,且保证相互之间无干涉和冲突。图7-1是机械测控系统设计和实施的一般性流程。

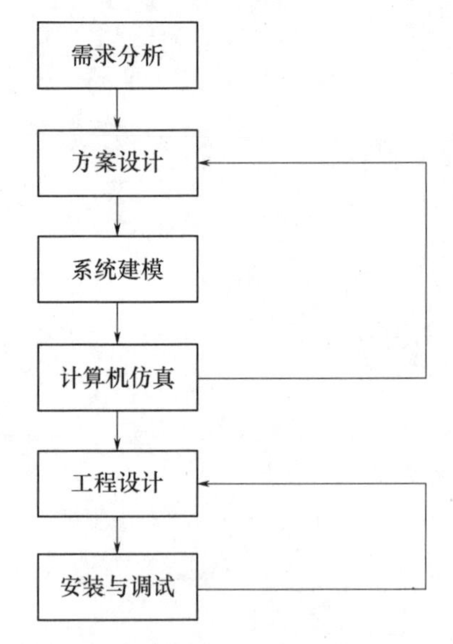

图7-1　机械测控系统设计和实施的一般性流程

1. 需求分析

需求分析包括多个方面的工作,首先进行产品的市场调查与市场分析。不论该机械测控系统是单独产品,还是自动化装备的一部分,都需要进行这项工作。市场调查与预测是产品开发成功的关键性一步。市场调查就是运用科学方法,系统、全面地收集有关市场需求和经销方面的情况和资料,分析研究产品在供需双方之间进行转移的状况和趋势。而市场预测就是在市场调查的基础上,运用科学方法和手段,根据历史资料和现状,通过定性的经验分析或定量的科学计算,对市场未来的不确定因素和条件作出预计、测算和判断,为企业提供决策依据。在市场分析的基础上,要对测控系统的具体需求进行详细分析,从系统的性能要求、操作者的技术素质、装备的自动化程度等不同方面给出机械测控系统的量化指标。

2. 方案设计

对各种构思和多种方案进行筛选,选择较好的可行方案进行分析组合和概述评价,从中再选出几个方案按机电产品系统设计评价原则和评价方法进行深入的综合分析评价,最后确定实施方案。根据综合评价确定的基本方案,从技术上按其细节逐层全部展开。

3. 系统建模

系统建模是在方案设计的基础上,建立系统的数学模型。对于难以用解析法建立系统模型的对象,要采用实验的方法对系统参数进行辨识,并根据工程经验建立起模型,包括系统框图和各环节的传递函数。

4. 计算机仿真

为了降低机械测控系统开发的成本和风险,同时加快开发过程。可以用多种仿真方法,对前面所设计的方案在仿真软件中进行建模和仿真。一方面可以对不同方案的执行效果进行比较和判断,另一方面可以为后续的工程设计提供较为优化的系统参数。目前较为通用的仿真软件包括 Adams 等应用软件,也可以在 Adams 的基础上和科学计算软件 MATLAB 进行联合仿真,以期达到较为直观的仿真结果。

5. 工程设计

工程设计包括:标准控制及扩展方案的讨论;机器控制的顺序与方法的确定;接口设计;控制回路设计及整个机电产品整体回路的设计;连锁及安全的设计;电液、气动、电气、电子器件清单及备品清单的编制;测控系统安装用的面板结构图、电气箱布线图等用于具体生产和安装的工程图纸。

6. 安装与调试

这一过程一般是在现场完成机械测控系统的组装或者与设备的集成之后来实施的。应结合设备的运转,对测控系统存在的问题进行完善。同时将机械测控系统的机械参数和电参数进行调整和优化,直到设备处于较为正常的状态。如果仍存在不能解决的问题,就要找到原因,重新回到工程设计阶段,对相关的机械部件和电路部件重新设计和制作,直到问题得到解决。

7.2 单级倒立摆的建模与控制

7.2.1 倒立摆的结构与工作原理

倒立摆是机器人技术、控制理论、计算机控制等多个领域、多种技术的有机结合,其被控系统本身又是一个绝对不稳定、高阶次、多变量、强耦合的非线性系统,可以作为一个典型的控制对象对其进行研究。最初研究开始于20世纪50年代,麻省理工学院(MIT)的控制论专家根据火箭发射助推器原理设计出一级倒立摆实验设备。近年来,新的控制方法不断出现,人们试图通过倒立摆这样一个典型的控制对象,检验新的控制方法是否有较强的处理多变量、非线性和绝对不稳定系统的能力,从而从中找出最优秀的控制方法。

由于控制理论的广泛应用,由此系统研究产生的方法和技术将在半导体及精密仪器加工、机器人控制技术、人工智能、导弹拦截控制系统、航空对接控制技术、火箭发射中的垂直度控制、卫星飞行中的姿态控制和一般工业应用等方面具有广阔的利用开发前景。平面倒立摆可以比较真实地模拟火箭的飞行控制和步行机器人的稳定控制等方面的研究。

7.2.2 系统运动方程

因为倒立摆是一个复杂、多变量、存在严重非线性、非自治不稳定系统。在没有外界强加的控制力作用下,摆球将在任何微小的扰动作用下,偏离竖直方向的平衡位置向任何方向倾倒。所以为了达到对系统控制的目的,外界需提供一个力,使得摆杆与竖直方向的夹角保持接近于零,即摆杆能尽量处于平衡处,单级倒立摆能处于稳定状态(图7-2)。研究系统都是从数学 模型开始的,而数学模型的建立需对物理环境进行抽象与对物理条件进行理想化。将小车的物理环境进行二维理想化之后,将系统状态参数列于表7-1。

图7-2 单级倒立摆

表7-1 单级倒立摆状态参数

物理表达式	数值	物理意义
μ	可变量	外界作用力
y	可变量	小车瞬时位置
l	1m	摆杆长
m	0.1kg	摆球质量
M	1kg	小车质量
θ	可变量($\theta \approx 0$)	摆杆与竖直方向夹角
$y + l\sin\theta$	可变量	摆球瞬时位置

在理想情况下(忽略杆子质量,驱动电机本身动力学特性及各种摩擦和空气阻力的影响),典型的倒立摆示意图如图7-3所示。

采用隔离法,分别对小车和摆球做受力分析,示意图如图7-4所示。

对于小车,在水平方向,有

$$\mu - T_1 = M\frac{\mathrm{d}^2 y}{\mathrm{d}t^2} \tag{7-1}$$

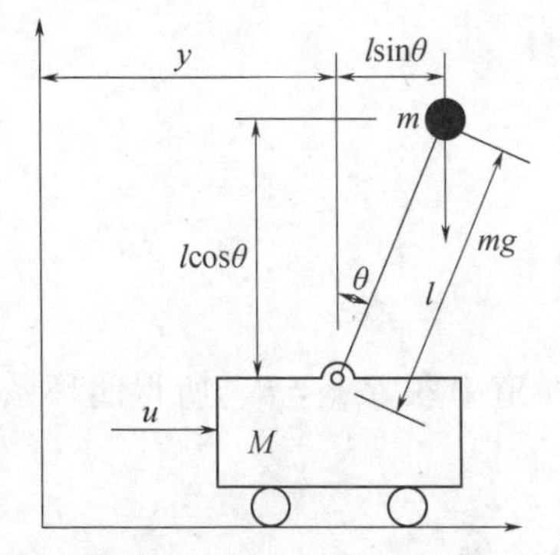

图7-3　倒立摆简易受力示意图

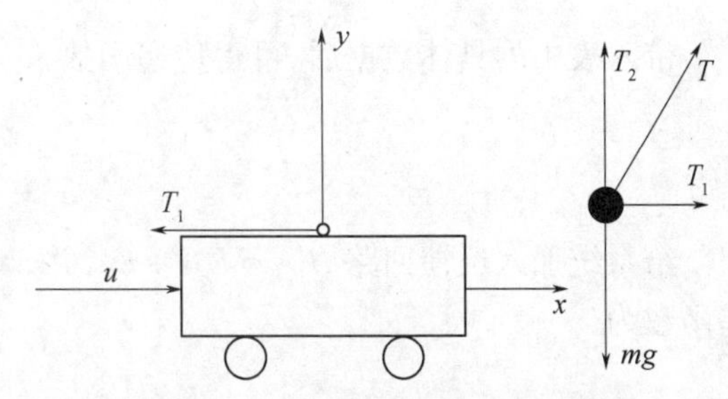

图7-4　小车和摆球受力示意图

对于摆球,在水平方向,有

$$T_1 = m\frac{\mathrm{d}^2(y + l\sin\theta)}{\mathrm{d}t^2} \tag{7-2}$$

在竖直方向有

$$mg - T_2 = m\frac{\mathrm{d}^2(l\cos\theta)}{\mathrm{d}t^2} \tag{7-3}$$

摆球围绕其质点转动方程为

$$T_2 l\sin\theta - T_1 l\cos\theta = \frac{ml^2\mathrm{d}^2\theta}{12\mathrm{d}t^2} \tag{7-4}$$

7.2.3　系统线性化

显然,方程(7-1)、(7-2)、(7-4)实属非线性方程,因此有必要进行线性化处理才可以得出其数学模型。如图7-3所示假定单级倒立摆得到有效地控制,处于稳定状态,即值很小,近于零,可做以下线性化处理:

$$\overset{2}{\theta} = 0, \dot{\theta}^2 = 0, \theta\dot{\theta} = 0, \sin\theta = \theta, \cos\theta = 1$$

上述方程线性化后的最终形式为

$$\mu - T_1 = M\ddot{y},\ T_1 = m(\ddot{y} + l\ddot{\theta}),\ T_2 l\theta - T_1 l = \frac{ml^2}{12}\ddot{\theta},\ T_2 = mg \tag{7-5}$$

若选定系统的输入变量为μ输出变量为θ,则消去中间的状态变量y、T_1、T_2,最后所得关于摆杆与竖直方向夹角θ的线性微分方程为

$$\left[Ml + \frac{l}{12}(m + M)\right]\ddot{\theta} - (m + M)g\theta = -\mu \tag{7-6}$$

不难得到经过拉普拉斯变换后的系统传递函数模型为

$$G_{(s)} = \frac{\theta_{(s)}}{\mu_{(s)}} = -\frac{1}{\left[Ml + \frac{1}{12}(m + M)\right]s^2 - (m + M)g} \tag{7-7}$$

7.2.4 PID 控制器的设计

带入表中的具体数据后,可得传递函数:

$$G_{(s)} = -\frac{1}{s^2 - 10} \tag{7-8}$$

给系统加入反馈回路 $H_{(s)} = K_1 s + K_2$,并于前向通道串联 $R_{(s)} = K_3$,所得闭环系统传递函数为

$$G'_{(s)} = \frac{K_3 G_{(s)}}{1 + G_{(S)} H_{(s)}} = \frac{-K_3}{s^2 - K_1 s - K_2 - 10} \tag{7-9}$$

若使系统稳定,则系统特征方程 $s^2 - K_1 s - K_2 - 10 = 0$ 的根皆位于左半平面,具有负实部。由此可取 $K_1 = -1, K_2 = -15, K_3 = -1$,即

$$G'_{(s)} = \frac{1}{s^2 + s + 5} \tag{7-10}$$

若采用 PID 控制,其控制器传递函数为

$$G_P = K_P\left(1 + \frac{1}{T_I s} + T_D s\right) \tag{7-11}$$

加入调节器之后的系统传递函数为

$$G'_P = G_P G'_{(s)} = K_P\left(1 + \frac{1}{T_I s} + T_D s\right) \cdot \frac{1}{s^2 + s + 5} \tag{7-12}$$

则单位负反馈系统传递函数为

$$\phi_{(s)} = \frac{G'_P}{1 + G'_P} = K_P \frac{T_I T_D s^2 + T_I s + 1}{T_I s^3 + (T_I + K_P T_I T_D) s^2 + (5T_I + K_P T_I) s + K_P} \tag{7-13}$$

7.2.5 MATLAB 系统仿真

1. 无 PID 控制

无 PID 控制时的系统框图如图 7-5 所示。

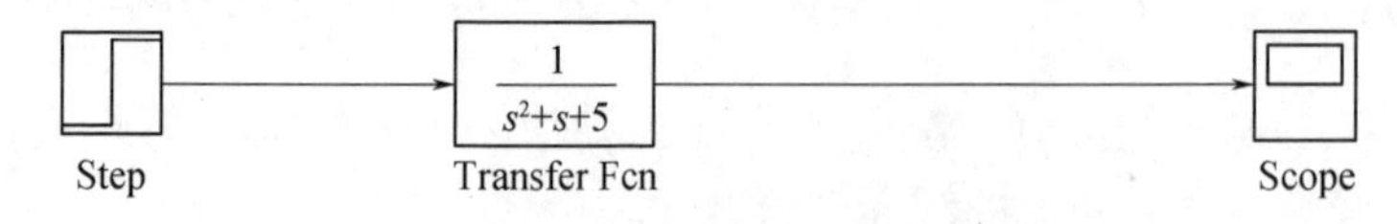

图 7-5 无 PID 控制时的系统框图

无 PID 控制参与下的闭环系统传递函数见式(7-10),在 MATLAB 中的阶跃响应曲线如图 7-6 所示。

2. 有 PID 控制

有 PID 控制时的系统框图如图 7-7 所示。

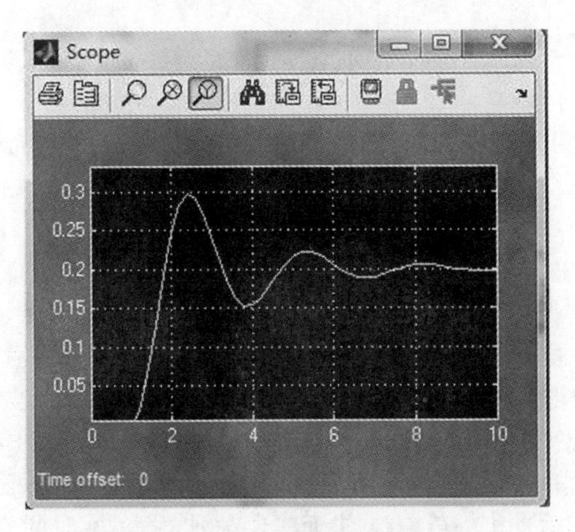

图 7－6　无 PID 控制时系统阶跃响应

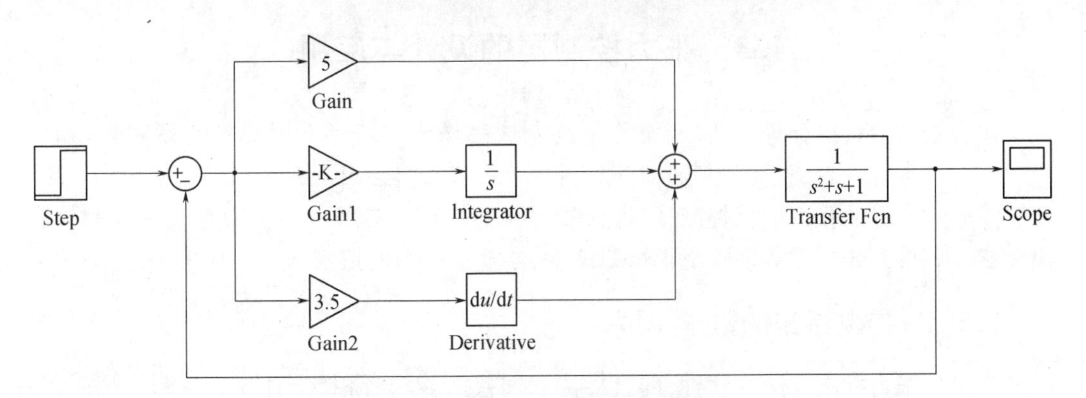

图 7－7　有 PID 控制时的系统框图

最终的 PID 控制单位负反馈系统的传递函数见式(7－13)，在 MATLAB 中的阶跃响应情况如图 7－8 所示。

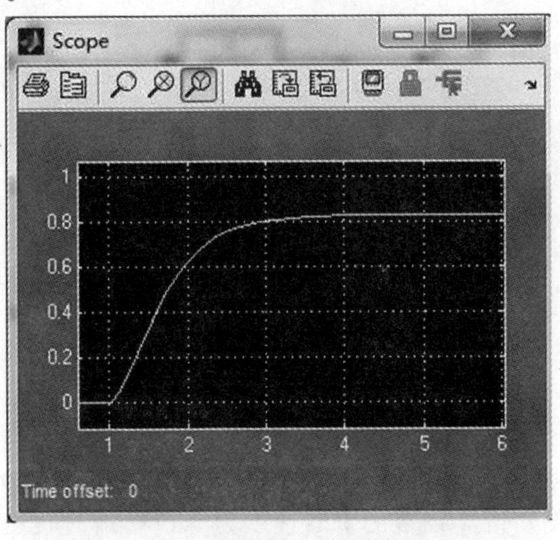

图 7－8　有 PID 控制时系统阶跃响应

经过多次参数的整定后,所得上述曲线的参数为

$$K_{\mathrm{P}} = 5, K_{\mathrm{I}} = 0.01, K_{\mathrm{D}} = 3.5$$

比较图 7-8 与图 7-6 可以发现,在 PID 控制器的作用下,系统的稳态与动态性能都有所提高,尤其是超调量大大降低,调节时间缩短,系统响应加快,稳定性提商。实际上,利用 PID 控制器进行串联校正时,不仅可以使系统的型次提高一级,还可以提供两个负实零点,因此与单独的 P 或者 PI 调节器相比,PID 在提高系统动态性能方面占有更大优势,在各种工业控制场合得到了广泛的应用。总的来说,作为一个复杂、多变量、存在严重非线性、非自治不稳定的单级倒立摆系统,通过正确建立数学模型之后,在 PID 的校正作用下,可在 MATLAB 中得到较为理想的响应曲线,从而实现对单级倒立摆的精确控制。

对倒立摆还可以采用模糊控制、智能控制等新型的控制算法和策略。最后在仿真的基础上可以通过工控机来实现上述控制算法,并通过计算机的输入输出设备(接口板卡)对驱动倒立摆的伺服电动机进行控制,进而实现对倒立摆的实时调节与控制。

7.3 张力控制器的设计与应用

在造纸、纺织、冶金等行业,经常将最终制成品做成卷绕形式以提高卷装容量,如纸卷、布卷、带卷等。卷绕过程中若卷材张力控制不均匀,将会出现断裂、起皱、松边等现象,所以需要对卷材的张力进行控制,以保持卷材张力恒定。本节从恒张力卷绕的控制要求出发,采用 PLC、变频器实现卷绕辊恒线速度、卷材恒张力的控制。

7.3.1 控制系统的数学模型

卷材的张力控制方法有两种,即直接法和间接法。两者相比,直接法控制系统简单,而且控制精度较高,间接法不易满足控制要求,因而本节采用直接张力控制法,即在传动的卷材辊道上安装张力传感器,使用张力传感器测量卷材的实际张力值,再通过张力调节器控制张力恒定。图 7-9 所示为典型卷绕控制系统的结构框图。

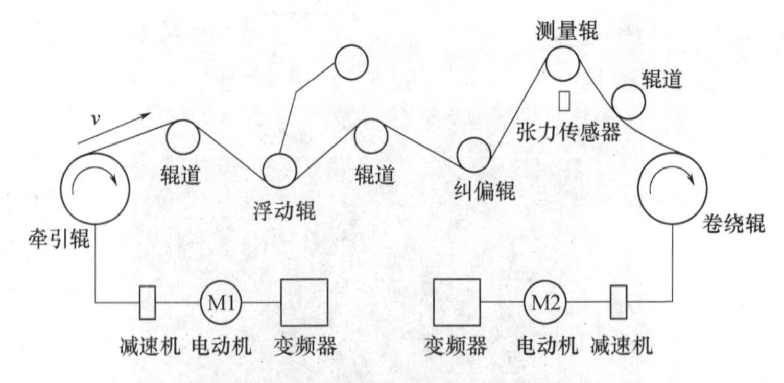

图 7-9 典型卷绕控制系统的结构框图

图 7-9 中,箭头所指方向是卷材的运动方向,牵引辊、卷绕辊分别由变频器控制的交流电动机 M1、M2 传动。设卷绕辊的瞬时速度为 $v_2(t)$,瞬时转速为 $n_2(t)$,瞬时半径为 $r_2(t)$,卷材的张力为 $F(t)$,牵引辊的瞬时速度为 $v_1(t)$,则关系式为

$$F(t) = k\Delta L_{\tau} \tag{7-14}$$

$$k\Delta L_{\tau} = \int_{0}^{\tau} (v_2(t) - v_1(t))\mathrm{d}t \tag{7-15}$$

$$v_2(t) = 2\pi r_2(t) n_2(t)/60 \tag{7-16}$$

$$r_2(t) = N \times 2 \times h + r_{20} \tag{7-17}$$

式中:k 为卷材的弹性系数;N 为卷材的卷绕层数;h 为单层卷材的厚度;r_{20}为卷绕辊的初始卷径。

从式(7-14)、式(7-15)可以看出,卷材张力的大小与牵引辊、卷绕辊的速度差有关,即控制好牵引辊、卷绕辊的速度差就能控制卷绕的张力。本节对卷绕辊采用恒线速度控制,所以只需要控制好牵引辊的线速度就能实现卷绕系统恒张力控制的目标。

在卷绕过程中,卷绕半径是一个动态的变化过程,由式(7-16)可以看出卷绕辊的线速度随着卷绕半径在不断地变化,因此若要保持卷绕辊的线速度恒定,必须根据卷绕半径不断地调整卷绕辊的转速。从式(7-17)可以看出,卷绕半径由卷材的卷绕层数决定,因而可采用高速计数模块与分辨率为 1024 的编码器相连,记录编码器信号,进而计算出卷材的卷绕层数。设高速计数模块的瞬时计数值为 C_{n1},关系式为

$$N = \frac{C_{\mathrm{n}}}{1024} \tag{7-18}$$

依据 Δt 时间内高速计数模块的计数值之差可以近似算出卷绕辊的实际瞬时转速,设卷绕辊的实际瞬时转速为 $n'_2(t)$,关系式为

$$n'_2(t) = \frac{|C_{n1} - C_n|}{1024} \times \frac{60}{\Delta t} \tag{7-19}$$

式中:C_n为计数值 C_{n1}之前 Δt 时间的瞬时计数值。

7.3.2 控制系统的实现方案

本小节选用西门子公司 300 系列 PLC 作为控制器、TP177B 触摸屏作为操作界面,CPU 为带集成 DP 口的 313C-2DP;同时,选用与 S7-300 可编程控制器匹配的高速计数模块 FM350-1 对编码器的高频信号计数、西门子通用变频器 MM440 对交流电动机调速;变频器与 S7-300 之间选用 Profibus-DP 通信方式。

由控制系统的数学模型可知,卷绕过程的控制可分为两个部分;一个是卷绕辊的恒线速度控制;另一个是卷材的恒张力控制。

1. 卷绕辊的恒线速度控制

卷绕辊的恒线速度控制过程示意图如图 7-10 所示。使用 Step7 软件编程时,设置循环中断组织块 OB35 的循环中断时间值等于图 7-10 中的 Δt,并在该组织块中读取高速计数模块 FM350-1 的计数值,通过程序即可计算出瞬时的实际转速 $n'_2(t)$及卷绕层数 N。在触摸屏中输入卷绕辊的初始卷径 r_{20}、单层卷材厚度 h 以及给定的恒线速度值 $v_2(t)$,通过串行通信接口传送至 S7-300 的数据块中,经过 S7-300 的编程组态软件 Step7 计算出卷绕辊的瞬时理论转速 $n_2(t)$,再转换成变频器的控制字传送给卷绕变频器,由变频器每隔时间 Δt 对卷绕电机进行一次调速,实现对卷绕辊的恒线速度控制。

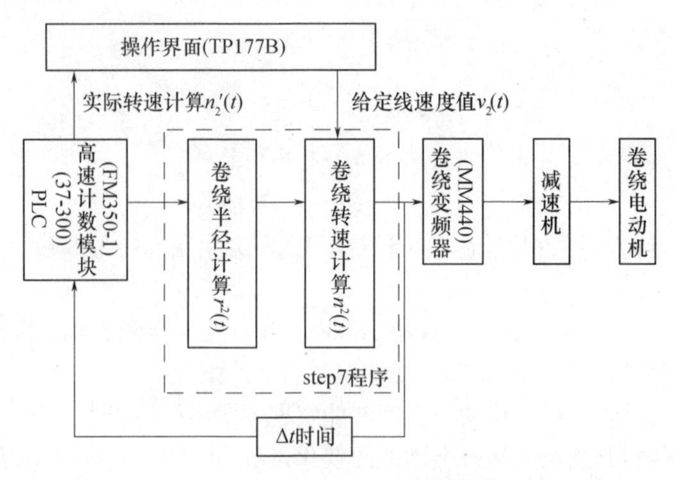

图 7-10　基于 PLC 与变频器的恒线速度控制过程示意图

2. 卷材的恒张力控制

卷材的恒张力控制过程示意图如图 7-11 所示。图中的虚线部分由 PLC 实现,PID 控制器采用的是 PLC 内部的 PID 控制器。卷绕过程中,空卷与满卷的转动惯量变化比较大,因此需要采用可变 PID 参数。在自动卷绕时,可通过 PLC 的比较跳转指令来实现 PID 参数值的转换;在手动卷绕时,可通过触摸屏在不同时刻的实际情况输入不同的 PID 参数值。

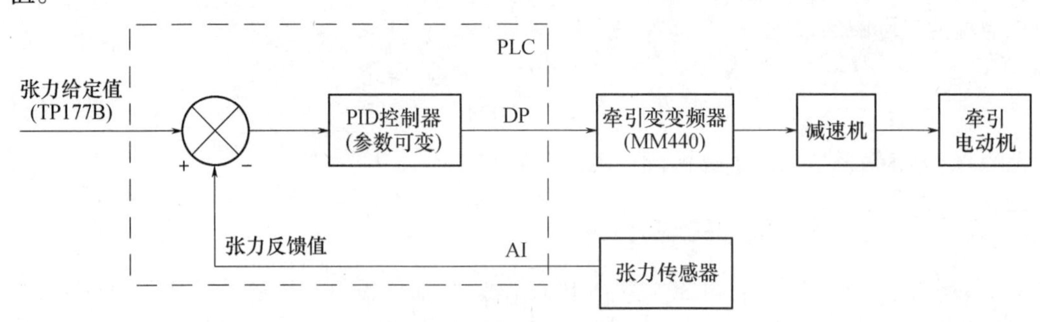

图 7-11　基于 PLC 与变频器的恒张力控制过程示意图

张力传感器所测的信号经过自身处理器滤波、放大、转换等处理后传送至 PLC 的模拟量输入端,即为图 7-11 中的张力反馈值。张力反馈值与触摸屏输入的张力给定值运算后,可得到一个张力偏差量。张力偏差量经过 PID 控制器处理后可获得一个控制量,Step7 程序将该控制量转换成变频器控制字后通过 DP 总线传送给牵引变频器,牵引变频器对牵引电机进行调速,进而实现了卷材的恒张力控制。在 Step7 程序中,可以设置当张力反馈值接近张力给定值的 90% 时再采用 PID 控制器,这样可以增加系统的响应速度。在上述两种控制过程中,由于张力传感器的测量辊是固定的,不能吸收张力的峰值,所以牵引辊、卷绕辊的加减速不可太快。

7.3.3 控制系统的编程组态

为了方便阅读和调试,Step7 采用结构化编程方式,将任务分解为若干个小任务块

(FC 或者 FB),小任务块还可以分解成更小的任务块,任务块通过编程指令完成各自的任务,OB1 通过调用这些任务块来完成整个任务。任务块之间有一定的相对独立性,同时也存在一定的关联性,它们彼此之间需根据控制系统的要求进行数据交换。恒张力控制系统的程序结构如图 7-12 所示。

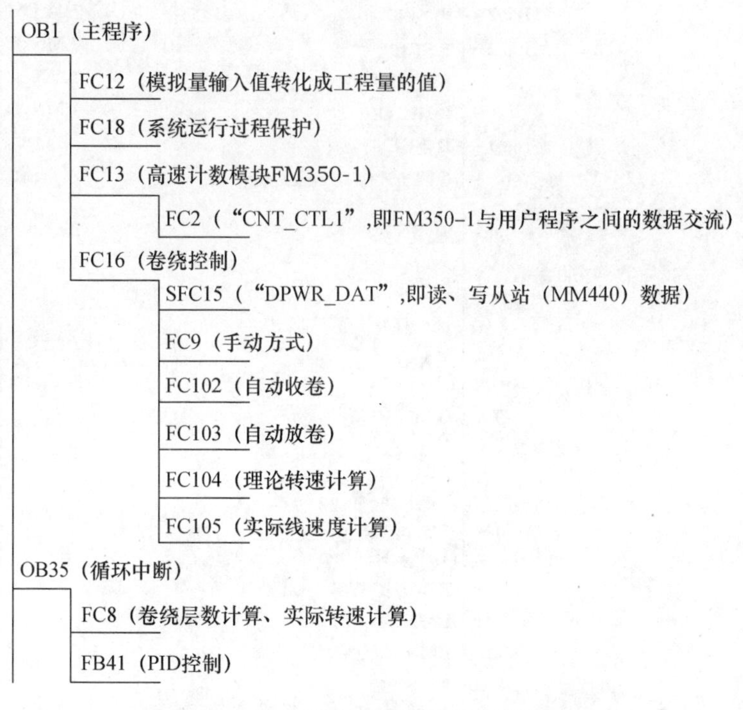

图 7-12　恒张力控制系统的程序结构

Step7 提供有 PID 控制软件包,该软件包包括 3 个功能块:FB41、FB42 和 FB43。其中 FB41“CONT_C”用于连续控制,FB42“CONT_S”用于步进控制,FB43“PULSEGEN”用于脉冲宽度调制。这些功能块是系统固化的标准位置式 PID,运算过程中循环扫描、计算所需的全部数据均存储在分配给 FB 的背景数据块里,可以无限次调用。

卷材的恒张力 PID 控制器选用 FB41 功能块。为了以固定时间间隔调用 FB41 功能块,在循环中断组织块 OB35 中调用该功能块,功能块 FB41 的参数赋值如图 7-13 所示。Step7 编程时,通过触摸屏手动输入的参数存放在数据块 DB15 中,命名为“给定参数”,实际反馈的参数存放在数据块 DB2 中,命名为“实际参数”。“给定参数”中的变量 F、P、I、D 分别对应着给定张力值 F、给定比例增益 P、给定积分时间常数 I、给定微分时间常数 D,分别传送给 FB41 的参数 SP_INT、GAIN、TI、TD。“实际参数”中的变量 F 对应着张力传感器反馈的实际张力值,传送给 FB41 的参数 PV_IN。FB41 中,参数 GAIN、TI、TD 并联作用,需通过使能开关 P_SEL、I_SEL、D_SEL 单独激活,所以选用 M100.2 给这 3 个使能开关同时赋值;参数 COM_RST 用于重启 PID,复位 PID 参数;开关量参数 MAN_ON 提供手动模式和自动模式的选择;参数 CYCLE 为采样时间,应该与 OB35 设定的循环中断时间一致;参数 LMN_PER 为 I/O 格式的 PID 输出值。

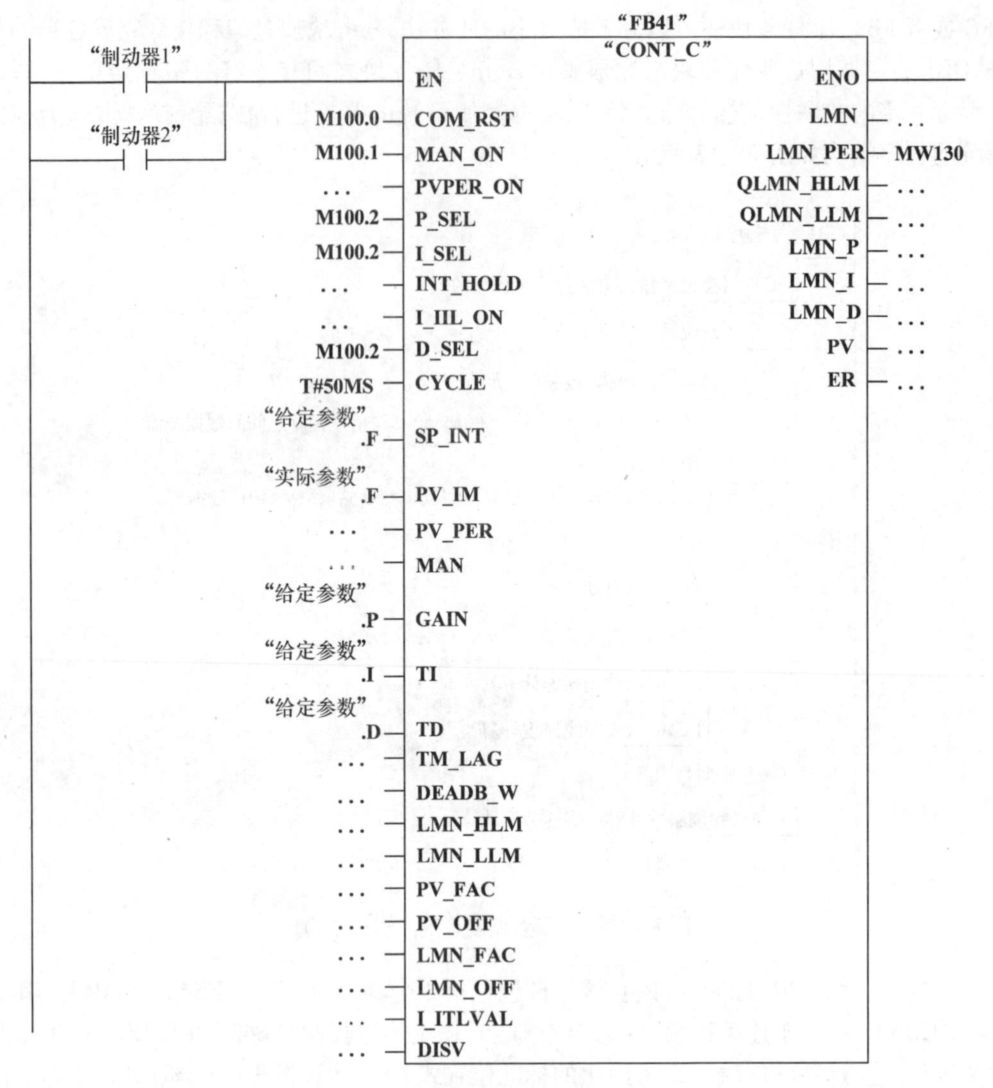

图 7-13　恒张力系统 PID 控制程序

7.4　纠偏系统的设计与应用

布带缠绕工艺要求带状材料匀速、稳定地沿着缠绕方向进行缠绕。尽管采取了许多保持布带缠绕方向的措施，但布带偏移仍不可避免地出现。布带展开变形易使布带产生皱褶现象，若不及时进行纠偏，将引起材料分布不均、边缘质量超差等质量缺陷，严重影响缠绕成型质量。

早期研究的缠绕机只有简单的手动纠偏机构，纠偏效果主要取决于操作者的经验，不符 合现代自动化生产的需求。为了增强纠偏效果，提高生产率及生产过程的自动化水平，减少生产过程的人工干预，提高缠绕质量，必须对自动纠偏控制系统进行研究。因此，必须设计一套完整的布带纠偏装置。

7.4.1 缠绕偏移分析

布浸胶后沿导辊运动，如果在一定的摩擦阻力界限之内，带材上各点运动方向与辊子的中心线成直角，张力沿宽度方向均匀分布。但在实际情况中，布带在缠绕过程中受到某些因素影响，引起布带在运动中产生侧向位移，主要原因有：

（1）布带材质不均匀。带材料加工过程中可能产生一定的误差，造成布带厚度不均，边缘参差不齐，引起布带跑偏。如图 7-14 所示，材料不均匀使布带在平行运送辊上引起偏移，其偏移量与不均匀程度、布带张力的大小和两个运送导辊之间的距离大小有关。

（2）导辊误差。导辊在加工时的加工误差、安装时的位置误差、长时间缠绕过程中细微的误差都会使布带张力分布不均匀，发生偏移，如图 7-15 所示。

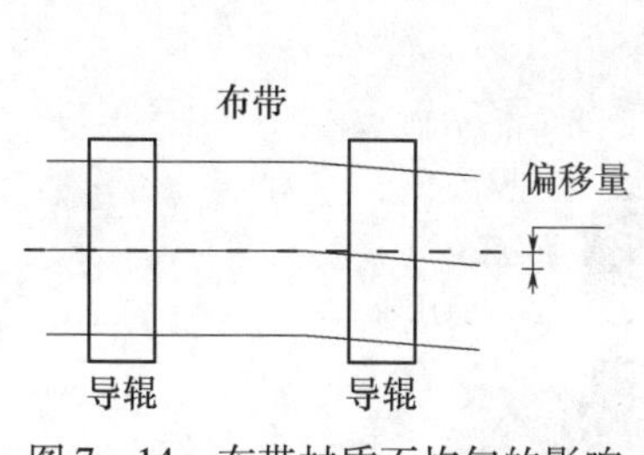

图 7-14 布带材质不均匀的影响

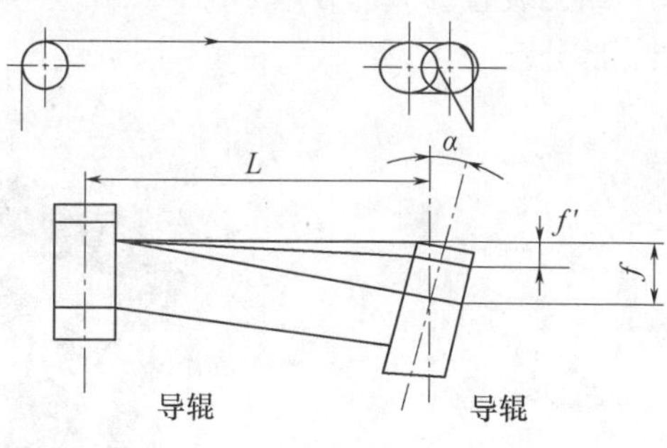

图 7-15 导辊误差的影响

（3）布带盘卷不规则。布带盘卷呈塔形或边缘参差不齐也会对布带传送造成影响（图 7-16），使布带跑偏。

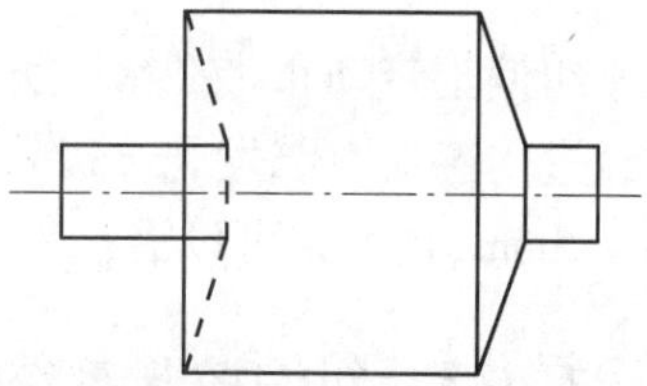

从力学的角度分析，如图 7-17 所示。布带发生偏移时，纠偏辊作逆时针转动，布带受与运动方向相反的摩擦力 F。将 F 沿水平方向和辊子径向分解，得到 F_x 和 F_t，其中，F_t 为驱动纠偏辊转动的切向分力，F_x 为使布带向左侧偏移的分力，即为纠偏力。它们的大小分别为

$$\begin{cases} F_t = F\sec\alpha \\ F_x = F\tan\alpha \end{cases} \tag{7-20}$$

图 7-16 布带盘卷不规则

从运动学的角度分析，如图 7-18 所示。

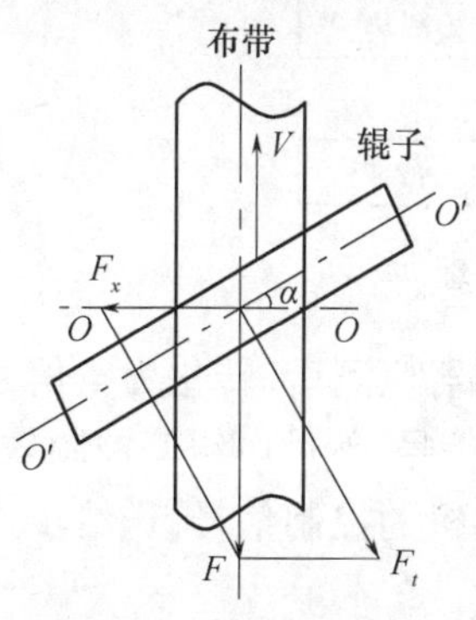

图 7-17 布带受力分析

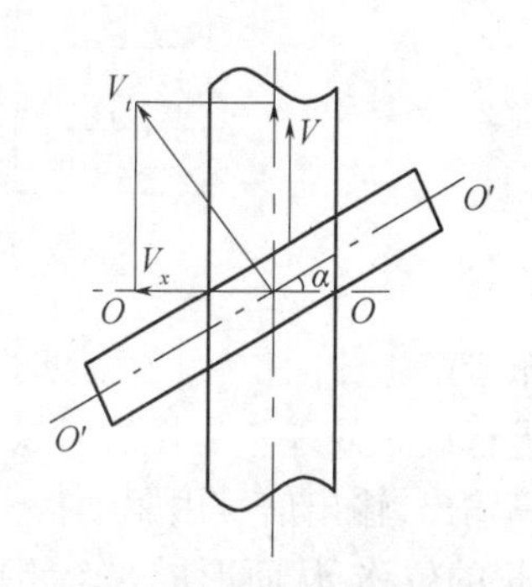

图 7-18 布带运动分析

布带发生偏移时,过渡辊在摩擦力矩 F_tR 的作用下转动,其切向速度为 V_t。V_t 沿竖直方向和水平方向可以分解为 V 和 V_x,其中 V 为布带运行时的速度, V_x 为使布带向正常位置移动的速度,即纠偏速度。它们的大小为

$$\begin{cases} V = V_t\cos\alpha \\ V_x = V_t\sin\alpha \end{cases} \tag{7-21}$$

基于上述分析对纠偏装置进行设计,控制带材的偏移量,可以获得高质量的缠绕制品。

7.4.2 纠偏装置结构设计

纠偏装置机械部分基本结构如图 7-19 所示,包括纠偏辊、蜗轮蜗杆机构、过渡辊、支架等部分。

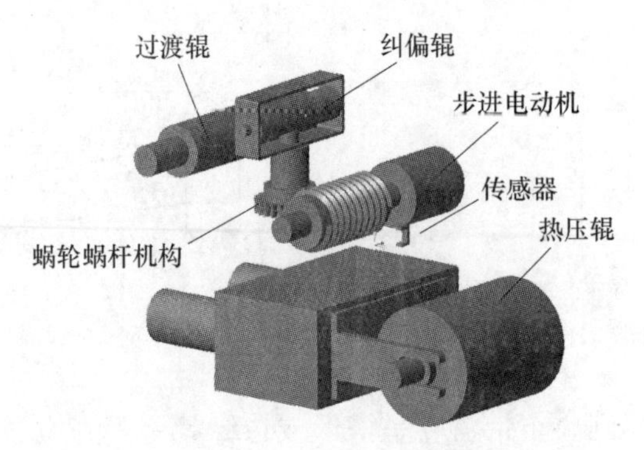

图 7-19 纠偏装置模型

纠偏辊带动布带在水平方向运动实现纠偏功能;过渡辊保证布带平稳运行,并且保证在经过传感器时与发光二极管始终垂直;传感器支架保证了发光二极管与传感器的距离小于 5mm,且支架可以沿水平方向运动,方便用户根据工艺需求设定纠偏量。

7.4.3 纠偏控制系统设计

纠偏控制系统主要由光电检测器、工控机(IPC)、驱动装置组成,其工作原理如图 7-20所示。

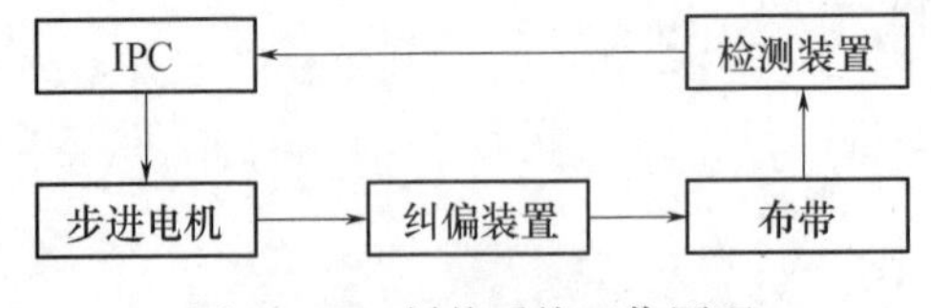

图 7-20 纠偏系统工作原理

当布带产生侧向位置的偏移时,偏移量由光电检测器检测后,转化为电信号,并由放大回路进行放大处理。工控机通过 A/D 转换卡读取该信号,然后由纠偏控制软件对信号进行计算输出,输出信号由驱动板卡转化为匹配步进电机的控制信号,送给步进电机,控制纠偏 辊的位移,从而形成一个闭环控制系统。

光纤传感器由光纤、发光二极管和光敏三极管组成,如图 7-21 所示。

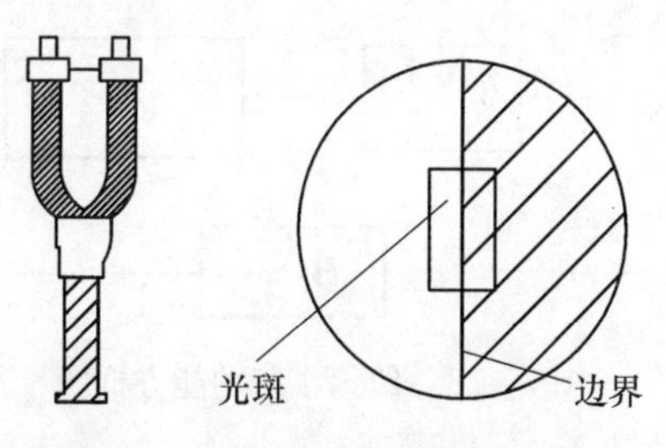

图 7 – 21　光敏三极管及矩形光斑

光线照在被测带材表面后将形成一个矩形光斑,设光斑面积为 S,当入射光通量为 F 时,其照度为

$$E = \frac{\mathrm{d}F}{\mathrm{d}S} \tag{7-22}$$

由于光斑很小,可认为照度均匀,则有

$$E = \frac{F}{S} \tag{7-23}$$

光照物体表面后,其光能将被吸收、折射和反射,按受光漫反射特性,单位面积的漫反射光通量与漫反射系数 ρ 相关,即

$$\mathrm{d}F' = \rho\mathrm{d}F = \rho E\mathrm{d}s \tag{7-24}$$

设定光斑在布带边缘或两表面的边界上,若 ρ_1、ρ_2 分别为表面 S_1、S_2 的漫反射系数,则光通量为

$$F = \int \mathrm{d}F' = \rho_1 ES_1 + \rho_2 ES_2 = \rho_2 ES + (\rho_1 - \rho_2) ES_1 \tag{7-25}$$

当布带表面性质稳定、光源照度稳定时,进入接收光纤束的光通量在一定偏移范围内与布带偏移量呈线性关系,如图 7 – 22 所示。

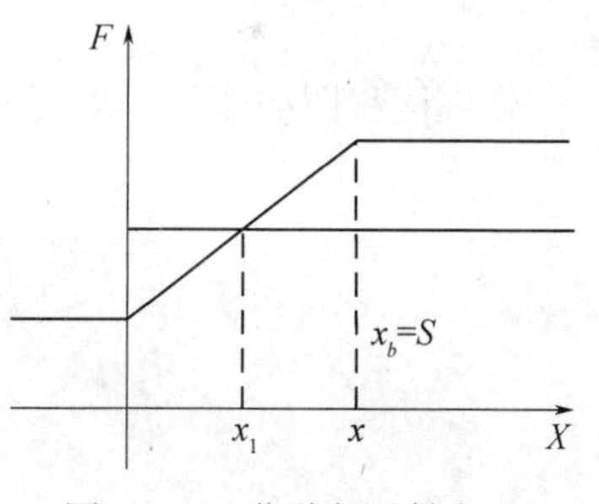

图 7 – 22　位移与反射光通

显然,ρ_1、ρ_2 差别越大,传感器的灵敏度越高。而敏感元件与光纤的耦合率、反射回路中光纤及其连接部的透射率等因素,都只影响比例系数。在进行光源及系统设计时应使光敏三极管工作在光照特性曲线的线性段。

7.4.4　增量式 PID 控制算法

由图 7 – 17 可知,纠偏辊前倾角度为 α 时,摩擦力 F 所产生的纠偏力为 $F_x = F\tan\alpha$,在 α 角度较小的情况下可简化为 $F_x = F\alpha$,布带侧向偏移量随纠偏力 F_x 作用时间而增加,即

$$\Delta x = \int_0^t F\alpha \mathrm{d}t \tag{7-26}$$

纠偏可作为积分环节,步进电动机和传动系统可近似看作惯性环节,这样得到的纠偏系统的功能方框图如图 7 – 23 所示。

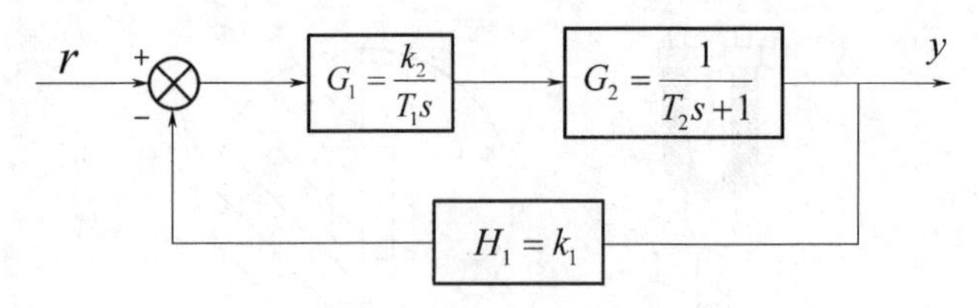

图 7－23　纠偏系统功能方框图

整个系统的传递函数为

$$G(s) = G_1 G_2 H_1 = \frac{k_1 k_2}{T_1 s(T_2 s + 1)} \tag{7-27}$$

$$G(\mathrm{j}\omega) = \frac{k_1 k_2}{T_1 \mathrm{j}\omega(T_2 \mathrm{j}\omega + 1)} \tag{7-28}$$

式中：k_1 为传感器的放大倍数；k_2 为电动机、放大器及机械装置总的放大倍数；T_1、T_2 为时间常数。

机械误差、传动元件和控制元件惯性的影响是客观存在的。这种影响对系统有一定延迟作用，其传递函数可表示为 $\mathrm{e}^{-\tau s}$，τ 为延迟时间，间隙越大，τ 越大。考虑延迟作用的传递函数为

$$G(\mathrm{j}\omega) = \frac{k_1 k_2}{T_1 \mathrm{j}\omega(T_2 \mathrm{j}\omega + 1)} \mathrm{e}^{-\tau \mathrm{j}\omega} \tag{7-29}$$

采用增量式 PID 控制算法只需要之前的 3 个采样时刻的偏差，无需累加，计算误差对控制量影响较小，其表达式为

$$\Delta u_i = u_i - u_{i-1} = k\left[e_i - e_{i-1} + \frac{T}{T_1}e_i + \frac{T_D}{T}(e_i - 2e_{i-1} + e_{i-2})\right] \tag{7-30}$$

软件流程图如图 7－24 所示。

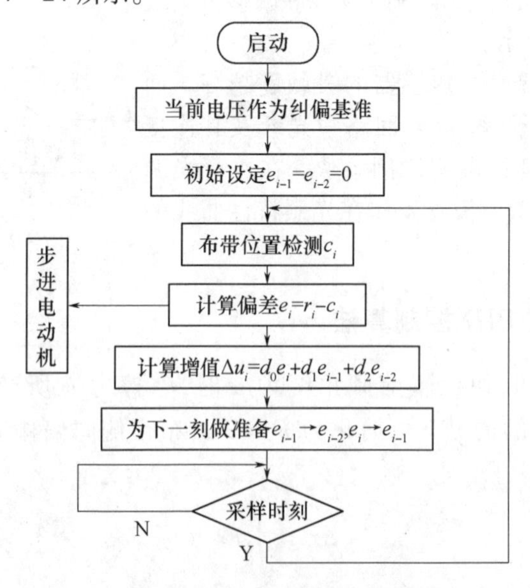

图 7－24　PID 控制流程图

缠绕实验过程中,可人为使布带发生偏移,观察纠偏装置工作状态。通过大量实验验证,整个系统运行平稳,纠偏效果显著。经检测,自动纠偏缠绕制品偏差最大约为0.8mm,而手动纠偏的最大偏差为1.8mm,纠偏效果得到大幅度提高,制品的边缘质量得到明显改善。

7.5 大变形柔性铰链转角特性测试仪

柔性铰链由于其本身所具有的体积小、无机械摩擦、无间隙、运动平稳、无需润滑等优点,在精密机械和微机械中得到了广泛应用。但目前大多数柔性铰链都采用弹性金属整体加工方法制作,只能在其线弹性范围内做小变形运动,无法满足大变形的需要。在微型仿生飞行器、微执行器、微步进工作台等产品中,需要采用复合型柔性铰链机构来完成相应的动作,这就需要能够产生大变形的柔性铰链。

这种复合型柔性铰链从材料构成上可以分为两种类型:第一种是基于弹性金属材料(图7-25(a)),在两个方形金属件中插入并焊接一片弹性金属薄片如铍青铜;第二种是基于超弹性高分子材料,如聚氨脂、聚酰胺、聚醚酰胺等制作(图7-25(b)),通过高分子材料整体成型加工来制作。

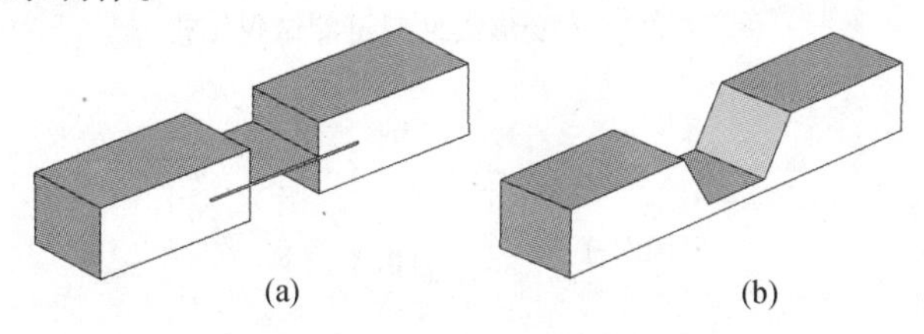

图7-25 大变形柔性铰链结构

为了设计基于大变形柔性铰链的运动机构,必须知道不同结构参数的大变形柔性铰链的转角特性,即所施加的力矩与其转角之间的关系。由于其分析计算过程属于几何非线性和材料非线性,因为难以得到精确解析式,必须在数值解的基础上通过实验数据进行修正。为此,本节提出一种测试大变形柔性铰链转角特性测试仪,通过旋转编码器和MSP430单片机构成等空间数据采集装置来获得大变形柔性铰链的转角实验数据。

7.5.1 测试仪总体设计

测试仪的整体结构如图7-26所示,在测试过程中,大变形柔性铰链的固定端被夹持固定住,而自由端在扭转装置的作用下产生旋转运动,并通过压力传感器对大变形柔性铰链的转角特性进行测量。在测量过程中,通过带有放大镜头的CCD摄像头对大变形柔性铰链的弯曲部分进行图像采集,以便于进行后续的几何分析,CCD摄像头通过USB接口连接到PC上。

大变形柔性铰链的扭转装置如图7-27所示,首先将大变形柔性铰链的一端通过紧固螺钉和压板固定起来,另一端在摆杆的作用下产生弯曲变形。而摆杆则是通过安装在台面上的螺旋顶杆来驱动。测量过程中,通过旋转螺旋顶杆使摆杆产生向上的运动,由于系统采用的是等空间数据采样,因此摆杆运动的时间变化对数据采集不产生影响。在摆

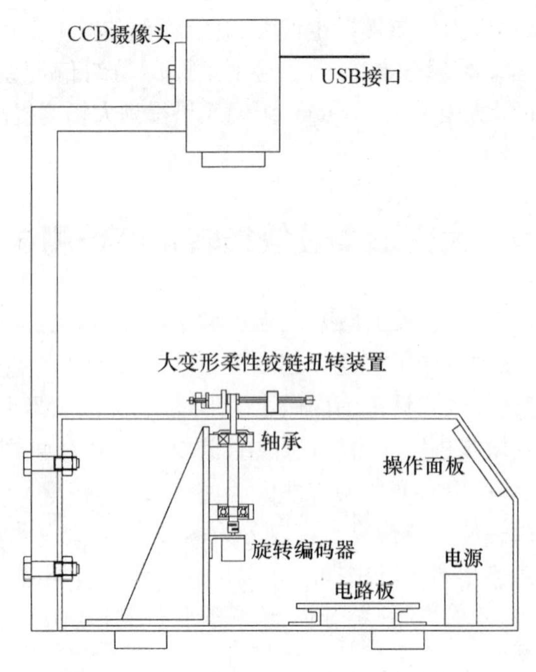

图 7-26　大变形柔性铰链测试仪结构

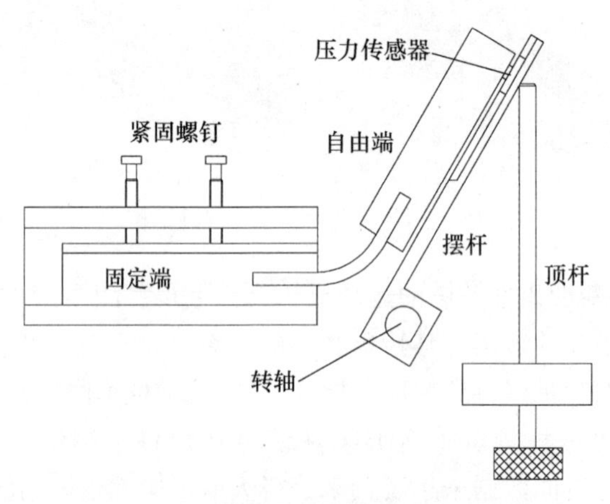

图 7-27　大变形柔性铰链扭转装置

杆与大变形柔性铰链一定距离 L(该距离可调)处安装一只 Honeywell 公司的 FSS 微型压力传感器,由于转动过程中压力传感器的测力面始终垂直于大变形柔性铰链的自由端,因此压力传感器测得的压力值乘以距离 L 便是施加到大变形柔性铰链上的力矩。而大变形柔性铰链所转过的角度可通过安装在转轴下端的旋转编码器来获得。

由于所要测量的是大变形柔性铰链的转角与所受到的力矩之间的对应关系,因而不能采用通常惯用的时域数据采样,而应该采用以角度为变量的等空间数据采样,即以旋转编码器输出的脉冲信号作为数据采样的触发信号,而旋转编码器每产生一个脉冲所转过的角度是固定不变的,所以称为等空间数据采样。所采集的数据经过上位机软件处理后可获得大变形柔性铰链的转角特性曲线。

7.5.2 基于 MSP430 的数据采集

大变形柔性铰链转角特性测试仪的数据采集是基于 MSP430 单片机来实现的,该系列单片机是美国德州仪器公司于 20 世纪 90 年代开始推向市场的一种 16 位超低功耗的混合信号处理器。它具有非常高的集成度,单片集成了多通道 12 位 A/D 转换、片内精密比较器、多个具有 PWM 功能的定时器、斜边 A/D 转换、片内 USART、看门狗定时器、大量的 I/O 端口以及大容量的片内存储器,单片可以满足绝大多数的应用需要。

图 7 - 27 所示的大变形柔性铰链扭转装置中的 FSS 微型压力传感器的有效量程为 1.5kg,其输出为 mV 级,经运算放大器放大后送入 MSP430 的 P6 口,数据采集的 A/D 转换采用其片内自带的 12 位 A/D 进行处理。数据采集的电路原理图如图 7 - 28 所示。旋转编码器采用 KOYO 公司 360 线单脉冲输出型旋转编码器,每转过 1°发出一个脉冲信号。由于旋转编码器的信号来源于光电管,且为标准信号,因此直接连接至 MSP430 的 P1 口,当旋转编码器脉冲信号到达时,系统响应中断请求,并对 P6 口的数据进行采集,采集后的数据经 MAX232 串行通信模块送入上位机进行处理。

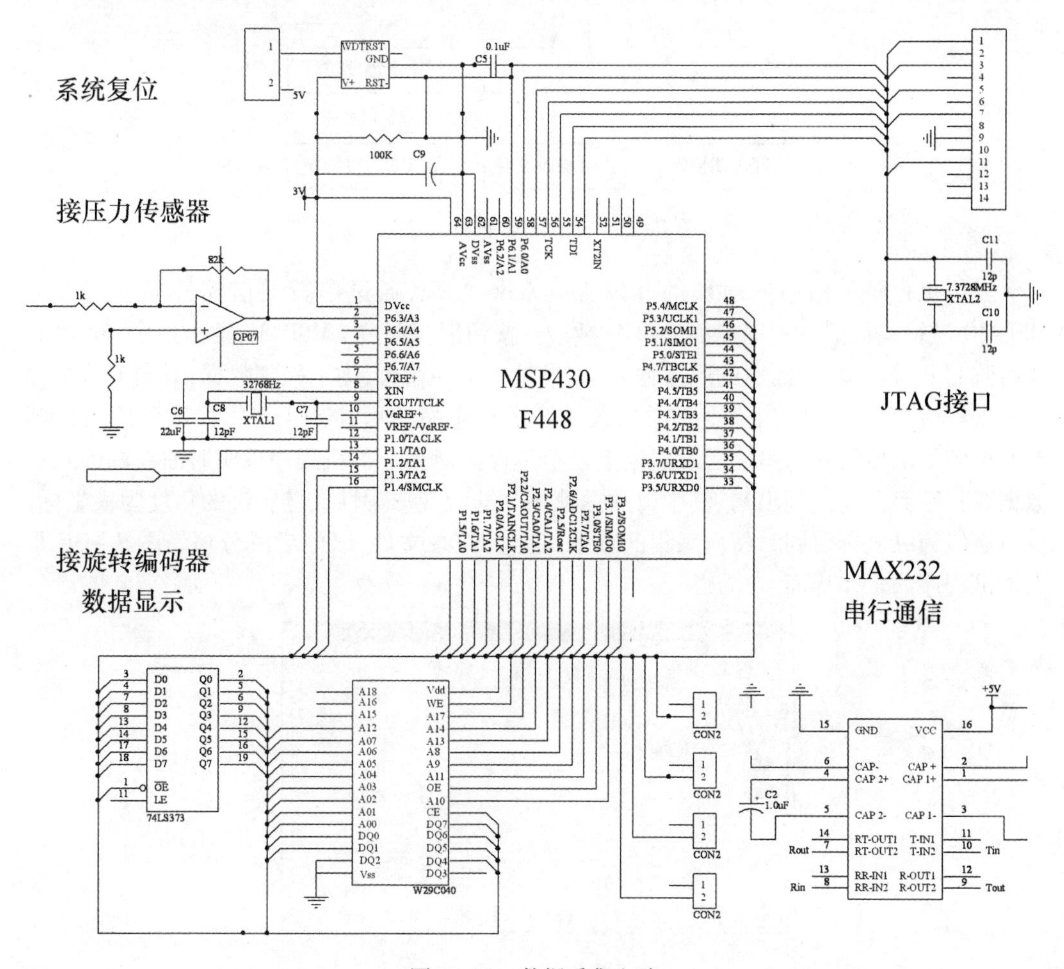

图 7 - 28 数据采集电路

7.5.3 数据处理软件设计

测试仪的上位机数据处理软件分为两部分,一部分是转角特性数据的处理,另一部分是高清 CCD 摄像头所采集的大变形柔性铰链转角图像的处理,其中的图像处理可在实验结束后脱机运行。由于 CCD 摄像头是通过 USB 接口连接到上位机,因此其触发信号也必须由上位机来发出,上位机在接收数据的过程中,对数据帧的个数进行计数,做到旋转编码器每产生 5 个脉冲(即发生 5°的扭转角),给摄像头发出一个采集触发脉冲,使之拍一张照片,基本过程如图 7 - 29 所示。

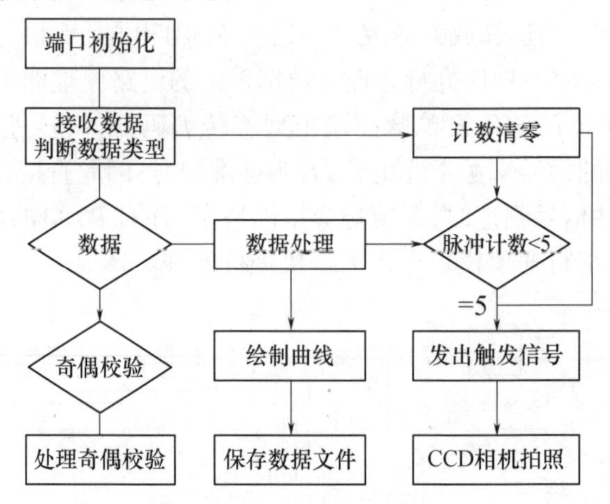

图 7 - 29 上位机数据处理流程

上位机程序采用面向对象的开发工具 VB6 实现,通过串行通信控件 MSComm 与 MSP430 进行通信。在程序界面上单击“采集”按钮后,程序向 MSP430 发出指令,MSP430 开始监测 P1 口旋转编码器的脉冲输入,如果没有脉冲输入,则不采集数据,只向上位机程序发出等待信息。只有当大变形柔性铰链开始产生扭转后,MSP430 才将微型压力传感器所得到的电压信号采集之后发送给上位机程序。然后上位机程序以实时曲线的形式将数据在程序界面上绘制出来,其中以数据帧序列即大变形柔性铰链转过的角度为横坐标,以力矩值为纵坐标。同时将所采集的数据保存为记录文件,以便后续分析。图 7 - 30 是上位机程序的工作界面。

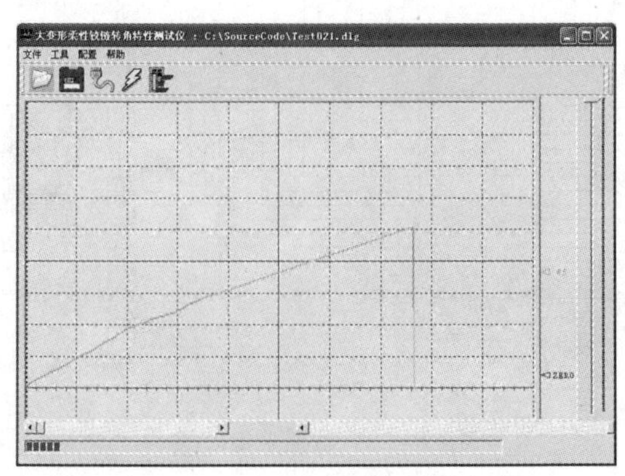

图 7 - 30 上位机数据处理程序

习　题

7－1　结合机械测控系统的基本概念和原理对如图7－31所示的热处理炉测控系统进行分析和设计。该热处理炉采用天然气作为能源，传动链将待处理的零件送入炉内按照热处理工艺进行处理后送出炉外，炉温通过天然气控制阀进行调节。

(1) 对炉温测量的传感器进行选型；

(2) 画出炉温闭环控制的系统框图并进行说明；

(3) 设计整个测控系统的结构，画出其组成框图，并进行工作过程的说明。

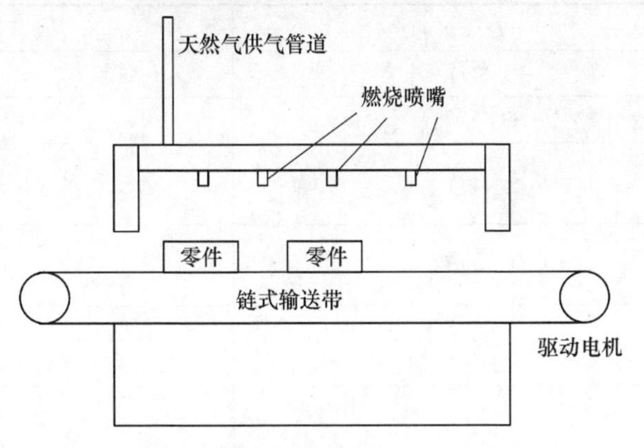

图7－31　热处理炉测控系统

7－2　结合机械测控系统的基本概念和原理分析如图7－32所示的定量配料机进行测控系统的分析和设计。

(1) 对物料称重所需的传感器进行选择；

(2) 画出单个给料机物料定量输出的闭环控制的系统框图，并进行说明；

(3) 对整个配料机的测控系统进行分析，画出总体结构图。

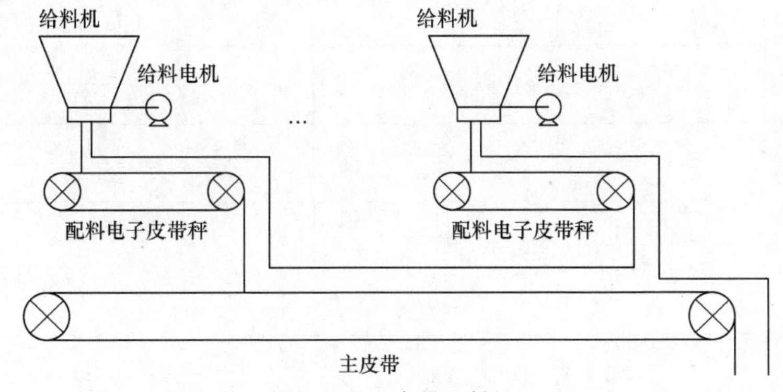

图7－32　定量配料机

7－3　在轴承的制造过程中，需要对滚珠按照其公差带的大小分类，即在基本尺寸相同的前提下，对滚珠的公差偏大、偏小、中等三种情形进行检测和分类，这样可提高轴承的整体质量。试设计该测控系统的方案和主要的技术构成。

附　录

附录 A　常用函数的拉普拉斯变换

序号	$x(t)$或$x(n)$	$X(s)$
1	$\delta(t)$	1
2	$\delta(t-nT_0)$	e^{-nT_0s}
3	$1(t)$	$\frac{1}{s}$
4	$1(t-nT_0)$	$\frac{e^{-nT_0s}}{s}$
5	t	$\frac{1}{s^2}$
6	t^2	$\frac{2}{s^3}$
7	$t^n, n=1,2,\cdots$	$\frac{n!}{s^{n+1}}$
8	e^{-at}	$\frac{1}{s+a}$
9	$\frac{1}{T}e^{-t/T}$	$\frac{1}{T_S+1}$
10	te^{-at}	$\frac{1}{(s+a)^2}$
11	$t^ne^{-at}, n=1,2,\cdots$	$\frac{n!}{(s+a)^{n+1}}$
12	$1-e^{-at}$	$\frac{a}{s(s+a)}$
13	$\frac{1}{T_1-T_2}(e^{-t/T_1}-e^{-t/T_2})$ $T_1\neq T_2$	$\frac{1}{(T_1s+1)(T_2s+1)}$
	$\frac{1}{b-a}(e^{-at}-e^{-bt}), a\neq b$	$\frac{1}{(s+a)(s+b)}$
	$e^{-at}-e^{-bt}, a\neq b$	$\frac{a-b}{(s+a)(s+b)}$
14	$\frac{1}{a}(at-1+e^{-at})$	$\frac{a}{s^2(s+a)}$

（续）

序号	$x(t)$ 或 $x(n)$	$X(s)$
15	$1+\frac{1}{T_1-T_2}(T_1\mathrm{e}^{-t/T_1}-\mathrm{e}^{-t/T_2})$ $T_1\neq T_2$	$\frac{1}{s(T_1s+1)(T_2s+1)}$
	$\frac{1}{ab}+\frac{1}{b-a}\left(\frac{\mathrm{e}^{-bt}}{b}-\frac{\mathrm{e}^{-at}}{a}\right),a\neq b$	$\frac{1}{s(s+a)(s+b)}$
	$1-\frac{b\mathrm{e}^{-at}-a\mathrm{e}^{-bt}}{b-a}$	$\frac{ab}{s(s+a)(s+b)}$
16	$1-\frac{T+t}{T}\mathrm{e}^{-t/T}$	$\frac{1}{s(Ts+1)^2}$
17	$\sin\omega t$	$\frac{\omega}{s^2+\omega^2}$
18	$\cos\omega t$	$\frac{s}{s^2+\omega^2}$
19	$\mathrm{e}^{-at}\sin\omega t$	$\frac{\omega}{(s+a)^2+\omega^2}$
20	$\mathrm{e}^{-at}\cos\omega t$	$\frac{s+a}{(s+a)^2+\omega^2}$

附录 B　部分习题参考答案

第 1 章

1－1　开环控制是控制指令发出后，执行机构按照指令执行，控制对象的响应情况由运行人员自行监视。结构比较简单，成本比较低。缺点就是由于没有反馈回路，控制精度较低，输出一旦偏离设定值无法自行矫正。

闭环控制系统比开环控制系统多了一个调节器，调节器接收控制对象的响应反馈，同运行人员设定值共同进入调节器，由调节器控制和调整输出的控制指令，最终使控制对象稳定在运行人员设定的设定值。闭环系统具有突出的优点，包括精度高、动态性能好、抗干扰能力强等。缺点是结构比较复杂，价格比较贵，对维修人员要求高。

1－2　稳定性、准确性、快速性。

1－3

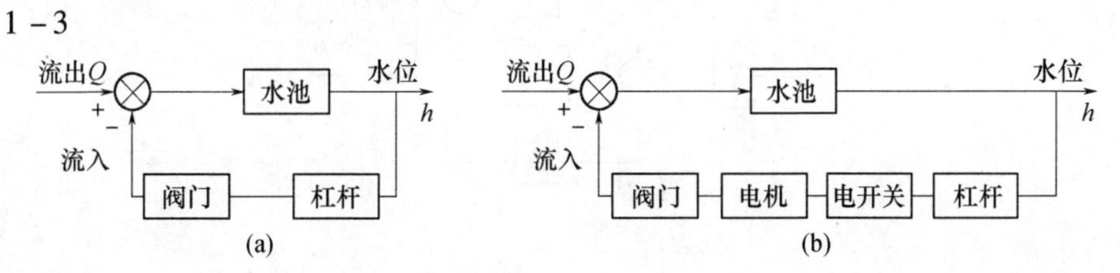

第 2 章

2-1

(a) $\frac{dx_2}{dt}+\frac{K}{B}x_2=\frac{dx_1}{dt}$

(b) $B\frac{dx_2}{dt}+(K_1+K_2)x_2=B\frac{dx_1}{dt}+K_1x_1$

(c) $B\left(1+\frac{K_1}{K_2}\right)\frac{dx_2}{dt}+K_1x_2=B\frac{K_1}{K_2}\frac{dx_1}{dt}+K_1x_1$

2-2

$$m_1m_2\frac{d^4x_2}{dt^4}+(B_1m_2+B_2m_1+B_3m_1+B_3m_2)\frac{d^3x_2}{dt^3}+(K_1m_2+K_2m_1+B_1B_2+B_1B_3+B_2B_3)\frac{d^2x_2}{dt^2}+(K_1B_2+K_2B_1+K_1B_3+K_2B_3)\frac{dx_2}{dt}+K_1K_2x_2=B_3\frac{df}{dt}$$

2-3

(1) $g(t)=\frac{a}{a+b}e^{-at}+\frac{b}{a+b}e^{bt}(t\geqslant 0)$

(2) $g(t)=2e^{-t}-e^{-2t}(t\geqslant 0)$

(3) $g(t)=\frac{c-a}{(a-b)^2}e^{-at}+\frac{c-b}{a-b}te^{-bt}+\frac{a-c}{(a-b)^2}e^{-bt}(t\geqslant 0)$

(4) $g(t)=\frac{1}{9}e^{-4t}+\frac{1}{3}te^{-t}-\frac{1}{9}e^{-t}(t\geqslant 0)$

(5) $g(t)=e^{-t}(2-t)-2e^{-2t}(t\geqslant 0)$

(6) $g(t)=\frac{5}{2}-2e^{-t}-\frac{1+2j}{4}e^{-2jt}-\frac{1-2j}{4}e^{2jt}=\frac{5}{2}-2e^{-t}-\frac{1}{2}\cos 2t-\sin 2t(t\geqslant 0)$

2-4

$$G(s)=\frac{T_1T_2s^2(T_1+T_2)s+1}{T_1T_2s^2+(T_1+T_2+T_3)s+1}$$

(a) $T_1=R_1C_1, T_2=R_2C_2, T_3=R_1C_2$; (b) $T_1=\frac{B_1}{K_1}, T_2=\frac{B_2}{K_2}, T_3=\frac{B_1}{K_2}$

2-5

(a)

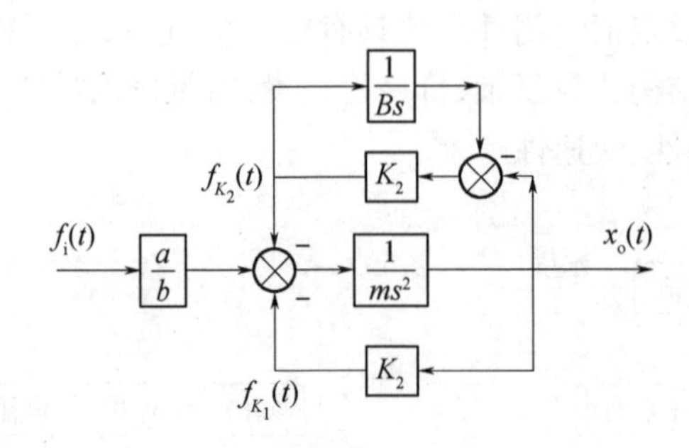

(b)

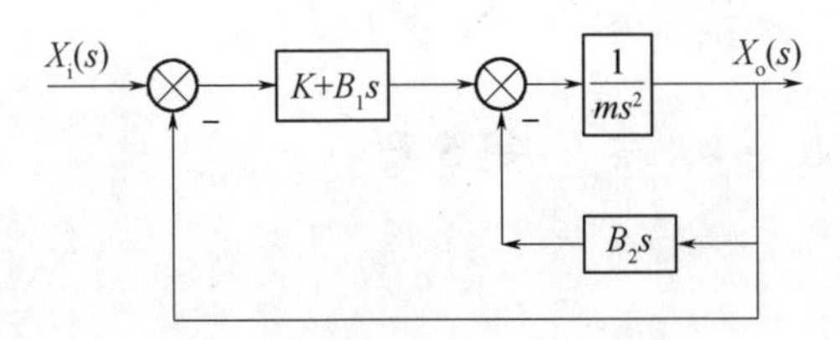

2-6

(a) $\dfrac{G_1G_2G_3}{1+G_2G_3G_4+G_1G_2H_1}$

(b) $\dfrac{G_1(G_2G_3+G_4)}{1+(G_2G_3+G_4)(G_1+H_2)+G_1G_2H_1}$

(c) $\dfrac{G_1G_2G_3}{1+G_2G_3H_2+G_2H_1(1-G_1)}-G_4$

第3章

3-1 $G(s)=\dfrac{2s+42}{s(s+6)}$

3-2 $x_0(t)=\dfrac{13}{30}-\dfrac{13}{5}e^{-5t}+\dfrac{13}{6}e^{-6t}$

3-3 $x_0(t)=1-\dfrac{4}{3}e^{-t}+\dfrac{1}{3}e^{-4t},x_0(t)=\dfrac{4}{3}e^{-t}+\dfrac{4}{3}e^{-4t}$

3-4 (1)$\dfrac{X_o(s)}{X_i(s)}=\dfrac{600}{(s+60)(s+10)}$;(2)$\omega_n=24.5\text{rad/s},\xi=1.42$

3-5 $\dfrac{1}{20},\infty,\infty$

3-6 $0,\dfrac{2\xi}{\omega},\infty$

3-7 (1)不稳定;(2)稳定;(3)稳定;(4)不稳定;(5)稳定。

3-8 (1)$0<K<\dfrac{109}{121}$;(2) 不稳定;(3) $K>\dfrac{-1+\sqrt{201}}{4}$;(4) 不稳定;(5) $K>0.5$。

第4章

4-1 $T=1\text{s},K=12$

4-2 $|x(t)|=\sqrt{\dfrac{K^2+(B\omega)^2}{[K-m\omega^2]^2+(B\omega)^2}}Y$

4-3 $x_0(t)=\dfrac{\sqrt{2}}{4}\sin\left(\dfrac{2}{3}t\right)$

4-4 (1) $0.9\sin(t+24.8°)$

(2) $\dfrac{4\sqrt{5}}{5}\cos(2t-55.3°)$

(3) $0.9\sin(t+24.8°) - \frac{4\sqrt{5}}{5}\cos(2t-55.3°)$

第5章

5-1 (1) PI控制;

(2) 动态性能,可以;

(3) 快速性有充分余地时,用牺牲快速性来提高稳定性。

5-2 (1) (a) $G(s)G_e(s) = \frac{20}{s(0.1s+1)}\frac{s+1}{10s+1}$ (b) $G(s)G_e(s) = \frac{20}{s(0.1s+1)}\frac{0.1s+1}{0.01s+1}$

(2) (a)提高稳定性,降低快速性;抗高频干涉能力有所提高,(b)稳定性、快速性都得以改善;但抗高频干涉能力有所降低。

5-3 (1)

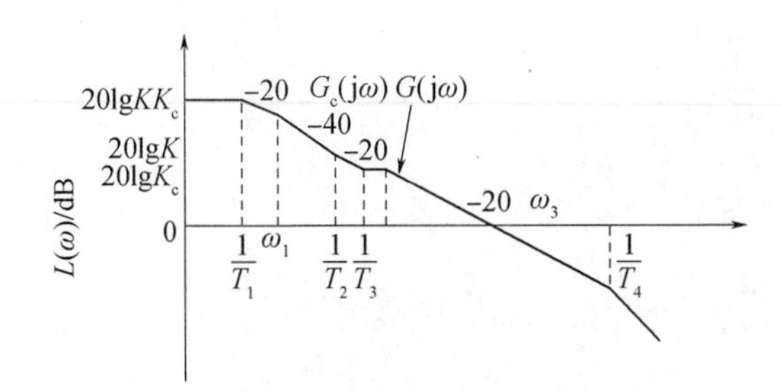

(2) $G(s)G_e(s) = \frac{K_1}{\left(\frac{s}{\omega_1}+1\right)\left(\frac{s}{\omega_2}+1\right)\left(\frac{s}{\omega_3}+1\right)} \frac{K_2(T_2s+1)(T_3s+1)}{(T_1s+1)(T_4s+1)}$

(3) 低频提高了增益,使稳定性能提高;中频段斜率从 -40dB/dec 提高到 -20dB/dec,改善了系统的动态性能。

第6章

6-1 电容式加速度传感器是基于电容原理的极距变化型的电容传感器,其中一个电极是固定的,另一电极是弹性膜片。弹性膜片在外力(气压、液压等)作用下发生位移,使电容量发生变化。这种传感器可以测量气流(或液流)的振动速度(或加速度),还可以进一步测出压力。

6-2 热电偶传感器是利用导体的电阻随温度变化的特性,对温度和湿度有关的参数进行检测的装置。

6-3 压电式加速度传感器属于惯性式传感器。它是利用某些物质和石英晶体的压电效应,在加速度计受振时,质量块加在压电元件上的力也随之变化。

6-4 根据法拉第电磁感应原理,块状金属导体置于变化的磁场中或在磁场中作切割磁力线运动时(与金属是否块状无关,且切割不变化的磁场时无涡流),导体内将产生呈涡旋状的感应电流,此电流称为电涡流,以上现象称为电涡流效应。根据电涡流效应制成的传感器称为电涡流式传感器。

6－5　接通电源后，在开关的感应面将产生一个交变磁场，当金属物体接近此感应面时，金属中则产生涡流而吸取了振荡器的能量，使振荡器输出幅度线性衰减，然后根据衰减量的变化来完成无接触检测物体的目的。

6－6　传感器的动态特性，即描述传感器对随时间变化的输入量的响应特性。

参考文献

[1] 王积伟,吴振顺. 控制工程基础[M].2 版. 北京:高等教育出版社,2010.
[2] 杨叔子,杨克冲,吴波. 机械工程控制基础[M]. 武汉:华中理工大学出版社,2002.
[3] 李友善. 自动控制原理[M]. 北京:国防工业出版社,2005.
[4] 张伯鹏. 控制工程基础[M]. 北京:机械工业出版社,1982.
[5] 朱骥北. 控制工程基础[M]. 北京:机械工业出版社, 1990.
[6] 胡寿松. 自动控制原理简明教程[M].2 版. 北京:科学出版社,2008.
[7] 王显正,莫锦秋,王旭永. 控制理论基础[M]. 2 版. 北京:科学出版社,2007.
[8] 周雪琴,张洪才. 控制工程导论[M]. 西安:西北工业大学出版社,1986.
[9] 王积伟. 机电控制工程[M]. 北京:机械工业出版社,1995.
[10] 董景新,赵长德. 控制工程基础[M]. 北京:清华大学出版社,2003.
[11] 王积伟. 现代控制理论[M].2 版. 北京:高等教育出版社,2010.
[12] 楼顺天,于卫. 基于 MATLAB 的系统分析与设计—控制系统[M]. 西安:西安电子科技大学出版社,1998.
[13] 徐昕,等. MATLAB 工具箱应用指南—控制工程篇控制工程篇[M]. 北京:电子工业出版社, 2000.
[14] 李人厚,等. 精通 MATLAB 综合辅导与指南[M]. 西安:西安交通大学出版社,1998.
[15] 陈小琳. 自动控制原理习题集[M]. 西安:西安电子科技大学出版社,1982.
[16] 符曦. 自动控制理论习题集[M]. 北京:机械工业出版社,1983.
[17] 胡寿松. 自动控制原理题海大全[M] . 北京:科学出版社,2008.
[18] 李培豪,等. 自动控制原理例题与习题[M] . 北京:电子工业出版社,1989.
[19] 王积伟,张祖顺,王蕊. 控制工程基础学习指导与习题详解[M] . 北京:高等教育出版社,2004.
[20] 陈花玲. 机械工程测试技术[M] .2 版. 北京:机械工业出版社,2012.
[21] 曾光奇,等. 工程测试技术基础[M] . 武汉: 华中科技大学出版社,2002.
[22] 熊诗波,黄长艺. 机械工程测试技术基础[M] . 北京:机械工业出版社,2013.
[23] 刘春. 机械工程测试技术[M] .2 版. 北京: 北京理工大学出版社,2009.
[24] 周俊. PID 控制在单级倒立摆系统中的分析与应用[J]. 硅谷,2010(6):20 – 21.
[25] 刘东升,王守芳. 基于 PLC 与变频器的恒张力卷绕控制系统[J]. 制造业自动化,2011,33(16):131 – 133.
[26] 史耀耀,等. 基于数字 PID 控制的智能纠偏系统设计[J]. 机械制造,2009,47(7):43 – 34.
[27] 姚伯威,吕强. 机电一体化原理及应用[M]. 北京:国防工业出版社,2005.